郭 峰 万书波 等 著

玉米花生宽幅间作
理论基础与技术

中国农业科学技术出版社

图书在版编目（CIP）数据

玉米花生宽幅间作理论基础与技术 / 郭峰，万书波著 .-- 北京：中国农业科学技术出版社，2023.8
ISBN 978-7-5116-6409-9

Ⅰ. ①玉…　Ⅱ. ①郭… ②万…　Ⅲ. ①玉米—间作—栽培技术 ②花生—间作—栽培技术　Ⅳ. ① S513 ② S565.2

中国国家版本馆 CIP 数据核字（2023）第 161751 号

责任编辑　王惟萍
责任校对　王　彦
责任印制　姜义伟　王思文

出 版 者　中国农业科学技术出版社
北京市中关村南大街 12 号　　邮编：100081
电　　话　（010）82106643（编辑室）（010）82109702（发行部）
（010）82109709（读者服务部）
网　　址　https://castp.caas.cn
经 销 者　各地新华书店
印 刷 者　北京捷迅佳彩印刷有限公司
开　　本　170 mm × 240 mm　1/16
印　　张　13　彩插 14 面
字　　数　242 千字
版　　次　2023 年 8 月第 1 版　2023 年 8 月第 1 次印刷
定　　价　63.80 元

《玉米花生宽幅间作理论基础与技术》

编 委 会

主　　著：郭　峰　万书波

副 主 著：张　正　孟维伟　于海秋　高华援　唐荣华　李向东　王建国

参著人员（按姓氏笔画排序）：

么传训　王　璐　王积军　曲明静　刘　芳
刘　苹　刘兆新　刘珂珂　孙秀山　孙学武
李　林　李元高　李庆凯　李宗新　李新国
杨　勇　杨　莎　杨坚群　杨佃卿　吴正锋
邹晓霞　初长江　张　慧　张佳蕾　陈小姝
林松明　孟静静　赵新华　南镇武　洪丕征
姚　远　贾　曦　钱　欣　徐　杰　徐书举
高华鑫　唐秀梅　唐朝辉　曹凤格　崔　利
康建明　梁晓艳　彭振英　蒋靖怡

前言
PREFACE

间套作是中国传统农业的精髓，合理的间套作模式不仅能集约利用农业资源、提高单位面积复合生产力，而且是增加农田生物多样性、发展可持续农业的有效途径。然而传统的玉米花生间套作已经不适合当前国家“保粮”与规模化、机械化的要求。此外，我国大田作物生产中存在着种植制度单一（春玉米连作、春花生连作、小麦—玉米单一种植）与质量效益偏低、作物品种结构与种植结构不尽合理、农用化学品施用量偏高与可持续增产能力薄弱等问题，严重制约着我国主要粮油作物单产与收益的提高，也影响着广大农民的种植积极性。这是我国农业生产面临的新常态，也是今后一个时期农业发展面临的瓶颈。国务院、农业农村部等部门发布了关于加快转变农业发展方式、推进农业供给侧结构性改革、农业绿色发展等方面的指导性意见，实施了“藏粮于地、藏粮于技”战略。因此，研究创新并应用玉米花生宽幅间作技术十分迫切，可实现传统农业与现代农业有机融合，是实现农业强国的有效措施之一。

从 2010 年开始，山东省农业科学院根据国家有关政策及时调整思路，坚持花生“不与人争粮，不与粮争地”的原则，以稳定粮食产量、增收花生为指导思想，探索适合机械化的粮油高效生产模式。在国家花生产业技术体系（CARS-13），山东省农业重大应用技术创新项目（课题）（SD2019ZZ011）、玉米花生间作均衡增产增效技术体系研究、小麦—玉米//花生周年肥水高效利用研究与示范、粮—经—饲高效生态种养模式建立与示范，山东省农业农村专家顾问团，国家重点研发计划（2018YFD1000900、2020YFD1000905），国家自然科学基金（32272227），泰山学者攀登专家项目（tspd20221107），山东省自然科学基金（ZR2020MC094、ZR2021QC162），山东省花生产业技术体系、现代耕作制度技术体系，山东省农业科学院农业科技创新工程（CXGC2016B03），山东省农业科学院“3237”工程等各级项目的资助下，著者联合沈阳农业大学、吉林省农业科学院、广西壮族自治区农业科学院、湖南农业大学、山东农业大学、青岛农业大学、菏泽市农业科学院、山东农大肥业科技股份有限公司等国内农业科研院所、高校、企业等单位，开展了玉米花生宽幅间作模式及技术研究，筛选出适合不同生态区的多种间作模式，阐明了间作群体生理生态特点，研发了间作专用肥及配套的播种机具和田间管理机具，创建了实用技术。团队发表了一批文章，取得了多项国家及国际专利、计算机软件著作权，制定了多项省级地方标准及技术规程，玉米花生宽幅间作技术多年被遴选为农业农村部和山东省主推技术，为推广应用奠定了良好的基础。

自2010年以来，团队在山东莱西、章丘、平度、临邑、曹县、高唐、莒南、莱州、冠县、鄄城、阳信、垦利和济阳等地进行了技术高产攻关及试验示范；联合国内适合种植区相关农业科研院所及高校、全国农业技术推广服务中心、山东省农业技术推广中心、有关地市农技推广部门、合作社、种植大户、家庭农场等单位或组织，在山东、吉林、辽宁、河南、河北、安徽、广西、广东、四川、湖南等地进行了大面积试验示范。2016年，中国工程院农业学部组织专家实地考察了团队在山东省高唐县实施的麦茬夏播玉米花生宽幅间作技术百亩试验示范田，认为该技术符合新时期粮经饲协调发展的国家需求，是黄淮海、东北等地区调整种植业结构、转变农业发展方式的重要途径，为解决我国粮油协调发展问题探索出了一条新路子。

为加快该技术的推广应用，在多年研究与试验示范的基础上，我们编写了此书。本书介绍了该项技术创建的理论基础、特点、产量潜力及效益，并从技术模式、品种选择、种子处理、地块选择、施肥、整地、播种、田间管理、收获等方面进行了详细讲解，并在关键环节配有必要的插图，便于读者和种植者阅读和理解。

该书的编写出版，除得到各级项目的资助外，还得到本研究团队其他成员的支持，研究生闫振辉、刘颖、韩毅、鲁俊田、张毅、伊淼、刘柱、董奇琦等做了部分工作，在此一并表示感谢。

由于玉米与花生种植范围广，各地区气候、生态条件和生产条件差异大，加之作者水平有限，书中难免出现不足之处，敬请广大读者批评指正。

著 者

2023年5月

目录

CONTENTS

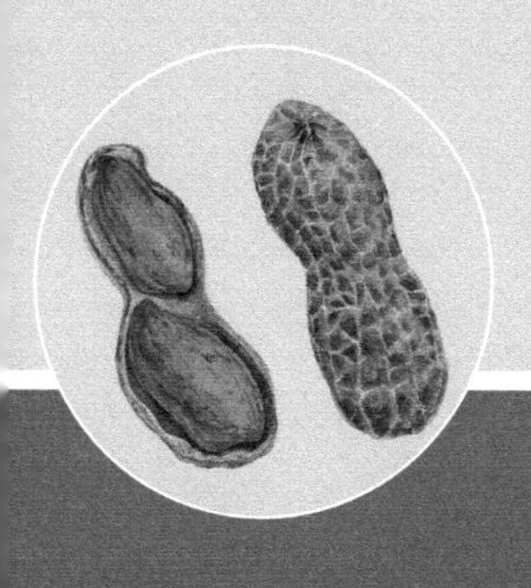

第一章

玉米花生宽幅间作技术创建的背景与意义

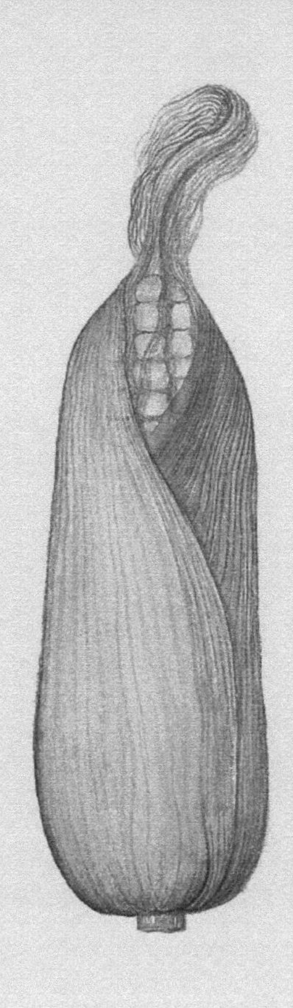

第一节　我国粮油安全现状

当前，我国经济发展进入新常态，如何在经济增速放缓的背景下继续强化农业基础地位、促进农民持续增收，是必须破解的一个重大课题。其中，粮食安全、油脂安全是我国社会经济健康发展中必须解决的两大安全问题。我国谷物自给率超过 95%，尤其是稻谷和小麦两大口粮的自给率更是超过了 100%，但是食物自给率不足 70%、油料自给率不足 32%，是世界第一大粮食、油料进口国。据中国海关统计，2015 年，我国粮食（含大豆）进口超过 1.2 亿 t，同比增加了 24.2%，进口量占到了我国粮食产量的 20.1%，其中进口大豆 8 169 万 t，较上一年增加了 1 000 余万 t。2017 年进口粮食 1.3 亿 t，大豆首次突破 9 000 万 t; 2020 年进口粮食超过 1.4 亿 t，大豆进口量首次突破 1 亿 t，达 10 032.7 万 t; 2021 年进口粮食超过 1.6 亿 t。粮食、油脂安全形势十分严峻。

小麦、玉米、花生是我国最重要的粮油作物，其种植面积和总产量均居全国前列，其中，玉米常年种植面积约 5.5 亿亩[①]，小麦种植面积约 3.6 亿亩，花生种植面积约 7 000 万亩，作物生产事关国家粮油安全的大局，责任重大。近年来，受惠于国家及各级政府农业扶持政策，我国主要粮油作物连年丰收，但粮油作物生产面临的问题也日趋严峻。一是耕地面积不断减少，粮油争地矛盾突出。一直以来我国把粮食安全放在第 1 位，保证口粮绝对安全，发展花生等油料生产面临着粮油争地矛盾。目前，我国人均耕地面积仅 1.4 亩，为世界人均耕地的 27.7%，为美国的 12.8%，一些省（市）人均耕地面积已低于联合国粮食及农业组织确定的 0.8 亩警戒线。全世界人口超过 5 000 万的 26 个国家中，我国人均耕地量仅比孟加拉国和日本略多一点，排在倒数第 3 位。随着建设用地等占用耕地的增加，我国耕地面积逐年减少，据《2016 中国国土资源公报》显示，截至 2016 年末，全国耕地面积为 202 434.9 万亩，2015 年全国因建设占用、灾毁、生态退耕、农业结构调整等原因减少耕地面积 504.8 万亩，通过土地整治、农业结构调整等增加耕地面积 439.5 万亩，年内净减少耕地面积 65.25 万亩；在耕地资源日趋紧张的背景下，同步保障我国

① 1 亩≈666.7 m^2。

粮棉油等安全压力巨大。二是人口不断增长，人均粮油等作物产量进一步增长较为困难。我国是世界上人口最多的国家之一，约占世界人口的 1/5，2000 年我国人口约 13 亿，由于人口基数大，人口增加显著，2021 年达到 14 亿。人均粮食占有量从 2000 年的 365 kg 提高到 2021 年的 474 kg，远超国际公认的 400 kg 粮食安全标准线。但随着人们生活水平的提高，人们对粮油的数量和质量提出了更高的要求，特别是对肉蛋奶等需求的增加，粮食需求量加大，粮油生产面临巨大压力。三是耕地质量不断下降，作物可持续生产能力不强。多年来，为追求产量，我国农业长期超负荷使用耕地，过度依赖农药、化肥等农业生产资料，20 世纪 90 年代开始，我国开始大量施用化肥，农业化肥总用量年均约 6 000 万 t，成为全球化肥用量最高的国家，是全球平均用量的 3.4 倍、美国的 3.4 倍、非洲的 27 倍。虽然化肥本身并无害，但施用量超过作物的需要，肥料利用率低、挥发及流失严重，造成环境污染。当前我国农业的主要矛盾由总量不足转变为结构性矛盾，农业发展面临生产成本“地板”抬升、资源环境“硬约束”加剧等新挑战，通过间套轮作方式，化肥减施有较大的空间。四是长期种植结构单一，土壤理化性质变差。春玉米产区、一年一熟花生产区、小麦—玉米长期单一种植区等区域均存在严重的连作问题，常年单一的种植方式也导致偏施氮肥、土壤板结、地力下降，种植成本不断加大，抵御气候或生物逆境的能力脆弱，单产提高的难度也是逐年增加。要解决这一难题、保障农业健康发展，必须主动适应经济发展新常态，努力在提高粮棉油生产能力上挖掘新潜力，在优化农业结构上开辟新途径，在转变农业发展方式上寻求新突破。

第二节　我国粮油间套轮作生产政策状况

在发展作物间套轮作生产方面，国家出台了系列政策文件。

2015 年中央一号文件强调“开展粮改饲和种养结合模式试点，促进粮食、经济作物、饲料三元种植结构协调发展”。国务院办公厅发布了《关于加快转变农业发展方式的意见》（国办发〔2015〕59 号），强调在坚持增强粮食生产能力的前提下，重点在东北地区推广玉米/大豆（花生）轮作，在黄淮海地区推广玉米/花生（大豆）间作套作等，促进种养业协调发展。农业部印发了《关于进一步调整优化农业结构的指导意见》，大力开展粮改饲试点工作，作为推动农业发展由数量增长型向数量质量效益并重转变的一项重要工作。

2016 年中央一号文件指出推进农业供给侧结构性改革，加快转变农业发展方式，启动实施种植业结构调整规划，适当调减非优势区玉米种植。《农业部关于扎实做好 2016 年农业农村经济工作的意见》指出保持粮食总量基本稳定，实施“藏粮于地、藏粮于技”战略，适当调整“镰刀弯”地区玉米种植，扩大粮改豆、粮改饲试点，力争玉米面积调减 1 000 万亩以上。2016 年 5 月 20 日，《探索实行耕地轮作休耕制度试点方案》由中央全面深化改革领导小组第二十四次会议审议通过。2017 年农业部发布了《关于推进农业供给侧结构性改革的实施意见》。

2018 年《中共中央　国务院关于实施乡村振兴战略的意见》指出促进农村一二三产业融合发展。2018 年 7 月，农业农村部印发了《农业绿色发展技术导则（2018—2030 年）》，大力推动农业绿色发展、作物绿色增产增效技术模式，重点研发用养结合的种植制度和耕作制度、雨养农业模式，发展间套轮作制度与模式、增产增效与固碳减排技术等。2021—2023 年中央一号文件均明确指出发展油料生产。

发展玉米与花生间套作生产符合新时期国家政策要求，对推动我国农业可持续发展起到积极作用。

第三节　玉米花生宽幅间作技术创建的意义

目前，农业资源偏紧和生态环境恶化的制约日益突出，农村劳动力面临老龄化、兼业化的挑战，农业比较效益低与国内外农产品价格倒挂并存，这些阶段性特征倒逼着传统农业必须“转方式、调结构”，走现代农业发展之路。2015 年中央一号文件对加快发展现代农业提出了新要求：“产出高效、产品安全、资源节约、环境友好”。这就要求在稳定粮食生产的基础上，抓住农业供给侧结构性改革的这个“牛鼻子”，调整优化农业生产结构和区域布局，使农产品供给在数量上更充足，品种和质量上更契合消费者需求，使农业资源利用方式更有效、生态环境更友好，使农业的质量效益稳步提升、竞争力更强。调整优化农业生产结构和区域布局重点是调整优化种植结构。不能把推进农业供给侧结构性改革简单等同于压缩粮食生产，基本底线是保障国家粮食安全，重要任务是巩固提升粮食产能。过去几十年为了追求粮食产量而大量增加化肥的使用量，造成大面积粮田土壤质量退化，如土壤结构变差、土壤酸化、土壤次生盐渍化等；另外，未被作物吸收利用而残留在土壤中的肥料还会增加农田 CO_2 的排放量和残余肥料向土壤深处的淋溶，带来水体富营养化和大气污染等环境污染的风险。同时，粮食生产也面临着国内农业生产成本快速攀升、粮食价格普遍高于国际市场的“双重挤压”。因此，如何创新我国粮油作物种植制度和生产技术，遏制土壤的退化，改善我国粮田的生态环境和生产能力，是我国农业健康发展面临的现实问题。间套作是中国传统农业的精髓，在传统农业和现代农业中都作出了巨大贡献。合理的间套作模式不仅能集约利用光、热、肥、水等自然资源，也是增加农田生物多样性的有效措施之一，增强作物抵抗病虫害及抗倒伏能力，提高单位面积生产力。与此同时，利用秸秆还田种植下茬作物，既能避免同种作物间的化感作用，还能缓解土地压力，是发展可持续农业的有效途径。因此，在经济和农业发展新常态下，借鉴于这一传统种植模式，在当前种植制度中引入花生，可实现粮油作物年际间交替轮作，充分发挥粮油作物共生固氮、资源利用率高、改良土壤环境、增强群体抗逆性等优点，显著改善我国粮田的生态环境和生产能力。

在国家倡导粮食安全和发展油料作物坚持“不与人争粮，不与粮争地”的情况下，如何落实“藏粮于地、藏粮于技”战略，解决粮油争地矛盾、增加油料自给成为亟待解决的问题。因此，针对我国常年大田作物种植制度单一、连作严重和土壤可持续增产能力弱等突出问题，研究应用适宜于机械化操作的玉米与花生间作方法与技术，实施作物间轮作换茬，替代休耕，为促进种植业结构调整、新旧动能转化，实现粮油持续稳产、减肥减药，探索出一条新途径。

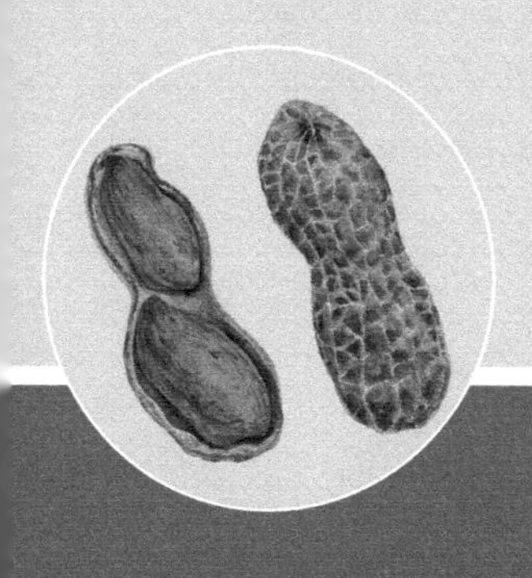

第二章

玉米花生宽幅间作技术创建的理论基础

第一节　玉米花生宽幅间作搭配的生物学基础

一、玉米花生宽幅间作土壤条件

玉米和花生在我国种植广泛，对土壤条件要求并不太严格。但要获得高产，土壤条件必须良好。土层深厚 1 m 以上、结构良好，肥、水、气、热等因素协调的土壤，有利于玉米根系的生长和肥水的吸收，根系发达，植株健壮，高产稳产。活土层厚度在 30 cm 以上，团粒结构应占 30%～40%，土壤容重为 1.0～1.2 g/cm^3。玉米对土壤空气状况很敏感，其适宜的土壤空气容量一般为 30%，最适宜的土壤空气含氧量为 10%～15%。土壤对玉米产量的贡献率随着土壤肥力等级的提高而提高，有机质含量褐土 1.2% 以上、棕壤土 1.5% 以上，玉米吸收的矿物质营养元素 60%～80% 来自土壤。玉米适宜的土壤 pH 值为 5～8，以 6.5～7.0 最为适宜。壤土种植玉米的产量较黏壤土、砂壤土、中壤土的要高。

由于花生是地上开花、地下结实的作物，要获得高产，以耕层疏松、活土层深厚的砂壤土最为适宜。适宜花生生育的土层厚度在 50 cm 以上，熟化耕作层 30 cm 左右，10 cm 左右结果层是松软的砂壤土，容重 1.5 g/cm^3，总空隙度 40% 以上，上层土通气透水性好、下层土蓄水保肥能力强；耕层有机质含量 1% 以上，全氮含量 0.5 g/kg 以上、有效磷 25 mg/kg 以上、速效钾 30 mg/kg 以上；适宜土壤 pH 值为 6～7 的微酸性土壤。

为兼顾玉米和花生产量，玉米花生间作种植以土层深厚、质地疏松的壤土、砂壤土产量较高。对黏土或者淤土较厚的土壤可以掺沙改良；对土层薄、肥力差的地块，应逐年垫土与深耕、增施农家肥和有机肥等肥料，逐步加厚土层、培肥地力。

二、玉米花生宽幅间作光温条件

玉米为 C4 植物，喜光喜温、不耐阴，是短日照植物，在短日照条件下发育较快，长日照条件下发育缓慢。其需光量较大，光饱和点高，约为

100 000 lx 以上，光补偿点为 500～1 500 lx，具有较强的光合能力。玉米全生育期要求的温度较高，在 10～40 ℃，温度越高，生长速度越快，适宜生长的温度为 22～30 ℃。

花生属于短日照作物，日照长短对开花有一定的影响，长日照有利于营养体生长，短日照则促进早开花。整个生育期均要求较强的光照，若光照不足，易引起徒长、影响产量。花生原产于热带，属于喜温作物，对热量条件要求较高。不同类型的花生所需积温不同，生育期较短的多粒型花生所需积温为 3 000 ℃，其次珍珠豆型花生所需积温为 3 100 ℃，中间型品种所需积温为 3 200 ℃，生育期较长的龙生型花生所需积温为 3 500 ℃，生育期最长的普通型花生所需积温为 3 600 ℃。另外，花生的生殖生长要求一定的高温条件，开花最适宜温度为 23～28 ℃，结荚适宜温度为 25～33 ℃。

玉米与花生均喜温喜光，二者间作共同生长季均可满足其对光温的需求。

三、玉米与花生生物学特性

（一）株型特征

玉米品种株型有紧凑型、平展型等类型，其中紧凑型玉米茎秆与叶片夹角小、叶片上冲，通风性、透光性好，适宜密植；反之平展型茎叶夹角较大、株型平展，通风、透光性较差，种植密度较低。玉米茎秆高矮因品种、土壤和栽培条件不同而有很大差别，0.5～9.0 m 不等，通常株高小于 2.0 m 的为矮秆型，2.0～2.7 m 的为中秆型，大于 2.7 m 的为高秆型。间作宜选择紧凑型、矮秆型的玉米品种。

花生栽培种植株形态主要分为丛生和蔓生 2 类，由于自然和人工杂交的结果，在品种描述上划分为直立型、半蔓型、匍匐型较为合适。半蔓型花生曾在我国北方大花生产区较为普遍，但目前我国生产中基本上为直立型品种。花生主茎一般有 15～25 个节间，节间数受品种、生长期、气候条件、土壤条件、栽培措施等因素影响。不同品种主茎高差异很大，一般丛生型品种主茎高 40～50 cm 为宜，超过 50 cm 则表明植株有旺长趋势，容易倒伏。花生单株分枝数变化很大，连续开花型品种分枝较少，一般 5～6 条至 10 多条，个别品种只有 4 条；交替开花型品种分枝数一般在 10 条以上。第 1、第 2 对分枝结果数占到全株的 70%～80%。因此，栽培上要促使第 1、第 2 对分枝的健壮生长。间作花生尤其要重视第 1、第 2 对分枝开花结实，确保其产量。

（二）根系分布特点

玉米根系属于须根系，分枝旺盛、根多、根粗，分布范围广。主要分布在植株垂直线周围以内半径 0～20 cm、深 30～40 cm 的土层内，但水平延伸可达 1 m 左右，垂直入土深度可达 1.7 m。单株平均根数，成熟期超过 50 条。

花生根系属于直根系，成熟植株主根长可达 2 m，一般 60～90 cm；始花时侧根已生出 100～150 条，侧根刚生出时近乎水平生长，长度可达 45 cm 后，转向垂直向下生长，也可伸至约 2 m 的深度。根系分布直径，匍匐型品种可达 80～115 cm，直立型品种约 50 cm。花生侧根有 1～7 次之分，随着 1 次侧根的生长，2～5 次（最多 7 次）相继生长，最终形成庞大根系。

（三）营养元素吸收利用

玉米在生长过程中，需要的营养元素较多，其中氮、磷、钾三大元素吸收利用与玉米产量密切相关，大多数情况下，玉米整个生育期吸收的氮最多、钾次之、磷较少。钙、镁、硫、锌、钼、锰、铁等中微量元素也是不可缺少的，但是钾肥施用量过多，就会抑制玉米吸收钙元素，造成缺钙症状，为了处理这个矛盾，缺钙地块应该在播种玉米前撒施钙肥或者作为底肥适量施用，但不要过量，玉米生育期最好不要追施钙肥。玉米根表分泌麦根酸类物质，通过形成 Fe-Ps 络合物，活化土壤中难以吸收的铁元素，满足自身需要。土壤中养分的自然供给量往往不能满足玉米的需要，需要通过施肥来补充。

花生生长发育需要的元素较多，其植株体内的全氮含量较禾谷类作物高，每生产 100 kg 花生荚果，需要吸收纯氮（5.45±0.68）kg（C.V.=0.125），植株体内总氮中，来源于土壤、肥料、根瘤菌 3 种氮源，中等肥力的砂壤土，在不施氮时，根瘤菌供氮率超过 80%，随着施氮量的增加，根瘤菌供氮逐渐减少。花生是喜钙作物，需钙量大，仅次于氮、钾，居第 3 位，钙可促进氮、磷、镁的吸收，而抑制钾的吸收；花生吸收的钙素在植株体内运转缓慢，根系及叶片吸收钙素很少运至荚果，荚果所需要的钙营养主要依靠荚果自身吸收，因此，钙肥应主要施在结果层，钾肥施在根系层，一定程度上避免钾、钙互相干扰。

玉米与花生2种作物高矮搭配，能够充分利用光、温、气等自然资源。须根系与直根系互补，利于土层立体根系交叉混生，有效改善铁元素营养状况，利于花生根瘤菌吸铁及根瘤形成。充分发挥玉米需氮多和花生需磷钾多的互补效应，有效减轻花生"氮阻遏"效应，促进花生固氮，减少氮素施用。

第二节　玉米花生宽幅间作模式创建及群体特征

一、不同玉米花生间作模式对作物产量的影响

在不同地区设置不同的间作模式，考察间作产量，筛选适宜的间作模式。

（一）不同间作模式对系统产量及土地当量比的影响（山东济南）

1. 试验设计

试验于2013—2014年在山东省农业科学院济南试验农场进行。供试玉米品种为鲁单818，花生品种为花育25。共设6种种植模式：玉米单作（SM），花生单作（SP），玉米花生带状复合种植，行比分别为2∶3（M2P3）、2∶4（M2P4）、3∶3（M3P3）、3∶4（M3P4）模式（表2-1）。采用随机区组试验，每种植模式重复3次。玉米花生间作小区面积为7 m×3个种植带宽，玉米单作行距60 cm，每小区播种10行，小区面积42 m^2；花生单作垄宽85 cm，共种10垄，小区面积59.5 m^2。南北向种植。

试验地前茬为小麦，2013年玉米与花生播种期为6月25日，玉米收获期为10月1日，花生收获期为10月8日。2014年玉米与花生播种期为6月26日，玉米收获期为10月4日，花生收获期为10月11日。播种之前基施750 kg/hm^2复合肥（$N\text{-}P_2O_5\text{-}K_2O$=17-17-17）。玉米大喇叭口期追施纯氮112.5 kg/hm^2，肥料施于玉米行间及玉米与花生行间，施肥位点在靠近玉米15～30 cm处，花生不追肥。田间管理同其他高产田。

表 2-1　不同种植模式设置

处理符号	处理说明	株行距	带宽(m)	种植密度
SM	玉米单作	行距 60 cm，株距 27.8 cm		60 000 株/hm^2
SP	花生单作	花生垄宽 85 cm，一垄 2 行，小行距 35 cm，穴距 15.7 cm，每穴 2 株		150 000 穴/hm^2
M2P3	玉米花生行比 2∶3	玉米窄行距 40 cm，株距 16.4 cm 花生播种规格同单作	2.2	玉米 60 000 株/hm^2 花生 86 855 穴/hm^2
M2P4	玉米花生行比 2∶4	玉米窄行距 40 cm，株距 11.9 cm 花生播种规格同单作	2.8	玉米 60 000 株/hm^2 花生 90 991 穴/hm^2
M3P3	玉米花生行比 3∶3	玉米行距 55 cm，株距 17.2 cm 花生播种规格同单作	2.9	玉米 60 000 株/hm^2 花生 65 890 穴/hm^2
M3P4	玉米花生行比 3∶4	玉米行距 55 cm，株距 14.3 cm 花生播种规格同单作	3.5	玉米 60 000 株/hm^2 花生 72 793 穴/hm^2

2. 结果分析

（1）不同间作模式对间作系统产量及土地当量比的影响。间作中以 3 行玉米与 3 行花生、4 行花生间作的 M3P3、M3P4 模式玉米产量高，2 种模式玉米产量无显著差异，但显著高于 2 行玉米间作 3 行花生、4 行花生的 M2P3、M2P4 模式。间作花生产量以 M2P4 模式最高，M3P3 模式最低，随占地面积的减少而呈降低趋势；相同花生行数以 2 行玉米间作产量较高。

不同玉米花生间作模式系统总产量以 M3P4 模式最高，除了 M2P4 模式系统总产量显著低于玉米单作产量外，其他间作模式系统产量均略高于玉米单作产量或与之持平。4 种间作模式的土地当量比均大于 1，以 M3P4 模式的最大，2013 年和 2014 年分别达到 1.15 和 1.21。

本试验条件下，M3P4 模式获得最高系统总产量和最大土地当量比，有利于稳定粮食产量并最大限度地提高土地利用效率（表 2-2）。

（2）不同间作模式对玉米净面积产量及其产量构成因素的影响。本试验间作总面积上的玉米密度与单作玉米相同，缩小间作玉米株行距相当于增加间作玉米净面积上的密度。玉米净面积的公顷穗数随玉米占地面积的减少而显著增加，以 M2P4 模式净面积穗数最高，净面积上玉米 2 年分别达 186 495.0 穗/hm^2 和 191 130.0 穗/hm^2。不同间作模式下玉米穗粒数随净面积上玉米穗数的增加而呈降低趋势，以 M3P3、M3P4 模式穗粒数较高。各间作模式的穗粒数和百粒重均低于同年玉米单作对照。玉米净面积产量 2 年均为玉米单作对照的最低，分别为 10 000.0 kg/hm^2 和 8 304.0 kg/hm^2，这与其公顷穗数最低有关，2 年的穗数分别为 54 390.0 穗/hm^2 和 53 865.0 穗/hm^2，远远低于间作处理下净面积穗数。间作模式中 M2P4 模式 2 年中均获得最高净面积产量，这主要是由于其净面积穗数最高，由此可见，间作模式下保证群体数量是确保玉米产量的前提（表 2-3）。

表 2-2　玉米花生不同间作模式的产量及土地当量比

处理	玉米花生面积比	2014 年				2013 年			
		产量 (kg/hm^2)			土地当量比	产量 (kg/hm^2)			土地当量比
		玉米	花生	合计		玉米	花生	合计	
SM	全部玉米	10 000.0a		10 000.0ab		8 304.0a		8 304.0a	
SP	全部花生		4 795.5a	4 795.5c			4 206.0a	4 206.0c	
M2P3	15：29	8 341.5c	1 653.0c	9 994.5ab	1.18ab	6 690.0c	1 338.0bc	8 028.0ab	1.12ab
M2P4	15：41	7 417.5d	1 849.5b	9 267.0b	1.13b	6 139.5d	1 455.0b	7 594.5b	1.09b
M3P3	1：1	9 088.5b	1 215.0d	10 303.5a	1.16ab	7 294.5b	1 048.5d	8 343.0a	1.13ab
M3P4	29：41	8 866.5b	1 566.0c	10 432.5a	1.21a	7 159.5b	1 207.5c	8 367.0a	1.15a

注：同列数据后不同字母表示在 0.05 水平上差异显著。

表 2-3　不同间作模式的玉米净面积产量及其产量构成因素

处理	2014 年				2013 年			
	净面积穗数 (穗/hm^2)	穗粒数 (个)	百粒重 (g)	净面积产量 (kg/hm^2)	净面积穗数 (穗/hm^2)	穗粒数 (个)	百粒重 (g)	净面积产量 (kg/hm^2)
SM	54 390.0e	550a	35.8a	10 000.0e	53 865.0e	436a	38.2a	8 304.0e
M2P3	153 420.0b	473c	34.8ab	24 468.0b	150 000.0b	376c	35.9b	19 624.5b
M2P4	191 130.0a	463c	33.7b	27 691.5a	186 495.0a	360c	34.7b	22 918.5a
M3P3	111 540.0d	538ab	33.7b	18 177.0d	110 640.0d	407b	34.9b	14 589.0d
M3P4	135 165.0c	516b	32.7b	21 402.0c	134 685.0c	390bc	35.3b	17 281.5c

注：同列数据后不同字母表示在 0.05 水平上差异显著。

（3）不同间作模式对花生净面积产量及其产量构成因素的影响。不同间作模式花生净面积产量和单株荚果数均显著低于单作的，且百果重略有降低，但2013年各处理百果重无显著差异。鉴于播种规格一致，间作花生净面积上的株数差异较小，其净面积上产量差异也较小，表明2行玉米、3行玉米对间作花生净面积产量影响较小。总体上看，2014年4行花生间作净面积上花生产量较3行花生间作产量高一些，但实际增量不大。表明在玉米花生间作条件下，间作花生净面积产量受玉米或花生行数的影响较小，其产量主要受间作花生实际种植面积的影响（表2-4）。

表2-4　不同间作模式的花生净面积产量及其产量构成因素

处理	2014年				2013年			
	株数(株/hm^2)	株荚果数(个)	百果重(g)	净面积产量(kg/hm^2)	株数(株/hm^2)	株荚果数(个)	百果重(g)	净面积产量(kg/hm^2)
SP	233 310.0a	15.3a	160.4a	4 795.5a	238 245.0a	14.5a	150.3a	4 206.0a
M2P3	242 767.5a	8.0bc	159.0a	2 508.0c	182 760.0b	8.3bc	146.3a	2 029.5bc
M2P4	238 596.0a	8.3b	141.5b	2 526.0c	178 513.5b	8.5b	145.4a	1 987.5c
M3P3	243 720.0a	7.5c	145.9b	2 430.0c	189 777.0b	8.0c	149.1a	2 097.0b
M3P4	237 585.0a	7.8c	146.5b	2 673.0b	192 196.5b	8.1bc	148.9a	2 061.0bc

注：同列数据后不同字母表示在0.05水平上差异显著。

3. 结论

玉米花生不同间作模式下，M2P4模式净面积上玉米公顷穗数、净面积玉米产量和间作花生产量最高，是该试验条件下玉米边行效应最大且最有利于花生产量提高的一种间作模式。M3P4模式提高了玉米净面积穗数和净面积产量，减小了间作玉米产量的降低幅度，在达到稳定玉米产量的同时增加花生产量，2013年、2014年系统总产量较玉米单作分别增加0.7%、4.3%，土地利用效率分别增加15%、21%，是该试验条件下稳粮、增油、增产、增效的最佳间作模式。

（二）不同间作模式对作物产量和产值的影响（山东济南）

1. 试验设计

试验于2012—2013年在山东省农业科学院章丘龙山试验基地进行。前茬为小麦，麦收后秸秆还田，撒施复合肥（$N-P_2O_5-K_2O$=15-15-15）1 200 kg/hm^2，整个生育期不追肥。2012 年玉米与花生播种期为 6 月 17 日，玉米收获期为 10 月 10 日，花生收获期为 10 月 15 日；2013 年玉米与花生播种期为 6 月 16 日，玉米收获期为 10 月 8 日，花生收获期为 10 月 16 日。供试玉米品种为鲁单 818、郑单 958，花生品种为花育 22、花育 25。以单作夏玉米和单作夏花生为对照；单作玉米行距 60 cm、株距 27.8 cm，密度 6 万株/hm^2；单作花生一垄 2 行、垄宽 85 cm，双粒播、穴距 14 cm，密度 16.5 万穴/hm^2。

试验设置 8 种间作模式，玉米行距均为 55 cm，密度约 5.7 万株/hm^2，株距由间作模式而定（表 2-5）；花生分 2 种种植模式：一垄 2 行、垄宽 85 cm，双粒播、穴距 14 cm，一垄 3 行、垄宽 110 cm，双粒播、穴距 16 cm；玉米带距离花生垄 35 cm。采用大区设置，小区长 50m，每种间作模式均为 4 个带，单作玉米种植 15 行，单作花生种植 15 垄。均南北向种植。花生四叶期覆膜，随覆膜随抠膜。

表 2-5 不同间作模式设置

间作模式(玉米与花生行比)	带宽(m)	面积分配(玉米：花生)	玉米株距(cm)	玉米密度(株/hm^2)	花生密度(穴/hm^2)
2：2	2.10	25：17	16.7	57 030	68 030
2：3	2.35	25：22	15.0	56 740	79 790
2：4	2.95	25：34	12.0	56 500	96 850
3：2	2.65	36：17	20.0	56 600	53 910
3：3	2.90	18：11	18.1	57 150	64 660
3：4	3.50	18：17	15.0	57 140	81 630
4：3	3.45	47：22	20.0	57 970	54 350
4：4	4.05	47：34	17.3	58 090	70 550

2. 结果分析

将 8 种间作模式和单作模式的产量、产值进行比较（表 2-6），8 种间作模式的玉米或花生产量均低于单作对照，玉米减产均在 9% 以内，而同步增收花生超过 30%，总体产值均高于单作玉米或单作花生。其中 3：4 间作模式，增收花生超过 2 719.5 kg/hm^2，产值达到 3 3861.5 元/hm^2，较单作玉米、花生分别高 15 604.2 元/hm^2、11 208.5 元/hm^2，增收效益十分显著。3：4 间作模式是该试验条件下稳粮、增油、增效的最佳间作模式。

表 2-6　不同间作模式对产量及产值的影响

间作模式	玉米产量 (kg/hm^2)		花生产量 (kg/hm^2)		产值 (元/hm^2)
	鲁单 818	郑单 958	花育 22 号	花育 25	
2：2	7 996.5	8 032.5	1 504.5	1 549.5	26 793.9
2：3	7 684.5	7 671.0	1 806.0	1 777.5	27 641.6
2：4	7 830.0	7 863.0	2 259.0	2 283.0	30 888.3
3：2	8 121.0	8 056.5	1 168.5	1 197.0	24 891.8
3：3	7 683.0	7 732.5	1 656.0	1 696.5	27 014.6
3：4	7 987.5	7 962.0	2 703.0	2 736.0	33 861.5
4：3	8 071.5	8 005.5	1 276.5	1 303.5	25 424.7
4：4	7 585.5	7 609.5	1 960.5	1 971.0	28 509.0
单作花生			3 753.0	3 798.0	22 653.0
单作玉米	8 253.0	8 344.5			18 257.3

注：产值 = 玉米单价（2.2 元/kg）× 玉米平均产量 + 花生单价（6 元/kg）× 花生平均产量。以当时价格计算，其他费用相同，此处不考虑。

（三）不同间作模式对作物产量和产值的影响（山东聊城）

1. 试验设计

试验于 2014—2015 年在山东省聊城市高唐县梁村镇进行示范应用，示范田为砂壤土，前茬均为小麦，麦收后秸秆还田，撒施复合肥（N-P_2O_5-K_2O=15-15-15）900 kg/hm^2，整个生育期不追肥。2014 年玉米与花生播种期为 6 月 15 日，玉米收获期为 10 月 8 日，花生收获期为 10 月 16 日；2015 年玉米与花生播种期为 6 月 16 日，玉米收获期为 10 月 9 日，花生收获期为 10 月 17 日。供试玉米品种为郑单 958，花生品种为花育 36。以单作夏玉米和单作夏花生为对照；单作玉米行距 60 cm、株距 27.8 cm，密度 6 万株/hm^2；单作花生一垄 2 行、垄宽 85 cm，双粒播、穴距 14 cm，密度 16.5 万穴/hm^2。均机械化播种。

试验设置 4 种间作模式，其中间作 2 行及以上玉米的行距均为 60 cm，密度 5.6 万～6.0 万株/hm^2，株距由间作模式而定（表 2-7），玉米带距离花生垄均为 35 cm；种植 1 行玉米的株距 17 cm。花生均一垄 2 行、垄宽 85 cm，双粒穴距 14 cm。每种模式均约 0.27 hm^2，均南北向种植、机械化播种覆膜。

2. 结果分析

对不同模式进行对比，间作玉米、花生均较单作玉米、花生减产，间作系统产量3∶4、3∶6模式分别达到9 355.5 kg/hm^2、9 107.4 kg/hm^2，3∶4模式略高于3∶6模式，但差异不显著。从间作的产值来看，1∶6模式产值最高，其次是3∶6模式，在当时价格情况下，间作种植的花生越多产值越高。为保障玉米产量，兼顾花生产量，实施3∶6模式较大程度地减少玉米对花生遮阴的不利影响，可实现稳粮增油（表2-7）。

表2-7　不同间作模式设置及对产量和产值的影响

模式(玉米与花生行比)	带宽(m)	面积分配(玉米：花生)	玉米株距(cm)	玉米密度(株/hm^2)	花生密度(穴/hm^2)	玉米产量(kg/hm^2)	花生产量(kg/hm^2)	产值(元/hm^2)
3∶4	3.60	19∶17	14.0	59 530	79 370	7 177.5	2 178.0	28 858.5
1∶6	2.95	8∶51	17.0	20 640	150 380	3 114.0	4 715.6	35 144.4
3∶6	4.45	38∶51	12.0	56 180	96 310	6 110.0	2 997.4	31 426.4
单作花生		全部花生			165 000		5 885.2	35 311.2
单作玉米		全部玉米	27.8	60 000		8 283.0		18 222.6

注：产值=玉米单价（2.2元/kg）× 玉米平均产量+花生单价（6元/kg）× 花生平均产量。以当时价格计算，其他费用相同，此处不考虑。

（四）玉米花生间作对作物干物质积累的影响（山东济南）

1. 试验设计

试验于2016—2017年在山东省农业科学院章丘龙山试验基地进行，前茬作物为小麦，供试玉米品种为登海605，花生品种为花育25号。2016年6月15日播种，10月2日收获；2017年6月20日播种，10月9日收获。

试验设3种种植方式，即花生单作（P）、玉米单作（M）和玉米与花生间作（M//P），玉米花生间作选择2∶4模式（图2-1）。单作花生垄距80 cm，垄面宽50 cm，垄上行距25 cm，穴距10 cm，密度24.9万穴/hm^2，每穴1粒。单作玉米行距60 cm，株距27 cm，密度6.0万株/hm^2。间作花生两垄，单垄距80 cm，垄高10 cm左右，穴距10 cm，每穴1粒，密度16.5万穴/hm^2；间作玉米2行，行距40 cm，不起垄，株距14 cm，密度6.0万株/hm^2。

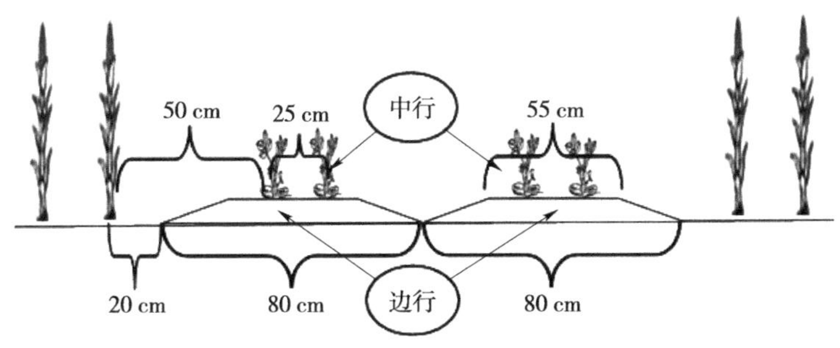

图 2-1　间作模式种植示意图

在花生单作和玉米花生间作中设 ^{15}N 微区试验，各 3 个微区（共 6 个）。间作微区用长 × 宽 × 高为 120 cm × 60 cm × 55 cm 的镀锌铁板做成铁框，于各小区施肥前砸于地下，框体高出地面 5 cm，防止框体内外肥料互混。每个微区内 2 行花生 1 行玉米，在花生垄内施用 ^{15}N 尿素（上海化工研究院，氮素质量分数 46.8%，同位素丰度为 10.15%），在玉米垄内施用普通尿素，均做基肥。花生单作微区用铁框长 × 宽 × 高为 80 cm × 60 cm × 55 cm，微区内 2 行花生。各处理均基施尿素、过磷酸钙、氯化钾，折合 225 kg/hm^2 N、150 kg/hm^2 P_2O_5 和 150 kg/hm^2 K_2O，适量施用硫酸锌 15 kg/hm^2。

2. 结果分析

玉米花生间作系统中，两作物的种间竞争通常会导致处于劣势地位的作物减产，而高秆作物获得积极的边行效应。整个生育期间作花生边行、中行各器官及全株的干物质累积量、经济产量均显著低于单作，且边行低于中行，成熟期边行根、茎、叶、果的干物质积累量较单作显著降低 76.57%、37.44%、33.94%、49.08%，中行降低 73.71%、29.63%、27.98%、33.32%；成熟期边行全株干物质量较单作显著减少 43.97%，中行减少 32.92%（表 2-8）。

表 2-8　玉米花生间作系统花生干物质积累　　单位：g/株

时期	处理	根	茎	叶	果	全株
开花下针期	P	0.61a	8.08a	6.29a		14.98a
	M//P-B	0.29c	5.15c	4.20c		9.64c
	M//P-I	0.35b	6.57b	5.36b		12.29b
结荚期	P	1.16a	9.32a	7.07a	12.60a	30.15a
	M//P-B	0.36b	6.54c	4.82c	5.78c	17.49c
	M//P-I	0.42b	7.72b	6.31b	7.58b	22.03b

（续）

时期	处理	根	茎	叶	果	全株
饱果成熟期	P	1.75a	11.78a	8.22a	20.05a	41.80a
	M//P-B	0.41b	7.37c	5.43b	10.21c	23.42c
	M//P-I	0.46b	8.29b	5.92b	13.37b	28.04b

注：1. M//P-B，M//P-I 分别代表玉米花生间作边行、中行。

2. 同列数据后不同字母表示在 0.05 水平上差异显著。

间作系统整个生育期玉米各器官的干物质积累量均显著低于玉米单作，成熟期间作玉米茎、叶、苞叶、籽粒干物质量较单作分别降低 30.78%、23.50%、30.30%、19.78%，全株降低 28.05%（表 2-9）。

表 2-9　玉米花生间作系统玉米干物质积累　　单位：g/株

时期	处理	茎	叶	苞叶	籽粒	全株
大喇叭口期	M	36.25a	23.65a			59.9a
	M//P	13.63b	21.05b			34.68b
抽雄期	M	60.98a	46.95a			134.28a
	M//P	40.18b	35.02b			97.82b
成熟期	M	72.59a	43.61a	15.18a	162.35a	314.06a
	M//P	50.25b	33.36b	10.58b	130.25b	243.98b

注：同列数据后不同字母表示在 0.05 水平上差异显著。

（五）不同种植模式下对玉米和花生干物质积累的影响（辽宁沈阳）

1. 试验设计

试验于 2018—2019 年在沈阳农业大学科学试验基地（沈阳）开展。试验地前季作物为花生，土壤为棕壤土，地势平坦。采用单因素随机区组设计，设置玉米单作、花生单作和玉米花生 8：8 宽幅带状间作 3 种种植模式，3 次重复。间作玉米行距 60 cm、株距 25 cm、密度 6.67 万株/hm^2，间作花生行距 60 cm、株距 12.3 cm、密度 1.36 万株/hm^2。玉米单作和花生单作行距、株距、种植密度与间作相同，南北向种植，行长 10 m，玉米、花生间作幅宽 4.2 m、带宽 9.6 m，单作玉米和花生均为 24 行，其小区面积均为 144 m^2，间作小区面积 96 m^2（图 2-2）。供试玉米品种为杂交种良玉 66，花生品种为农花 9 号。播种时玉米区施用 750 kg/hm^2 专用复合肥（N-P_2O_5-K_2O=27-13-15），花生区施用 750 kg/hm^2 专用复合肥（N-P_2O_5-K_2O=14-16-15），其他栽培管理措施同常规大田生产。玉米和花生于 2018 年 5 月 15 日、2019 年 5 月 12 日同时播种，花生分别于 2018 年 9 月 24 日、2019 年 9 月 20 日收获，玉米分别于 2018 年 9 月 27 日、2019 年 9 月 25 日收获。

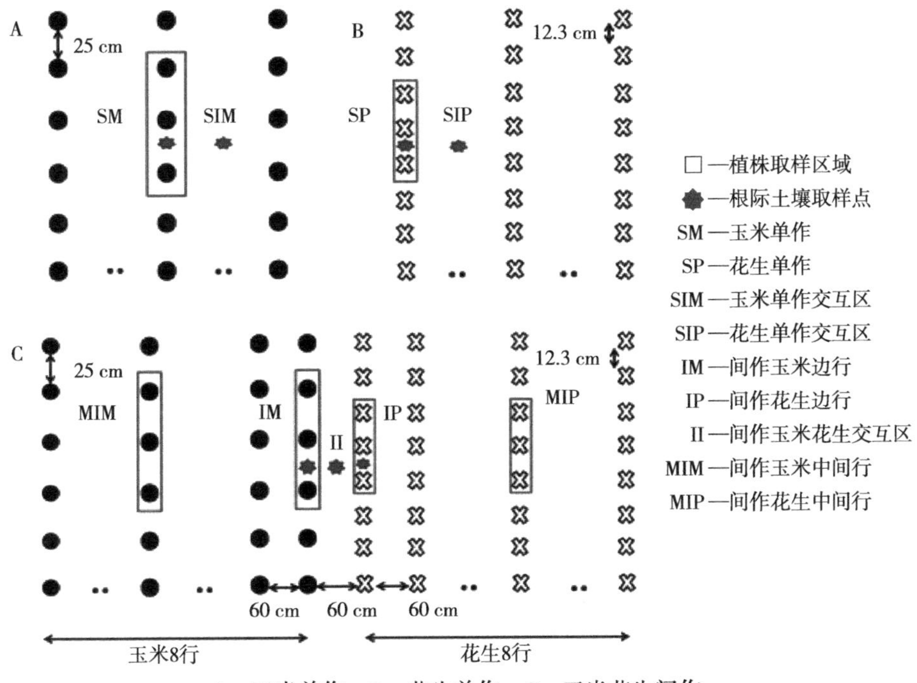

A—玉米单作；B—花生单作；C—玉米花生间作。

图 2-2 不同种植模式下植株和土壤取样位置

2. 结果分析

2018—2019 年玉米和花生的干物质积累变化趋势基本相似（表 2-10）。间作增加了 IM 地上和地下部的干物质积累和总干物质积累量。出苗后 65 d，IM 地下部的干物质积累显著高于 MIM。出苗后 120 d，IM 地上部干物质积累显著高于 MIM。SP 各部分干物质积累高于 MIP 和 IP，120 d 表现显著。可见，间作增加了边行玉米干物质积累，表现明显的边行优势。而边行花生地上和地下部的干物质积累小于单作和间作中间行花生。

表 2-10 不同种植模式下玉米和花生干物质积累

单位：g/株

时期	样品	地下部		地上部		总干物质积累	
		2018 年	2019 年	2018 年	2019 年	2018 年	2019 年
开花下针期	SM	55.80±8.40ab	50.73±12.48ab	217.27±13.67ab	193.72±43.32a	273.07±11.85b	244.44±46.3ab
	IM	69.07±0.31a	86.03±47.22a	247.30±12.25a	259.84±22.75a	316.37±12.15a	345.87±68.53a
	MIM	51.02±7.37b	45.05±9.04b	211.77±13.15b	156.63±10.49a	262.79±17.88b	201.68±14.35b
	SP	3.81±1.86a	2.59±0.96a	18.15±2.49a	12.27±3.16a	21.96±3.20a	14.86±3.82a
	IP	2.06±0.64a	2.10±0.18a	12.41±2.49a	10.71±1.81a	14.47±3.00a	12.82±1.96a
	MIP	2.53±0.19a	2.18±0.21a	16.15±3.68a	11.41±1.19a	18.68±3.75a	13.59±1.40a
收获期	SM	38.33±10.33a	82.30±8.34a	532.85±62.36b	602.37±81.56b	571.18±59.46a	684.67±88.23a
	IM	75.03±22.84a	106.47±5.95a	538.20±44.12a	619.96±39.93a	613.23±56.48a	726.43±45.02a
	MIM	38.10±5.24a	60.03±2.79a	489.70±21.13b	571.87±29.61c	527.80±26.33a	631.90±29.64a
	SP	19.97±3.29a	14.40±3.26a	16.10±2.65a	12.63±1.24a	36.07±5.02a	27.03±3.41a
	IP	13.17±2.21b	7.80±1.63b	7.60±0.70b	5.37±0.62a	20.77±2.56b	13.17±1.52b
	MIP	19.33±2.40b	13.57±3.42a	11.40±0.45ab	11.50±1.37a	30.73±2.11a	25.07±4.79a

注：1. SM—玉米单作；SP—花生单作；MIM—间作玉米中间行；MIP—间作花生中间行；IM—间作玉米边行；IP—间作花生边行。

2. 同列数据后不同字母表示在 0.05 水平上差异显著。

（六）吉林省花生玉米间作高效种植模式研究（吉林公主岭）

1. 试验设计

试验于2015—2016年在吉林省公主岭市吉林省农业科学院试验田进行。供试花生品种为吉花19；供试玉米品种为吉单558。试验田土壤为黑钙土。

试验共设6种种植模式，分别为花生单作（SP），玉米单作（SM），花生玉米间作行比4：4（P4M4）、5：5（P5M5）、6：6（P6M6）、4：6（P4M6）。随机区组排列，重复3次。行长20 m、垄宽0.62 m；玉米单作种植密度7.5万株/hm^2、间作种植密度11.25万株/hm^2，每穴1粒；花生种植密度均为13.5万穴/hm^2，每穴2粒（表2-11）。

2015年玉米播种期为4月28日，花生播种期为5月17日，玉米收获期为10月6日，花生收获期为9月25日。2016年花生玉米茬口互换，玉米播种期为4月27日，花生播种期为5月15日，玉米收获期为10月5日，花生收获期为9月22日。玉米施肥量为N 194 kg/hm^2、P_2O_5 104 kg/hm^2、K_2O 100 kg/hm^2。其中磷钾肥与底肥一次性施入；氮肥分2次施入，1/3作底肥，2/3为追肥。花生施肥量为N 112.5 kg/hm^2、P_2O_5 112.5 kg/hm^2、K_2O 112.5 kg/hm^2，氮磷钾肥作底肥一次性施入。其他田间管理按高产田进行。

表2-11　不同种植模式设置

处理	种植模式	株行距配置 (cm × cm)	条带幅宽 (m)	每公顷种植密度
SP	花生单作	12 × 62		13.5万穴
SM	玉米单作	22 × 62		7.5万株
P4M4	4行花生4行玉米	12 × 62(花生) 14 × 62(玉米)	4.96	花生13.5万穴 玉米11.25万株
P5M5	5行花生5行玉米	12 × 62(花生) 14 × 62(玉米)	6.20	花生13.5万穴 玉米11.25万株
P6M6	6行花生6行玉米	12 × 62(花生) 14 × 62(玉米)	7.44	花生13.5万穴 玉米11.25万株
P4M6	4行花生6行玉米	12 × 62(花生) 14 × 62(玉米)	6.20	花生13.5万穴 玉米11.25万株

2. 结果分析

（1）不同间作模式对花生和玉米植株性状的影响。不同间作模式下，设定邻近玉米（花生）的花生（玉米）第1行为边1，邻近玉米（花生）的花生（玉米）第2行为边2，邻近玉米（花生）的花生（玉米）第3行为边3。随着行比的增加，花生和玉米的主茎高（株高）逐渐变高，且边行效果极显著。不同行比模式下，花生和玉米边1的株高都低于边2和边3；不同间作模式下，花生的主茎高、侧枝长、分枝数都大于花生单作（表2-12）。

表2-12　不同间作模式花生和玉米的植株性状

模式	边行	花生				玉米	
		主茎高(cm)	侧枝长(cm)	分枝数(条)	单株结果数(个)	株高(cm)	穗位高(cm)
P4M4	边1	23.3DEef	34.3Ab	9.0ABab	13.3Bb	253.4BCcd	117.6Bb
	边2	33.7ABab	37.0Aab	8.3ABabc	10.0Bb	264.4ABbc	116.2Bb
P5M5	边1	26.7CDEde	34.0Ab	10.3Aa	17.3Bb	261.6ABbc	114.0Bb
	边2	28.3BCDcd	34.7Ab	10.0Aa	14.3Bb	261.8ABbc	118.4Bb
	边3	29.3BCDbcd	34.7Ab	6.7ABbc	13.0Bb	268.6ABab	120.0Bb
P6M6	边1	30.7ABCbcd	35.3Ab	9.7ABab	27.3Aa	263.0ABbc	122.6ABb
	边2	32.0ABCabc	36.3Aab	7.3ABabc	18.3ABb	259.8BCbc	120.2Bb
	边3	33.7ABab	36.3Aab	9.0ABab	15.0Bb	278.0Aa	134.8Aa
P4M6	边1	30.0ABCbcd	38.7Aab	9.0ABab	12.7Bb	244.4Cd	112.4Bb
	边2	36.0Aa	41.3Aa	8.3ABabc	10.0Bb	245.6Cd	117.2Bb
	边3					268.4ABab	122.6ABb
SP		24.0Ef	26.7Bc	5.3Bc	17.7Bb		
SM						261.6ABbc	118.6 Bb

注：同列数据后不同大小写字母分别表示在0.01、0.05水平上差异显著。

（2）不同间作模式对花生和玉米产量的影响。3种间作模式（P4M4、P5M5和P6M6）的土地当量比（LER）均大于1，P4M6的LER在2015年小于1，说明非等条带间作不具优势。2015年土地当量比P5M5＞P6M6＞P4M4＞P4M6，2016年土地当量比P6M6＞P5M5＞P4M4＞P4M6，综合2年产量数据，P5M5和P6M6的产量和当量比较高，说明花生玉米等条带间作具有产量优势（表2-13）。

表 2-13　不同间作模式花生和玉米的产量与当量比（2015—2016 年）

模式	2015 年			2016 年		
	花生 (kg/hm²)	玉米 (kg/hm²)	土地当量比	花生 (kg/hm²)	玉米 (kg/hm²)	土地当量比
P4M4	1 612.50	6 797.50	1.00	2 267.23	5 370.61	1.11
P5M5	1 956.67	7 411.67	1.13	2 336.88	6 092.92	1.21
P6M6	2 161.67	6 850.00	1.12	2 497.92	6 331.96	1.27
P4M6	1 286.00	6 839.89	0.93	2 032.09	5 448.52	1.06
SP	4 620.00			4 218.53		
SM		10 437.00			9 350.05	

对不同模式下的联合单作产量与间作混合产量进行计算，花生玉米间作共生期内，4 种间作模式的联合单作产量均小于间作混合产量，说明 4 种间作模式均存在间作优势。2015 年间作优势表现为 P5M5＞P6M6＞P4M4＞P4M6；2016 年间作优势表现为 P6M6＞P5M5＞P4M4＞P4M6（图 2-3）。

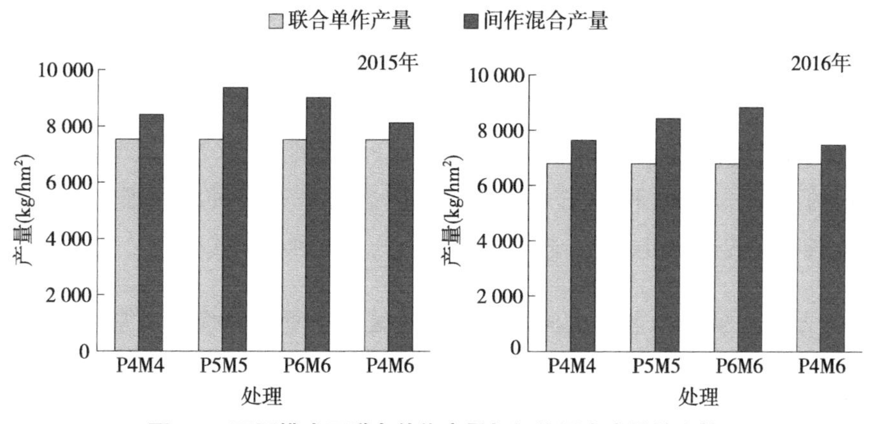

图 2-3　不同模式下联合单作产量与间作混合产量的比较

（3）不同间作模式对土地当量比（LER）、农田的时间效率（ATER）和间作系统的综合效益（LUE）的影响。2015 年 4 种间作模式的 LER 在 0.93～1.13，ATER 在 0.88～1.05，LUE 在 0.97～1.12；2016 年 4 种间作模式的 LER 在 1.06～1.27，ATER 在 0.96～1.14，LUE 在 1.01～1.20。2015 年 P5M5 模式的 LER、ATER 和 LUE 最高，2016 年 P6M6 模式的 LER、ATER 和 LUE 均最高（图 2-4）。

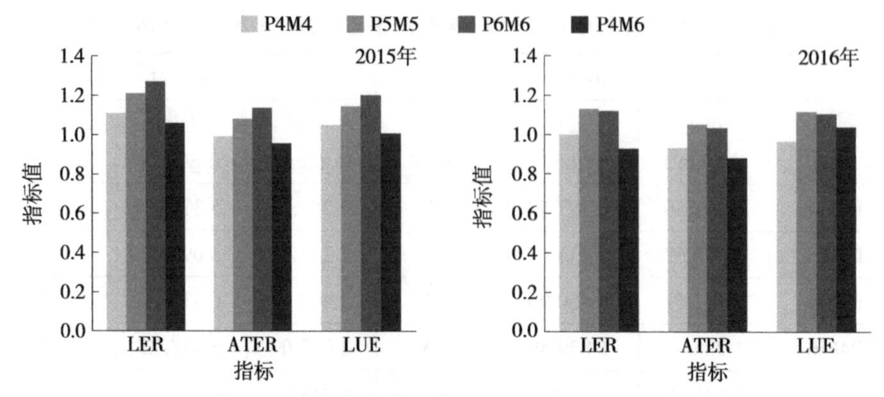

图 2-4 不同间作模式的 LER、ATER 和 LUE

3. 结论

花生间作玉米较单作可以有效提高土地利用率，提高作物产量。LER＞1 表明间作有优势，提高土地的利用率，ATER＞1 表明间作提高农田时间效率，LUE＞1 表明间作可以提高作物的综合效益。通过对联合单作产量与间作混合产量的比较，在花生玉米共生期内，P4M4、P5M5、P6M6 间作模式表现出的间作优势与 LER 表现趋势相符，均表现出明显的间作增效作用。而 P4M6 模式，2 年试验表现出不同的规律，LER 从 0.93 增至 1.06，说明通过间作可打破单一作物种植形成的连作障碍，有效提高作物产量。2015 年 P5M5 模式的 LER、ATER 和 LUE 最高，P6M6 排在第 2 位，2016 年 P6M6 模式的 LER、ATER 和 LUE 均最高。结合吉林省垄作种植习惯，花生玉米 6：6 种植模式适合机械化、规模化操作，为高效种植模式。

（七）盐碱地玉米花生间作对群体覆盖和产量的影响（山东东营）

1. 试验设计

试验于 2017 年 5—10 月在山东东营河口区“渤海农场”进行。供试土壤为砂壤土、中度盐碱土。采用玉米与花生 3：4 间作模式（M3P4，图 2-5）：带宽 3.5 m，玉米约 6 万株/hm^2，窄行距 55 cm，株距 14 cm；花生 8 万穴/hm^2，垄宽 85 cm，一垄 2 行，一穴 2 粒，穴距 14 cm。设玉米单作（CKM）、花生单作（CKP）为对照。玉米单作约 6 万株/hm^2，行距 60 cm，株距 27 cm；花生单作约 15 万穴/hm^2，穴距 15.5 cm，其他同间作花生。试验为大区试验，面积约 0.667 hm^2。供试玉米品种登海 605，花生品种花育 25。玉米、花生基施氮磷钾复合肥（N-P_2O_5-K_2O=15-15-15）750 kg/hm^2，大喇叭口期玉米带追施尿素 100 kg/hm^2，花生带不追肥。5 月 23 日机播，9 月 13 日收获玉米，9 月 21 日收获花生，其他田间管理措施基本一致。

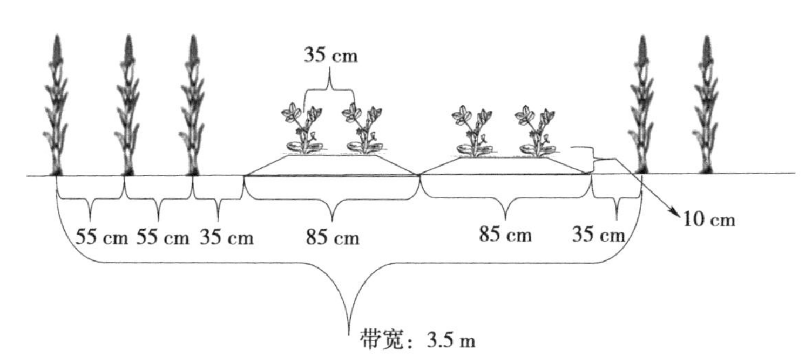

图 2-5 玉米与花生 3 ∶ 4 间作模式

2. 结果分析

（1）间作对作物叶面积及叶面积指数的影响。与 CKM、CKP 相比，M3P4 对玉米、花生单株叶面积和叶面积指数的影响不同。抽雄期 M3P4 玉米单株叶面积与 CKM 差异不显著，但灌浆期、成熟期显著低于 CKM，分别降低 14.1% 和 15.7%；抽雄期、灌浆期、成熟期 M3P4 模式的玉米叶面积指数均显著高于 CKM，增加 141.9%～176.1%。

M3P4 花生荚果期单株叶面积与 CKP 差异不显著，但花针期、成熟期均显著高于 CKP，分别增加 24.2% 和 31.8%；M3P4 花生叶面积指数与 CKP 相比，变化趋势与单株叶面积基本一致，花针期、成熟期分别显著增加 17.6% 和 28.2%。由此看出，盐碱地玉米花生宽幅间作模式能显著提高玉米各生育期的叶面积指数，即提高了作物覆盖度（表 2-14）。

表 2-14 盐碱地玉米花生间作对作物叶面积及叶面积指数的影响

指标	处理	玉米			花生		
		抽雄期	灌浆期	成熟期	花针期	荚果期	成熟期
单株叶面积 (m^2)	CKM	0.531a	0.574a	0.185a			
	M3P4	0.554a	0.493b	0.156b	0.128a	0.169a	0.120a
	CKP				0.103b	0.175a	0.091b
叶面积指数	CKM	2.12b	2.30b	0.74b			
	M3P4	5.65a	6.35a	1.79a	1.40a	1.85a	1.32a
	CKP				1.19b	2.03a	1.03b

注：同列数据后不同字母表示在 0.05 水平上差异显著。

（2）间作对作物干物质积累及分配的影响。与 CKM、CKP 相比，M3P4 对玉米、花生干物质积累影响不同。抽雄期、灌浆期、成熟期，M3P4 处理与 CKM 相比玉米单株地上部干物质重无显著差异。与 CKP 相比，M3P4 花生整株干物质重，花针期显著增加 35.6%，荚果期显著降低 15.1%，成熟期差异不显著（表 2-15）。

表 2-15　盐碱地玉米花生间作对作物单株干物质积累的影响

处理	玉米 (g/单株地上部)			花生 (g/株)		
	抽雄期	灌浆期	成熟期	花针期	荚果期	成熟期
CKM	90.5a	221.1a	250.2a			
M3P4	95.2a	213.3a	268.6a	42.7a	45.6b	40.8a
CKP				31.5b	53.7a	44.1a

注：同列数据后不同字母表示在 0.05 水平上差异显著。

与 CKM、CKP 相比，M3P4 对玉米、花生成熟期干物质分配的影响不同。与 CKM 相比，M3P4 玉米成熟期各器官干物质比重差异不显著，但 M3P4 玉米茎、叶干物质比重高于 CKM，苞叶、穗轴、籽粒干物质比重低于 CKM；与 CKP 相比，M3P4 花生成熟期根、果针干物质比重差异不显著，茎、叶分别显著增加 22.6% 和 196.3%，籽仁、果皮分别显著降低 18.2% 和 29.5%（表 2-16）。

表 2-16　盐碱地玉米花生间作对作物成熟期干物质分配的影响　　单位：%

处理	玉米					花生					
	茎	叶	苞叶	穗轴	籽粒	根	茎	叶	果针	籽仁	果皮
CKM	19.2a	11.0a	5.1a	7.8a	56.9a						
M3P4	22.8a	11.4a	5.0a	7.7a	53.1a	1.9a	27.1a	16.0a	4.3a	30.6b	20.1b
CKP						1.9a	22.1b	5.4b	4.6a	37.4a	28.5a

注：同列数据后不同字母表示在 0.05 水平上差异显著。

（3）间作对作物产量及土地当量比的影响。与 CKM、CKP 相比，M3P4 间作对玉米、花生产量和净面积产量影响显著。M3P4 玉米产量较 CKM 显著降低 24.9%，M3P4 花生产量较 CKP 显著降低 62.2%；而 M3P4 玉米净面积产量较 CKM 显著增加 81.4%，M3P4 花生净面积产量较 CKP 显著降低 35.5%。与 CKM、CKP 相比，M3P4 对玉米百粒重、花生百仁重的影响差异不显著，但 M3P4 使玉米百粒重增加 9.8%，使花生百仁重降低 4.8%。本试验条件下，M3P4 土地当量比大于 1.0，可见玉米花生间作优势明显（表 2-17）。

表 2-17　盐碱地玉米花生间作对作物产量及土地当量比的影响

处理	玉米			花生			土地当量比
	百粒重(g)	产量(kg/hm^2)	净面积产量(kg/hm^2)	百仁重(g)	产量(kg/hm^2)	净面积产量(kg/hm^2)	
CKM	27.5a	6 989.0a	6 989.0b				
M3P4	30.2a	5 251.0b	12 674.8a	73.3a	1 106.2b	1 888.5b	1.13
CKP				77.0a	2 928.7a	2 928.7a	

注：同列数据后不同字母表示在 0.05 水平上差异显著。

3. 结论

本研究条件下，玉米花生 3∶4 间作模式叶面积指数高于单作，且后期保持较高的叶面积指数；与单作相比，成熟期两作物单株干物质重差异不显著，且成熟期玉米干物质分配也无显著差异，但花生果仁及果皮占比显著降低；土地当量比大，具有明显的产量优势，提高土地利用效率。可见，推行玉米与花生 3∶4 间作种植模式利于提高该地区群体覆盖、盐碱地土地利用效率及促进粮经饲协调发展。

二、玉米花生宽带间作种植不同玉米密度对产量的影响（山东济南）

1. 试验设计

试验于 2013—2014 年在山东省农业科学院章丘龙山试验基地进行。前茬作物为冬小麦，小麦收获后秸秆还田，撒施氮磷钾复合肥（$N\text{-}P_2O_5\text{-}K_2O$=15-15-15）1 200 kg/hm^2，旋耕 3 遍。试验设单作花生（CK）和玉米花生间作 2 种种植模式，玉米花生间作采用 3∶4 模式（图 2-5）。玉米选用鲁单 818（LD818）、登海 605（DH605），设置株距 18 cm、16 cm、14 cm 3 个密度，分别约为 47 550 株/hm^2、53 550 株/hm^2、61 200 株/hm^2，行距均为 55 cm（表 2-18）。花生选用花育 22 号（HY22），单作花生（CK）密度约 16.8 万穴/hm^2，间作花生密度约 8.16 万穴/hm^2，垄距均为 85 cm，垄高 10 cm，1 垄 2 行，花生小行距35 cm，穴距14 cm，每穴2粒。试验于6月22日播种，10月6日收获。播种后喷灌浇水，花生四叶期覆膜，随覆膜随抠膜；8月5日单作与间作花生统一化控。试验采用大区设置，每处理3个带宽，宽度10.5 m，长度30 m，面积315 m^2，南北种植。田间管理同其他高产田。

表 2-18 间作玉米种植株距及编号

品种	株距 (cm)	编号	品种	株距 (cm)	编号
DH605	18	DH-18	LD818	18	LD-18
	16	DH-16		16	LD-16
	14	DH-14		14	LD-14

2. 结果分析

（1）玉米品种与密度对间作花生叶面积指数的影响。各处理叶面积指数变化趋势基本一致。与花生单作（CK）相比，不同品种与不同密度的间作玉米均在一定程度上降低了间作花生叶面积指数。在开花下针期，各处理叶面积指数相差不大；但从花生结荚期到成熟期，间作花生的叶面积系数与对照的差异逐渐增大，其中在成熟期比对照降低9.33%～14.22%。不同品种玉米间作花生叶面积指数也相差不大，DH605对花生叶面积指数的影响略小于LD818。不同玉米株距对花生叶面积指数的影响大小依次为14 cm＞16 cm＞18 cm，但处理之间差异也不明显（图2-6）。

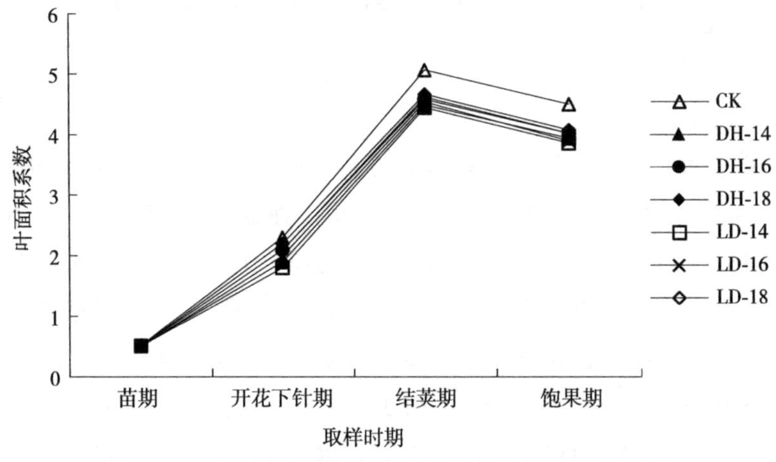

图 2-6 玉米不同品种与密度下间作花生叶面积指数变化

（2）玉米品种与密度对间作花生生长率的影响。在整个生育期，无论是单作还是间作花生，其生长率均呈先增后降的趋势。不同处理花生在开花下针期生长率基本一致。其中，处理 CK、LD-14、LD-16 和 LD-18 的生长率在结荚期达到最大，而处理 DH-14、DH-16 和 DH-18 在饱果期达到最大，且间作均小于单作。4 次取样，间作花生生长率以结荚期所受影响较大，降幅为 36.02%～56.41%。在整个生育期，同一品种玉米、不同株距处理对花生生长率的影响不明显；相同株距、不同玉米品种处理以 DH605 间作花生生长率较高。在花生结荚期、饱果期和成熟期，LD818 间作花生的生长率较 DH605 分别平均减少 13.67%、37.01% 和 69.02%（图 2-7）。

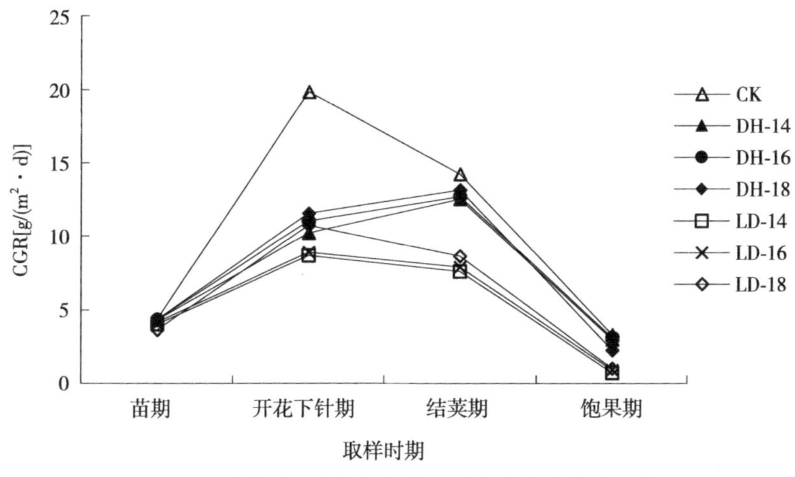

图 2-7　玉米不同品种与密度下间作花生生长率变化

（3）玉米品种与密度对间作花生主茎高、侧枝长及分枝数的影响。间作花生主茎高和侧枝长均大于对照，分枝数少于对照。不同品种玉米间作存在一定差异，LD818 间作花生主茎高和侧枝长大于 DH605，而分枝数则呈相反趋势。同一品种玉米、不同株距处理也存在一定差异：随着玉米密度的增加，花生的主茎高和侧枝长均逐渐增大，但处理间差异不大；分枝数呈降低趋势，且株距 14 cm 与 18 cm 间作条件下差异较大，其中处理 LD-14 的花生分枝数比 LD-18 降低 8.05%，DH-14 的花生分枝数比 DH-18 降低 9.65%（图 2-8）。说明玉米花生间作易使花生旺长，不利于花生分枝壮苗。

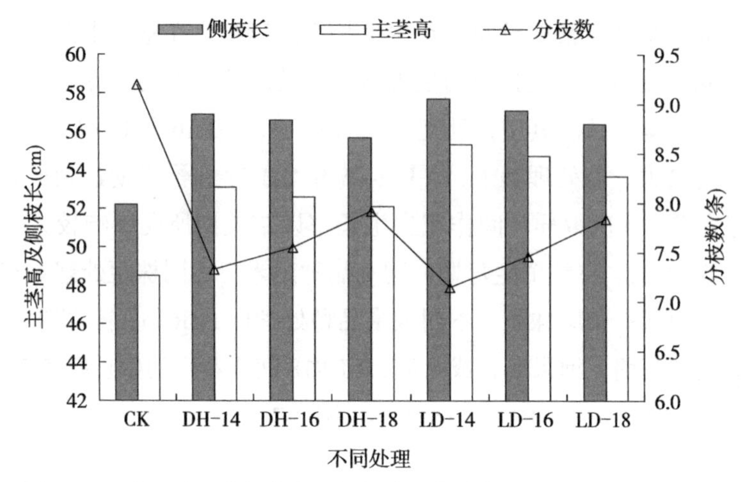

图 2-8　玉米不同品种与密度下间作花生主茎高、侧枝长和分枝数变化

（4）玉米品种与密度对间作花生干物质积累与分配比例的影响。无论是单作还是间作，花生根、茎、叶和果干重所占总干重比例的规律一致：果>茎>叶>根。间作花生根、茎、叶、果和总干重均明显小于对照，分别可减少22.0%～29.3%、16.5%～22.5%、8.2%～12.5%、24.7%～31.5%和19.0%～25.1%。随着玉米密度增加，同一品种玉米间作花生的各器官干重均有逐渐减少的趋势，但差异不大。相同密度条件下，DH605间作花生的根、茎、叶、果和总干重均大于LD818（表2-19）。

表 2-19　玉米不同品种与密度下间作花生各器官干物质积累与分配比例

处理	项目	根	茎	叶	果	总干重
CK	单株干重 (g)	0.82	11.43	5.12	14.2	31.57
	占总干重 (%)	2.60	36.21	16.22	44.98	100.00
DH-14	单株干重 (g)	0.60	9.12	4.48	10.10	24.30
	占总干重 (%)	2.47	37.53	18.44	41.56	100.00
	与 CK 差比 (%)	26.8	20.2	12.5	28.9	23.0
DH-16	单株干重 (g)	0.63	9.39	4.59	10.43	25.04
	占总干重 (%)	2.52	37.50	18.33	41.65	100.00
	与 CK 差比 (%)	23.2	17.9	10.4	26.6	20.7
DH-18	单株干重 (g)	0.64	9.54	4.70	10.69	25.57
	占总干重 (%)	2.50	37.31	18.38	41.81	100.00
	与 CK 差比 (%)	22.0	16.5	8.2	24.7	19.0

（续）

处理	项目	根	茎	叶	果	总干重
LD-14	单株干重 (g)	0.58	8.86	4.50	9.72	23.66
	占总干重 (%)	2.45	37.45	19.02	41.08	100.00
	与 CK 差比 (%)	29.3	22.5	12.1	31.5	25.1
LD-16	单株干重 (g)	0.60	8.95	4.56	9.85	23.96
	占总干重 (%)	2.50	37.35	19.03	41.11	100.00
	与 CK 差比 (%)	26.8	21.7	10.9	30.6	24.1
LD-18	单株干重 (g)	0.62	9.04	4.61	9.95	24.22
	占总干重 (%)	2.56	37.32	19.03	41.08	100.00
	与 CK 差比 (%)	24.4	20.9	10.0	29.9	23.3

3. 结论

不同品种和密度玉米花生间作均增加了成熟期花生主茎高和侧枝长，降低了分枝数和各器官干物质累积；间作花生中后期叶面积指数、生长率也呈降低趋势。各处理花生在开花下针期叶面积指数差异不大，说明在该时期玉米株高并未达到对花生生长造成明显影响的阈值。不同品种和密度玉米花生间作均降低了间作花生中后期叶面积指数，且在同一品种玉米条件下，随着种植密度增加，间作花生的生长发育受到的影响呈增强趋势。

与叶面积指数的变化规律类似，不同处理花生在开花下针期生长率差异不明显；在结荚期、饱果期和成熟期，各处理间作花生生长率均低于单作花生，以结荚期所受影响最大。花生结荚期吸收养分和干物质积累的最盛期，也是营养生长与生殖生长并盛期，该时期光照不足对花生产量影响最大。无论是单作还是玉米花生间作，各处理花生根、茎、叶和果干重所占总干重比例的规律均一致：果＞茎＞叶＞根。说明不同品种与不同密度玉米//花生间作并不影响花生的各器官干物质的分配比例。

相同种植密度下，登海 605 对间作花生生长发育的影响要小于鲁单 818，这可能与两玉米品种株型与株高差异有关。同一玉米品种不同密度对花生干物质积累的影响存在一定差异，密度越小遮阴越小，高（株距 14 cm）低（株距 18 cm）密度差异相对较大。间作应充分、合理利用作物对立互补的特征，应充分利用矮秆作物，改善作物的通风和透光条件，适当增加高秆作物或主要作物的种植密度。在充分利用土地的前提下，尽可能照顾到低层作物的生长发育。生产上玉米花生间作，建议选择株型紧凑、株高相对较矮的玉米品种，玉米密度要兼顾玉米和花生产量，不可一味追求低密度。本试验条件下，选择登海605、密度控制在株距14 cm左右较为适宜，可较好地兼顾复合群体产量。

三、玉米花生宽带间作种植对花生品质的影响（山东泰安）

1. 试验设计

供试花生品种山花108、玉米品种山农206，设置2年（2015—2016年）玉米花生间作2∶4种植、2年玉米花生轮作和多年花生连作3种方式，在山东农业大学泰安试验基地进行。

2. 结果分析

与连作花生相比，间作和轮作均显著提高了花生蛋白质和粗脂肪含量，其中蛋白质分别提高了11.11%和5.53%，粗脂肪分别提高了1.62%和3.00%，间作花生蛋白质含量高于轮作花生、但粗脂肪含量低于轮作花生。花生酸和花生烯酸相对含量无显著差异；棕榈酸和二十四烷酸相对含量间作和轮作处理均高于连作；油酸相对含量连作花生＞间作花生＞轮作花生，亚油酸相对含量轮作花生＞间作花生＞连作花生，各处理间达到显著差异水平，O/L值呈现连作花生＞间作花生＞轮作花生。总体来看，间作与轮作较连作提高花生品质（表2-20、表2-21）。

表2-20　不同耕作方式对花生品质的影响

处理	蛋白质 (%)	粗脂肪 (%)	油酸/亚油酸
间作	27.71a	54.50b	1.57b
轮作	26.32b	55.23a	1.51c
连作	24.94c	53.63c	1.63a

注：同列数据后不同字母表示在0.05水平上差异显著。

表2-21　不同耕作方式对花生脂肪酸组分的影响　　单位：%

处理	棕榈酸	硬脂酸	油酸	亚油酸	花生酸	花生烯酸	山嵛酸	二十四烷酸
间作	11.08a	2.79b	49.20b	31.27b	1.29a	0.90a	2.28ab	1.18a
轮作	11.09a	2.86a	48.43c	32.06a	1.30a	0.87a	2.24b	1.16a
连作	10.59b	2.82ab	50.11a	20.84c	1.33a	0.89a	2.35a	1.06b

注：同列数据后不同字母表示在0.05水平上差异显著。

第三节　玉米花生宽幅间作品种筛选

一、玉米花生宽幅间作花生品种筛选（山东济南）

1. 试验设计

试验于 2014—2015 年、2018 年在山东省农业科学院济南章丘试验基地进行，前茬为小麦，小麦收获后秸秆还田。选用山东、河南、河北等地区主推的 20 个花生品种进行筛选，玉米选用鲁单 818。选择玉米花生行比 2∶4 模式，玉米行距 55 cm、株距 12.5 cm，密度 5.4 万株/hm^2；间作花生垄距 85 cm，垄高 10 cm，一垄 2 行，小行距 35 cm，穴距 14 cm，每穴 2 粒，密度 12 万穴 /hm^2，花生与玉米间作行距 60 cm（图 2-9）。于 6 月 21—25 日播种，花生四叶期覆膜、随覆膜随抠膜，防止高温灼伤，生育中期喷施多效唑调节剂控制花生株高，10 月 8—12 日收获，调查产量指标。

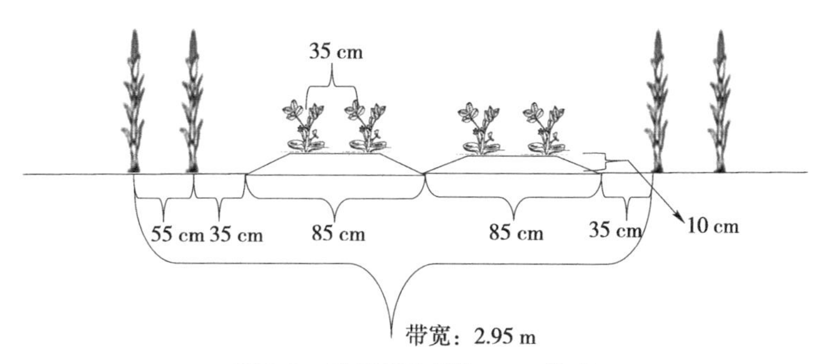

图 2-9　玉米花生间作 2∶4 模式

2. 结果分析

3 年的产量平均结果超过 1 800 kg/hm^2 的有丰花 1、花育 25、潍花 8 和豫花 15，其次是产量超过 1 700 kg/hm^2 的有花育 31、花育 36、潍花 16、临花 5。而年际产量变化较小的是丰花 1、花育 25，这些品种相对更适合间作种植（表 2-22）。

表 2-22 间作不同花生品种产量结果 单位：kg/hm²

花生品种	2014 年	2015 年	2018 年	平均产量	花生品种	2014 年	2015 年	2018 年	平均产量
丰花 1	2 005.5	2 100.0	2 121.0	2 075.5	冀花 4	1 453.2	1 491.0	1 476.3	1 473.5
山花 13	919.8	1 125.6	1 747.2	1 264.2	潍花 8	1 789.2	1 551.9	2 328.9	1 890.0
山花 7	1 209.6	1 917.3	1 734.6	1 620.5	潍花 10	1 260.0	1 612.8	2 093.7	1 655.5
山花 9	1 180.2	1 551.9	1 371.3	1 367.8	潍花 16	1 411.2	1 856.4	2 051.7	1 773.1
山花 11	1 675.8	1 430.1	1 925.7	1 677.2	临花 5	1 911.0	1 522.5	1 946.7	1 793.4
花育 31	1 541.4	1 734.6	1 953.0	1 743.0	临花 6	1 272.6	1 734.6	2 024.4	1 677.2
花育 36	1 512.0	1 734.6	2 093.7	1 780.1	青花 5	1 184.4	1 491.0	2 100.0	1 591.8
花育 22	1 751.4	1 673.7	1 669.5	1 698.2	青花 7	1 776.6	1 369.2	1 491.0	1 545.6
花育 25	1 793.4	1 887.9	1 885.8	1 855.7	远杂 9102	1 373.4	1 430.1	1 614.9	1 472.8
冀花 2	1 058.4	1 430.1	2 051.7	1 513.4	豫花 15	1 690.5	1 705.2	2 121.0	1 838.9

二、玉米花生宽幅间作花生品种筛选（山东菏泽）

1. 试验设计

试验于 2013—2014 年在山东省菏泽市农业科学院试验农场进行，选用 10 个山东省花生主推品种（表 2-23），玉米品种为鲁单 818。前茬为小麦，小麦收获后秸秆还田。采用玉米花生间作 2∶4 模式（图 2-9）。大区设计，每个花生品种重复种植 3 次，每小区长 6 m。于 6 月 10—12 日播种并覆膜、膜上压土防高温伤害，出苗后及时抠膜放苗；生育中期喷施多效唑调节剂控制花生株高，10 月 14—16 日收获，调查产量指标。

2. 结果分析

间作模式下 10 个花生品种产量表现出较大的差异。2013 年花育 19 的产量最高，其次是花育 25，与花育 19 差异不显著；2014 年花育 25 产量略高于花育 19 的产量。2 年平均花育 19 产量最高，其次是花育 25，但与花育 19 相差无几，表现较好的还有花育 31、花育 36（表 2-23）。

表 2-23　间作不同花生品种产量结果　　单位：kg/hm^2

品种名称	间作花生年份产量		2 年平均产量	品种名称	间作花生年份产量		2 年平均产量
	2013 年	2014 年			2013 年	2014 年	
花育 19	2 683.5a	2 716.5a	2 700.0a	潍花 8	2 202.0e	2 449.5d	2 325.0c
花育 22	2 502.0bc	2 109.0g	2 305.5c	潍花 10	2 328.0d	2 334.0e	2 331.0c
花育 25	2 664.0a	2 733.0a	2 698.5a	潍花 16	2 488.5c	2 550.0c	2 520.0b
花育 31	2 581.5b	2 704.5a	2 643.0a	山花 9	2 157.0e	2 200.5f	2 178.0d
花育 36	2 497.5bc	2 613.0b	2 554.5b	山花 11	2 358.0d	2 230.5f	2 293.5c

注：同列数据后不同字母表示在 0.05 水平上差异显著。

由于济南、菏泽 2 个地点气候条件、土壤条件、播种与收获时间等均存在差异，相同的品种所表现出来的产量水平也有一定的差异。综合 2 地结果，花育 25 是较为适合山东区域间作的品种，其次是花育 31、花育 36 表现也较好。

三、玉米花生宽幅间作花生与玉米品种筛选（吉林公主岭）

1. 试验设计

试验于 2018 年在吉林省公主岭市吉林省农业科学院试验田进行。供试花生品种共 31 个（表 2-24）。供试玉米品种为吉单 513、吉单 558、德育 919、利民 33。

表 2-24　供试花生品种名称和类型

编号	品种名称	品种类型	编号	品种名称	品种类型	编号	品种名称	品种类型
1	扶花 2 号	多粒型	7	锦花 9 号	珍珠豆型	13	花育 34	珍珠豆型
2	东北王	多粒型	8	锦花 7 号	珍珠豆型	14	花育 60	珍珠豆型
3	吉花 3 号	多粒型	9	花育 19	普通型	15	花育 64	珍珠豆型
4	吉花 16	珍珠豆型	10	花育 23	珍珠豆型	16	花育 63	珍珠豆型
5	吉花 19	普通型	11	花育 31	普通型	17	花育 1607	珍珠豆型
6	吉花 22	普通型	12	花育 33	普通型	18	花育 967	普通型

（续）

编号	品种名称	品种类型	编号	品种名称	品种类型	编号	品种名称	品种类型
19	花育 9120	普通型	24	濮花 28	普通型	29	徐花 5 号	珍珠豆型
20	豫花 22	珍珠豆型	25	远杂 12	珍珠豆型	30	中花 12	珍珠豆型
21	豫花 47	普通型	26	唐 3023	珍珠豆型	31	甜花生	珍珠豆型
22	豫花 109	普通型	27	冀花 4 号	珍珠豆型			
23	豫花 102	普通型	28	潍花 8 号	普通型			

花生 6 行、玉米 6 行带状种植。垄宽 0.62 m，每垄种植玉米 1 行，花生 1 行。单作玉米每公顷种植密度 6.0 万株，间作玉米每公顷种植密度 9.0 万株，每穴 1 粒；花生每公顷种植密度为 13.5 万穴，每穴 2 粒。小区长 30 m，随机区组排列，重复 3 次。以当地花生主栽品种吉花 19 为单作模式品种。筛选适宜花生玉米 6∶6 间作模式的品种。

玉米播种期为 4 月 29 日，花生播种期为 5 月 25 日。播前玉米施肥量为 N 194 kg/hm^2、P_2O_5 104 kg/hm^2、K_2O 100 kg/hm^2，磷钾肥作为底肥一次性施入，氮肥分 2 次施入，1/3 作底肥，2/3 作追肥。花生施肥量为 N 112.5 kg/hm^2、P_2O_5 112.5 kg/hm^2、K_2O 112.5 kg/hm^2，作底肥一次性施入。其他田间管理措施按高产田进行。

2. 结果分析

（1）不同品种的植株性状分析。在花生玉米 6∶6 间作模式下，不同花生品种的植株性状表现出较大差异。其中 31 个花生品种的主茎高在 35.49～57.86 cm，侧枝长为 29.29～59.51 cm，分枝数为 4.85～9.50 个。

侧枝长＜主茎高的品种有 18 个；侧枝长＞主茎高的品种有 13 个，分别为扶花 2 号、吉花 19、花育 23、花育 34、花育 64、花育 63、花育 1607、花育 967、豫花 22、豫花 109、豫花 102、远杂 12 和潍花 8 号；其中花育 23 和花育 64 的主茎高和侧枝长均大于 50 cm，豫花 102 和潍花 8 号的主茎高和侧枝长在 45.0～50.0 cm；分枝数大于 8 个的品种有花育 63、花育 1607 和花育 967，分枝数 7～8 个的有扶花 2 号、花育 23、花育 34、豫花 22 和远杂 12（侧枝长＞主茎高的 13 个品种中分枝数 7～8 个），分枝数小于 6 个的有豫花 109 和潍花 8 号（侧枝长＞主茎高的 13 个品种中分枝数小于 6 个）。扶花 2 号、吉花 19、花育 34、花育 64、花育 63、豫花 22、豫花 109、豫花 102 和远杂 12

的主茎高、侧枝长表现为边 3＞边 2＞边 1，内行明显优于外行；花育 23、花育 967 的主茎高、侧枝长表现为边 2＞边 3＞边 1，潍花 8 号的主茎高、侧枝长变化不规律（图 2-10、表 2-25）。

（2）不同品种的产量分析。花生玉米 6：6 间作模式下 31 个花生品种的平均产量在 2 415.75～4 667.55 kg/hm^2，其中豫花 109 的产量最高为 4 667.55 kg/hm^2。从各花生品种的边行产量看，边 3＞边 2＞边 1，内行产量优于外行产量。间作/单作产量比在 28.34%～54.75%，间作/单作产量比大于 50% 的品种有 2 个，豫花 109 和远杂 12（表 2-26）。

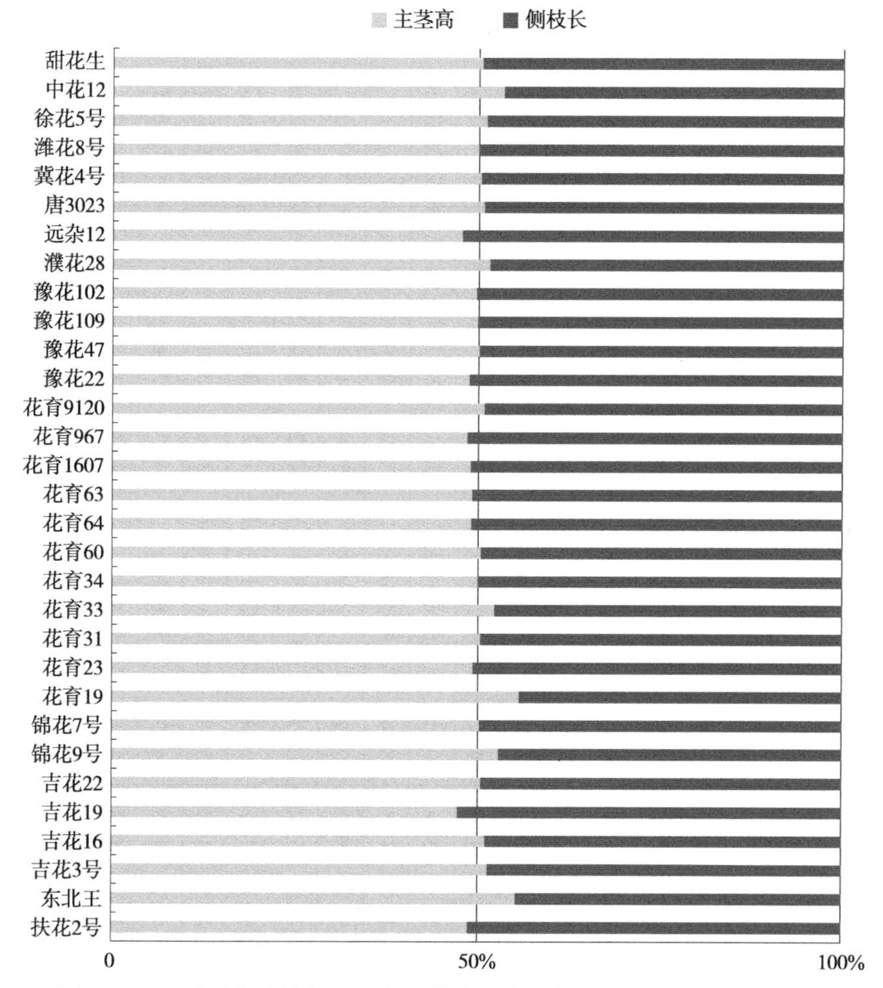

图 2-10　31 个花生品种在 6：6 间作模式下主茎高与侧枝长的生长表现分布

表 2-25 花生品种的植株性状

品种	主茎高 (cm)				侧枝长 (cm)				分枝数 (条)			
	边 1	边 2	边 3	平均值	边 1	边 2	边 3	平均值	边 1	边 2	边 3	平均值
扶花 2 号	33.75	35.00	39.50	36.08Hkl	33.92	40.13	40.21	38.09GHIklm	7.58	6.33	7.71	7.21CDEFGHdefg
东北王	34.44	40.38	43.79	39.53EFGHhijkl	28.48	32.17	35.50	32.05Ijno	5.29	5.21	5.25	5.25KLklm
吉花 3 号	31.92	42.67	44.46	39.68EFGHhijkl	30.75	39.50	42.58	37.61GHIklm	5.17	5.21	5.17	5.18KLlm
吉花 16	33.33	38.25	40.08	37.22GHijkl	32.17	37.17	37.83	35.72Himn	7.25	7.67	7.88	7.60BCDEFcde
吉花 19	30.13	37.38	38.96	35.49Hl	33.54	41.83	43.54	39.64FGHjklm	5.92	6.67	7.83	6.80DEFGHIJefghi
吉花 22	48.33	48.88	55.84	51.02Bbc	47.92	48.69	53.95	50.19BCbc	6.08	7.39	7.19	6.89DEFGHIefgh
锦花 9 号	39.25	41.79	44.92	41.99DEFGHefghij	34.25	37.63	40.58	37.49GHIklm	5.83	6.58	6.13	6.18GHIJKghijk
锦花 7 号	33.21	37.42	40.25	36.96GHjkl	31.71	38.21	40.08	36.67GHIlmn	6.38	7.25	6.29	6.64EFGHIJefghi
花育 19	32.71	39.50	38.04	36.75GHjkl	26.29	30.50	31.08	29.29Jo	6.54	6.38	6.58	6.50EFGHIJKfghi
花育 23	53.27	60.28	60.02	57.86Aa	55.65	61.61	61.28	59.51Aa	7.49	7.36	7.29	7.38BCDEFGdef
花育 31	46.63	52.29	50.67	49.86BCbc	46.29	51.04	50.46	49.26BCDbcd	7.13	7.92	8.00	7.68BCDEbcde
花育 33	42.71	47.58	46.54	45.61BCDEFcdefg	40.21	42.79	42.17	41.72EFGHghijkl	5.46	6.79	7.00	6.42EFGHIJKfghij
花育 34	35.58	43.54	45.58	41.57DEFGHfghijk	35.67	43.71	45.67	41.68EFGHghijkl	7.04	7.50	7.79	7.45BCDEFGcdef
花育 60	45.76	52.03	54.27	50.69Bbc	44.76	52.06	53.08	49.97BCbcd	6.56	6.74	7.07	6.79 DEFGHIJefghi
花育 64	47.42	49.89	53.65	50.32Bbc	49.39	51.91	55.61	52.31Bb	7.17	7.36	7.14	7.22CDEFGHdefg
花育 63	36.69	39.60	40.92	39.07FGHhijkl	38.53	40.50	42.18	40.40FGHhijklm	7.98	8.18	8.18	8.12BCDbcd
花育 1607	37.17	38.21	39.34	38.24FGHijkl	37.19	41.14	41.20	39.84FGHijklm	7.43	8.40	8.48	8.10BCDbcd

（续）

品种	主茎高 (cm)				侧枝长 (cm)				分枝数 (条)			
	边 1	边 2	边 3	平均值	边 1	边 2	边 3	平均值	边 1	边 2	边 3	平均值
花育 967	40.03	44.69	42.17	42.30DEFGHefghij	42.23	46.47	46.08	44.93CDEFdefghi	8.13	8.33	8.88	8.45ABCbc
花育 9120	47.58	51.40	55.44	51.47Bb	46.30	50.56	52.61	49.83BCbcd	5.73	7.04	6.50	6.42 EFGHIJKfghij
豫花 22	32.64	39.06	43.28	38.33FGHijkl	35.22	41.51	44.20	40.31FGHijklm	6.27	7.32	7.65	7.08DEFGHIdefg
豫花 47	45.56	47.65	51.74	48.31BCDbcd	43.72	48.41	52.29	48.14BCDebcde	4.40	4.90	5.25	4.85Lm
豫花 109	48.02	49.40	52.15	49.86BCbc	47.82	50.69	51.92	50.14BCbc	5.77	5.78	6.03	5.86HIJKLhijkl
豫花 102	43.26	47.99	51.21	47.48BCDbcde	44.28	49.07	50.96	48.10BCDEbcde	6.18	6.96	7.68	6.94DEFGHIefg
濮花 28	38.92	48.50	48.79	45.40BCDEFcdefg	35.50	47.17	45.50	42.72DEFGfghijk	9.54	9.38	9.58	9.50Aa
远杂 12	31.32	36.71	40.38	36.13Hkl	35.49	40.75	42.56	39.60FGHjklm	6.90	7.54	7.88	7.44BCDEFGcdef
唐 3023	39.21	48.38	52.75	46.78BCDEbcdef	36.38	47.33	52.50	45.40CDEFcdefgh	7.50	8.38	8.42	8.10BCDbcd
冀花 4 号	41.21	45.54	45.75	44.17BCDEFGdefgh	40.63	43.92	46.21	43.59CDEFGefghij	6.79	6.79	6.71	6.76DEFGHIJefghi
潍花 8 号	45.10	47.59	48.97	47.22BCDbcde	45.14	48.71	48.28	47.38BCDEbcdef	5.78	5.84	5.84	5.82IJKLijklm
徐花 5 号	39.75	51.58	53.88	48.40BCDbcd	38.29	48.67	52.04	46.33BCDEFcdefg	8.21	8.96	8.83	8.67ABab
中花 12	39.42	43.54	45.13	42.70CDEFGHefghi	32.83	38.75	40.13	37.24GHIlm	5.17	5.42	5.79	5.46JKLjklm
甜花生	38.18	39.49	45.42	41.03DEFGHghijkl	35.61	37.43	47.63	40.23FGHijklm	5.31	6.42	6.89	6.20FGHIJKghijk

注：同列数据后不同大小写字母分别表示在 0.01、0.05 水平上差异显著。

表 2-26　间作模式下不同花生品种的产量

品种	边 1 行产量 (kg/hm^2)	边 2 行产量 (kg/hm^2)	边 3 行产量 (kg/hm^2)	折合产量平均值 (kg/hm^2)	间作面积产量 (kg/hm^2)	间作/单作产量比 (%)
扶花 2 号	2 155.57	3 436.13	3 980.58	3 190.80BCDcd	1 595.40	37.43
东北王	2 358.35	3 469.46	3 675.02	3 167.55BCDcd	1 583.78	37.16
吉花 3 号	2 241.68	3 404.18	3 809.74	3 151.95BCDcd	1 575.95	36.97
吉花 16	2 116.68	3 200.02	3 684.74	3 000.45BCDcd	1 500.23	35.20
吉花 19	2 379.18	3 466.68	4 361.13	3 402.30ABCDbcd	1 701.17	39.91
吉花 22	2 988.90	4 150.02	4 494.47	3 877.80ABCabc	1 938.90	45.49
锦花 9 号	2 745.85	4 120.85	4 166.69	3 677.85ABCDabc	1 838.90	43.14
锦花 7 号	2 536.12	3 818.07	4 505.58	3 619.95ABCDabc	1 809.95	42.46
花育 19	2 201.40	3 312.52	4 397.24	3 303.75ABCDbcd	1 651.85	38.75
花育 23	2 205.01	3 571.68	4 338.36	3 371.70ABCDbcd	1 685.83	39.55
花育 31	2 527.79	3 986.13	4 356.97	3 623.70ABCDabc	1 811.83	42.51
花育 33	2 637.51	3 658.35	4 172.24	3 489.30ABCDbc	1 744.67	40.93
花育 34	2 027.79	3 586.13	3 538.91	3 051.00BCDcd	1 525.48	35.79
花育 60	2 625.01	3 947.24	4 975.02	3 849.00ABCDabc	1 924.52	45.15
花育 64	2 627.79	3 819.46	3 902.80	3 450.00ABCDbcd	1 725.00	40.47
花育 63	3 586.68	3 638.35	3 716.69	3 647.25ABCDabc	1 823.63	42.78
花育 1607	1 695.01	3 218.35	3 505.02	2 806.20CDcd	1 403.08	32.92
花育 967	2 248.34	3 065.02	3 163.35	2 825.55CDcd	1 412.78	33.14
花育 9120	3 113.90	3 702.80	4 316.69	3 711.15ABCDabc	1 855.55	43.53
豫花 22	2 363.35	3 450.02	4 063.35	3 292.20ABCDbcd	1 646.12	38.62
豫花 47	3 005.57	3 711.13	4 750.02	3 822.15ABCDabc	1 911.10	44.84
豫花 109	3 602.80	4 738.91	5 661.14	4 667.55Aa	2 333.80	54.75
豫花 102	2 888.90	3 758.35	4 594.47	3 747.30ABCDabc	1 873.63	43.96
濮花 28	2 563.90	3 659.74	4 761.13	3 661.65ABCDabc	1 830.80	42.95
远杂 12	3 483.35	4 425.02	5 125.03	4 344.45ABab	2 172.23	50.96
唐 3023	2 511.12	3 583.35	4 763.91	3 619.50ABCDabc	1 809.73	42.46
冀花 4 号	2 961.13	3 995.85	4 606.97	3 854.55ABCDabc	1 927.30	45.22
潍花 8 号	3 147.24	3 408.35	4 469.47	3 675.00ABCDabc	1 837.52	43.11

（续）

品种	边1行产量(kg/hm²)	边2行产量(kg/hm²)	边3行产量(kg/hm²)	折合产量平均值(kg/hm²)	间作面积产量(kg/hm²)	间作/单作产量比(%)
徐花5号	2 481.96	3 680.57	4 555.58	3 572.70ABCDbc	1 786.35	41.91
中花12	2 470.85	4 208.35	4 459.74	3 712.95ABCDabc	1 856.48	43.55
甜花生	1 941.68	2 411.12	2 894.46	2 415.75Dd	1 207.88	28.34
吉花19(单作)				4 262.5		

注：同列数据后不同大小写字母分别表示在0.01、0.05水平上差异显著。

花生玉米6∶6间作模式下4个玉米品种的平均产量在16 812.87～19 692.98 kg/hm²，其中吉单558的产量最高，为19 692.98 kg/hm²。从各玉米品种的边行产量看，边1>边2>边3，外行产量优于内行产量。间作/单作产量比在53.84%～73.37%，均高于50%，其中吉单558的间作/单作产量最高为73.37%（表2-27）。

表2-27　间作和单作的玉米产量

模式	品种	边1行产量(kg/hm²)	边2行产量(kg/hm²)	边3行产量(kg/hm²)	折合平均产量(kg/hm²)	间作面积产量(kg/hm²)	间作/单作产量比(%)
6∶6间作	吉单513	20 526.32	17 149.12	16 798.25	18 157.89	9 078.95	68.09
	利民33	20 570.18	15 307.02	15 087.72	16 988.30	8 494.15	58.33
	德育919	21 052.63	14 824.56	14 561.40	16 812.87	8 406.43	53.84
	吉单558	23 640.35	17 894.74	17 543.86	19 692.98	9 846.49	73.37
单作	吉单513				13 333.33		
	利民33				14 561.40		
	德育919				15 614.04		
	吉单558				13 421.05		

（3）花生玉米不同品种搭配下的土地当量比。31个花生品种搭配吉单558的LER均大于1；30个花生品种搭配吉单513的LER均大于1，甜花生为0.96；17个花生品种搭配利民33的LER大于1；2个花生品种搭配德育919的LER大于1（表2-28）。

表 2-28　间作模式下花生与玉米不同品种搭配的土地当量比（LER）

花生	玉米				花生	玉米			
	吉单 513	利民 33	德育 919	吉单 558		吉单 513	利民 33	德育 919	吉单 558
扶花 2 号	1.05	0.96	0.91	1.11	花育 1607	1.01	0.91	0.87	1.06
东北王	1.05	0.96	0.91	1.11	花育 967	1.01	0.92	0.87	1.06
吉花 3 号	1.05	0.95	0.91	1.10	花育 9120	1.12	1.02	0.97	1.17
吉花 16	1.03	0.94	0.89	1.09	豫花 22	1.07	0.97	0.92	1.12
吉花 19	1.08	0.98	0.94	1.13	豫花 47	1.13	1.03	0.99	1.18
吉花 22	1.14	1.04	0.99	1.19	豫花 109	1.23	1.13	1.09	1.28
锦花 9 号	1.11	1.02	0.97	1.16	豫花 102	1.12	1.02	0.98	1.17
锦花 7 号	1.11	1.01	0.96	1.16	濮花 28	1.11	1.01	0.97	1.16
花育 19	1.07	0.97	0.93	1.12	远杂 12	1.19	1.09	1.05	1.24
花育 23	1.08	0.98	0.93	1.13	唐 3023	1.10	1.01	0.96	1.16
花育 31	1.11	1.01	0.96	1.16	冀花 4 号	1.13	1.04	0.99	1.19
花育 33	1.09	0.99	0.95	1.14	潍花 8 号	1.11	1.01	0.97	1.16
花育 34	1.04	0.94	0.90	1.09	徐花 5 号	1.10	1.00	0.96	1.15
花育 60	1.13	1.04	0.99	1.19	中花 12	1.12	1.02	0.97	1.17
花育 64	1.09	0.99	0.94	1.14	甜花生	0.96	0.87	0.82	1.02
花育 63	1.11	1.01	0.97	1.16					

3. 结论

本研究中花生玉米间作形成自然荫蔽条件，主茎高大于侧枝长的不耐阴花生品种有 18 个。花生主茎徒长，容易出现倒伏，影响产量，所以间作时应选择主茎高小于侧枝长的品种，且高度应在 50 cm 以下。

高秆与矮秆作物搭配的间作体系，作物边行的生态条件不同于内行。玉米是高秆作物，与矮秆作物间作具有显著的边行优势，从本研究产量上可以看出，因其所处高位优势，通风条件好，根系竞争能力强、吸收范围大，边行产量高于内行；花生是矮秆作物，邻近玉米的边行由于高秆作物遮光，其植株性状和产量内行优于边行。

间作体系比单作具有更高的土地利用效率。从间作/单作产量比可以看出，4 个玉米品种的间作/单作产量均大于 50%；31 个花生品种与本地品种吉花 19 的单作产量进行比较，结果只有豫花 109 和远杂 12 的间作/单作产量大于 50%。31 个花生品种与 4 个玉米品种进行搭配种植时发现，30 个花生品种与吉单 558、吉单 513 搭配时，间作体系的 LER＞1。说明适当增加玉米种植密度可以保持玉米的间作产量基本不减产，还可以增收花生，极大地增加了土地利用率。

综合国家统计局“十二五”（2011—2015 年）统计数据，5 年间吉林省花生平均产量为 3 390 kg/hm^2。若以 3 390 kg/hm^2 作为花生单作产量的标准，本研究在主茎高＜侧枝长且高度低于 50 cm 的 11 个花生品种中，再以分枝数小于 8 个且间作产量高于 1 695 kg/hm^2 为标准进行筛选（图 2-11），可选到的吉林省区域适宜品种为：吉花 19、豫花 109、豫花 102、远杂 12 和潍花 8 号。结合玉米产量及 LER 值的表现认为：适宜 6∶6 间作模式的玉米品种为吉单 558。

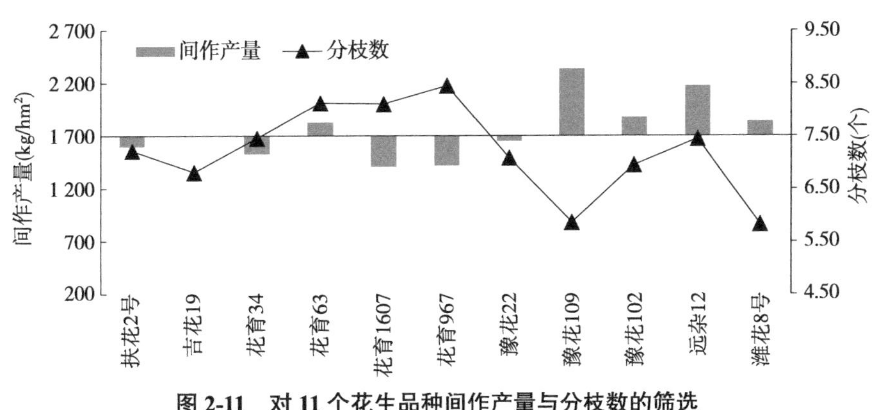

图 2-11　对 11 个花生品种间作产量与分枝数的筛选

第四节　玉米花生宽幅间作田间小气候变化特征

一、玉米花生宽幅间作冠层微环境变化特征（山东济南）

1. 试验设计

试验于 2015—2016 在山东省农业科学院济南试验基地进行。试验供试玉米品种为登海 605，花生品种为花育 25 号。试验设花生单作（MP）和玉米花生间作（IP）2 种种植模式，间作采用 3∶4 模式，带宽 3.5 m（图 2-5），花生均单粒播种，穴距 10 cm。

小区面积为 84 m^2，随机排列，重复 3 次。各处理的基施氮、磷、钾肥量相同，均为 N 120 kg/hm^2、P_2O_5 120 kg/hm^2 和 K_2O 120 kg/hm^2。氮肥采用含氮量为 46% 的尿素，磷肥为磷酸二氢钾（P_2O_5 52%），钾肥为磷酸二氢钾（K_2O 35%）和氯化钾（K_2O 55%）。间作玉米带在玉米大喇叭口期追施尿素氮肥 120 kg/hm^2，花生带不追肥。其他栽培管理按花生高产田要求进行。2015 年 6 月 26 日播种，10 月 6 日收获；2016 年 6 月 25 日播种，10 月 5 日收获。

2. 结果分析

（1）间作对花生冠层透光率的影响。在花生结荚期和饱果期，间作显著降低了花生冠层顶部和冠层中部的透光率，结荚期和饱果期间作冠层顶部透光率分别比单作降低 38.57% 和 34.00%，冠层中部透光率分别降低 21.96% 和 63.69%。间作花生冠层下部透光率与花生单作处理差异未达显著水平（表 2-29）。

表 2-29　间作对花生关键生育期冠层透光率的影响　　单位：%

部位	种植模式	结荚期	饱果期
冠层顶部	MP	100.00±0.69a	100.00±5.69a
	IP	61.43±6.70b	66.00±4.91b
冠层中部	MP	28.78±2.23a	28.33±6.53a
	IP	22.46±1.23b	10.29±2.42b
冠层下部	MP	7.35±1.43a	9.37±4.02a
	IP	4.62±1.12a	3.17±0.97a

注：同列数据后不同字母表示在 0.05 水平上差异显著。

（2）间作对花生冠层光照强度的影响。①花生关键生育期冠层光照强度的差异。在花生生育期内，单作、间作冠层光照度随生育进程呈降低趋势，与太阳辐射强度自 8—10 月的逐渐降低规律一致。同一生育期，间作处理显著降低了花生冠层光照度，2 年度间作分别比单作降低了 30.68%～45.86% 和 22.21%～33.87%（表 2-30）。②花生关键生育期冠层光照度日变化规律。花生结荚期和饱果期光照度从凌晨太阳升起至黄昏太阳落下的一段时间内均随时间延续呈先升高后降低趋势，单作、间作均呈单峰曲线，且单作明显高于间作。在上午光照强度上升期和下午光照强度下降期，单作和间作光照强度差值较大，而中午太阳直射期二者差值减小。且结荚期单作和间作花生冠层光照度峰值高于其对应处理的饱果期峰值（图 2-12）。

表 2-30　间作对花生关键生育期冠层光照强度的影响　　单位：lx

年份	种植模式	结荚期	饱果期	成熟期
2015 年	MP	60 631.7±1 105.4a	53 600.3±1 665.0a	52 146.3±6 465.5a
	IP	42 029.7±2 924.0b	35 792.0±872.6b	28 233.0±1 704.9b
2016 年	MP	62 178.0±310.6a	51 628.3±1 361.3a	46 179.7±962.7a
	IP	48 369.7±2 071.8b	34 383.7±1 220.1b	30 536.7±1 348.1b

注：同列数据后不同字母表示在 0.05 水平上差异显著。

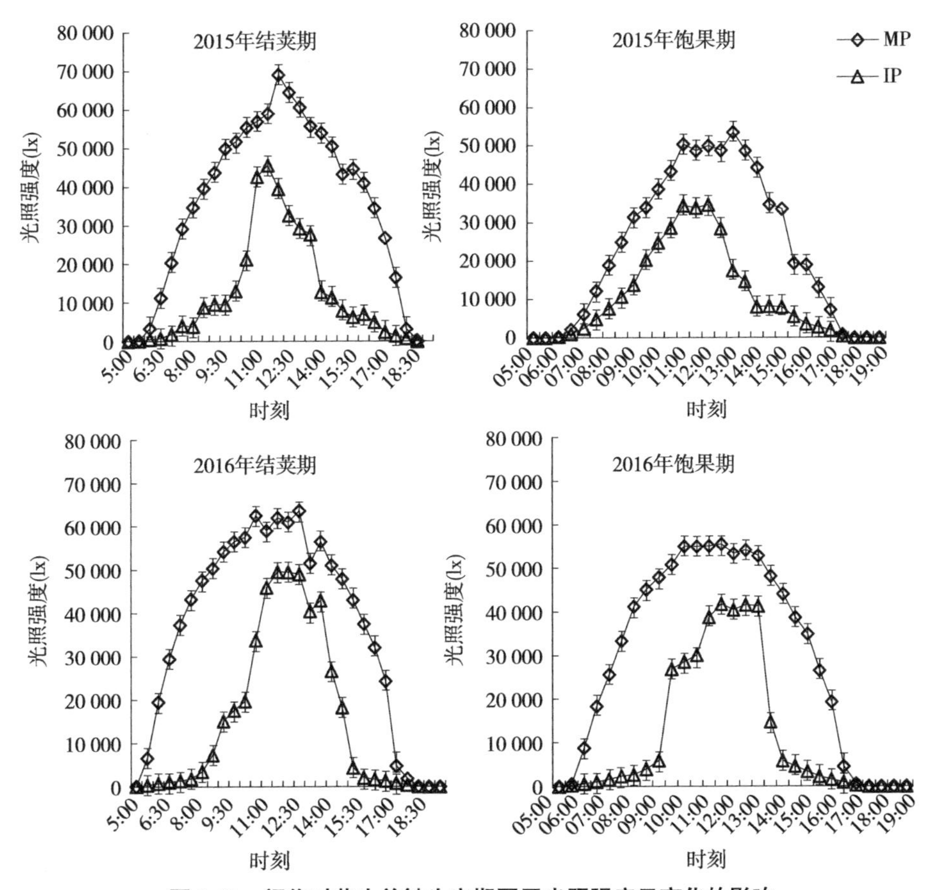

图 2-12　间作对花生关键生育期冠层光照强度日变化的影响

（3）间作对花生冠层温度的影响。①冠层上午 9：00—11：00 平均温度的差异。花生同一生育期，单作、间作冠层上午 9：00—11：00 的平均温度均显著高于间作花生，2 年度间作处理花生冠层上午 9：00—11：00 的平均温度分别比单作降低了 1.69～2.01 ℃和 1.39～1.89 ℃（表 2-31）。②冠层温度日变化规律。各处理的冠层空气温度日变化趋势基本符合太阳辐射热量规律，白天温度较高，夜间温度均低。间作花生冠层温度在早上升温阶段、下午降温阶段与单作花生相差较小，而中午前后（10：00—16：00）和夜间（18：00—6：00）明显低于单作。间作降低了花生夜间和中午前后的冠层温度，二者温差最高可达 4.9 ℃（图 2-13）。

表 2-31　间作对花生冠层温度的影响　　单位：℃

年份	种植模式	结荚期	饱果期	成熟期
2015 年	MP	28.79±0.63a	29.42±0.53a	26.61±0.49a
	IP	26.78±0.37b	27.45±0.31b	24.92±0.74b
2016 年	MP	26.77±0.55a	29.19±0.29a	22.81±0.19a
	IP	25.24±0.67b	27.80±0.24b	20.92±0.26b

注：同列数据后不同字母表示在 0.05 水平上差异显著。

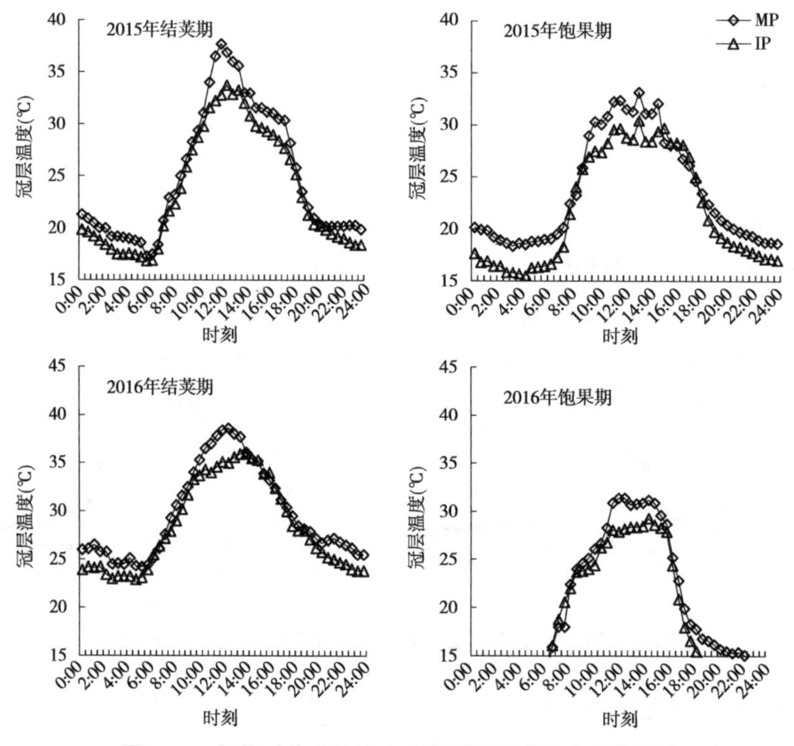

图 2-13　间作对花生关键生育期冠层温度日变化的影响

（4）间作对花生冠层相对湿度的影响。①花生关键生育期冠层相对湿度的差异。花生同一生育期，单作间作冠层上午 9：00—11：00 的平均相对湿度显著低于间作花生，2 年度间作处理花生冠层上午 9：00—11：00 的相对湿度分别比单作提高了 5.17%～13.26% 和 6.90%～9.71%（表 2-32）。②花生关键生育期冠层相对湿度日变化规律。不同时期各处理的冠层空气湿度日变化随时间进程均呈先下降后上升的趋势。单作与间作冠层湿度的差异基本由太阳升起后开始加大的。间作花生冠层湿度在白天的时候明显高于单作，二者湿度差最高可达 21.03%，最高湿度差出现在 2016 年度饱果期的上午 7：30（图 2-14）。

表 2-32　间作对花生冠层相对湿度的影响　　单位：%

年份	种植模式	结荚期	饱果期	成熟期
2015 年	MP	65.95±2.54b	63.66±2.79b	62.93±2.11b
	IP	79.21±1.56a	70.67±2.79a	68.10±2.18a
2016 年	MP	61.33±2.58b	59.80±1.28b	48.61±1.47b
	IP	71.04±1.82a	68.52±0.71a	55.51±1.81a

注：同列数据后不同字母表示在 0.05 水平上差异显著。

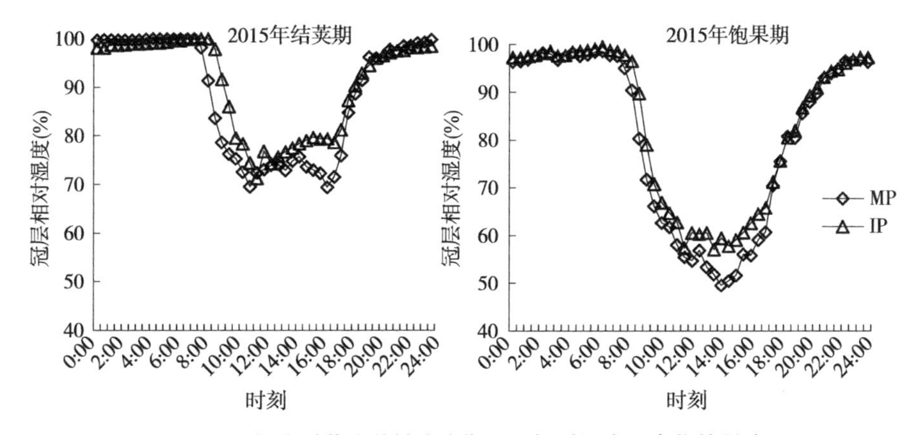

图 2-14　间作对花生关键生育期冠层相对湿度日变化的影响

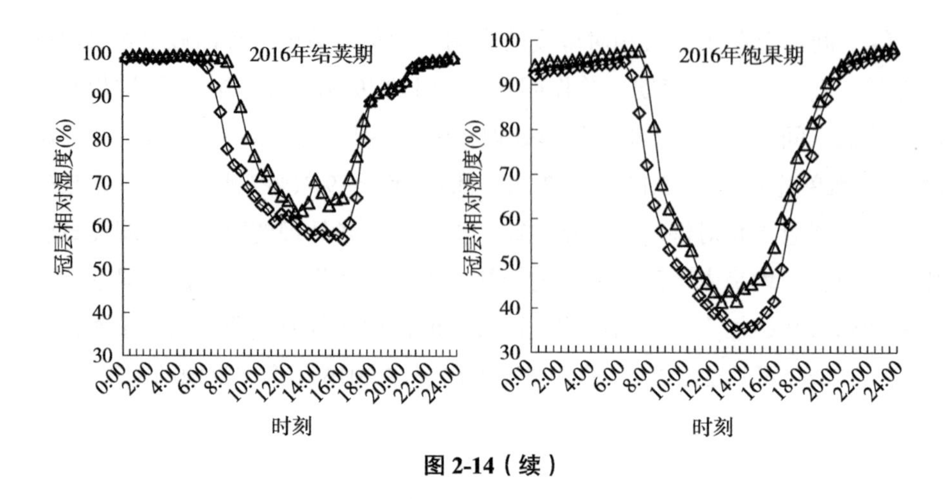

图 2-14（续）

（5）不同冠层微环境因子与间作花生荚果产量的相关性分析。单作花生结荚期环境湿度与荚果产量呈极显著负相关，饱果期各因子之间相关性不显著；间作花生结荚期环境湿度与环境温度、荚果产量均呈极显著负相关，环境温度与荚果产量呈显著正相关，饱果期各因子之间相关性不显著。综合2种模式分析，结荚期冠层环境温度、冠层光照度及饱果期冠层环境温度、冠层光照度均与花生荚果产量呈极显著正相关，冠层环境湿度则与荚果产量呈负相关，其中结荚期达到极显著水平。结荚期和饱果期冠层环境温度与冠层环境湿度均呈极显著负相关，冠层光照度与冠层环境温度呈正相关，但与冠层环境湿度呈负相关（表 2-33）。

表 2-33　不同冠层微环境因子与花生荚果产量相关性分析

种植模式	环境因子	结荚期				饱果期			
		冠层环境温度	冠层环境湿度	冠层光照强度	荚果产量	冠层环境温度	冠层环境湿度	冠层光照强度	荚果产量
单作花生	冠层环境温度	1.000				1.000			
	冠层环境湿度	−0.607	1.000			−0.345	1.000		
	冠层光照强度	0.087	−0.425	1.000		0.259	0.257	1.000	
	荚果产量	0.495	−0.958**	0.331	1.000	0.148	0.750	0.099	1.000
间作花生	冠层环境温度	1.000				1.000			
	冠层环境湿度	−0.960**	1.000			−0.268	1.000		
	冠层光照强度	0.481	−0.505	1.000		−0.705	−0.468	1.000	
	荚果产量	0.872*	−0.965**	0.370	1.000	−0.562	0.288	0.337	1.000

（续）

种植模式	环境因子	结荚期				饱果期			
		冠层环境温度	冠层环境湿度	冠层光照强度	荚果产量	冠层环境温度	冠层环境湿度	冠层光照强度	荚果产量
综合	冠层环境温度	1.000				1.000			
	冠层环境湿度	−0.819**	1.000			−0.709**	1.000		
	冠层光照强度	0.620*	−0.788**	1.000		0.738**	−0.670*	1.000	
	荚果产量	0.714**	−0.903**	0.939**	1.000	0.721**	−0.569	0.905**	1.000

注：* 和 ** 分别表示数据在 0.05 和 0.01 水平上差异显著。

（6）不同冠层微环境因子与花生荚果产量多元线性逐步回归。进行不同种植模式花生荚果产量与主要冠层微环境因子的多元线性逐步回归，会自动剔除无显著性的变量，以筛选出影响产量的重要因子。

由表 2-34 可得回归模型（即回归方程）为：

单作方程为：Y=7 093.231−40.505X_2　　（1）

其中，方差比 F=44.08，相关系数 R=0.958，决定系数 R^2=0.917。

单作条件下，结荚期冠层湿度（X_2）对产量（Y）具负效应，单作条件冠层光照强度与冠层环境温度重复间差异较小，统计无显著性而被剔除。

间作方程为：Y=7 253.638−40.645X_2−12.424X_5　　（2）

其中，方差比 F=132.309，相关系数 R=0.994，决定系数 R^2=0.989。

间作条件下，结荚期冠层湿度（X_2）和饱果期冠层湿度（X_5）对产量（Y）均为负效应。间作条件下冠层光照强度、冠层环境温度不同重复间差异较小，也被剔除。

重点对单作、间作 2 种模式下冠层微环境因子与花生荚果产量多元线性回归进行分析，明确间作模式下对花生荚果产量具有显著性影响的冠层微环境因子。

综合单作、间作 2 个模式的 2 年数据分析得出方程为：

$$Y=8\,474.331+0.011X_3-50.344X_2-22.447X_5 \quad (3)$$

其中，方差比 F=104.65，相关系数 R=0.987，决定系数 R^2=0.975。从回归方程可以看出，这 3 个自变量可以解释 97.5% 的因变量变异，其中结荚期冠层光照度（X_3）对产量（Y）的作用为正效应；结荚期冠层相对湿度（X_2）、饱果期冠层相对湿度（X_5）对产量（Y）的作用为负效应。

表 2-34　花生荚果产量与冠层环境因子回归模型系数

种植模式	模型	非标准化系数		标准系数		
		系数	标准误差	回归系数	检验的统计量	显著性水平
单作花生	常量	7 093.231	370.474		19.146	0.000
	X_2	−40.505	6.101	−0.958	−6.640	0.003
间作花生	常量	7 253.638	354.157		20.481	0.000
	X_2	−40.645	2.611	−1.109	−15.568	0.001
	X_5	−12.424	3.149	−0.281	−3.946	0.029
综合	常量	8 474.331	1 145.321		7.399	0.000
	X_3	0.011	0.004	0.327	2.429	0.041
	X_2	−50.344	9.197	−0.593	−5.474	0.001
	X_5	−22.447	8.133	−0.234	−2.760	0.025

（7）不同冠层微环境因子与花生荚果产量的通径分析。通过对产量有显著影响的 3 个因子的通径分析，可以揭示冠层微环境因子对产量的直接通径系数、间接通径系数和综合效应。花生结荚期光照对产量的直接作用系数为 0.326 6、间接效应为 0.612 5，说明光照度除了直接影响产量外还有很大部分效应是通过影响冠层环境湿度间接影响花生荚果产量的。说明协调好光照度和冠层湿度的关系可提高光照度对产量的正面影响效应（表 2-35）。

表 2-35　不同冠层微环境因子与花生荚果产量的通径系数

自变量	综合作用	通径系数(直接作用)	间接通径系数 (间接作用)			
			X_2	X_3	X_5	合计
X_2	−0.902 7	−0.592 9		−0.257 5	−0.052 3	−0.309 8
X_3	0.939 1	0.326 6	0.467 5		0.145 0	0.612 5
X_5	−0.568 8	−0.234 2	−0.132 4	−0.202 2		−0.334 6

3. 结论

冠层微环境是影响农作物生长发育和产量形成的重要环境条件。冠层微环境除受当地形成大气候的各种因子的影响以外，还受作物种类及共生长状况、种植密度和冠层结构等因素的影响。不同种植方式，通过影响冠层结构，进而影响冠层内的光照、温度、湿度和 CO_2 等因素，最终影响群体的光合效率和作物产量。本试验间作花生的冠层上 10 cm 处的光照强度较单作显著降低，且冠层顶部和中部的透光率显著降低，但冠层下部透光率与花生单作比较无显著差异。可能是因为花生冠层下部郁闭，单作和间作透光率均较低造成的。本试验 2 年度间作花生冠层上午 9：00—11：00 的平均温度均比单作降低，而相对湿度则比单作提高，均不利于间作花生产量的提高。为了确定不同冠层微环境因子对产量形成的直接作用和间接作用，本文通过通径分析对各因子简单相关中的相关系数进行剖析得出，间作冠层环境温度对花生产量影响统计不显著，而间作花生冠层光照强度的降低、冠层相对湿度的升高则直接或间接负面影响花生荚果产量的提高。间作花生冠层相对湿度和光照强度是造成间作遮阴条件下花生产量显著降低的重要环境因子。

本试验条件下，玉米花生间作遮阴导致的间作花生冠层光照度、透光率下降，以及冠层相对湿度升高是限制花生荚果产量提高的主要气候生态因子。生产中可改南北种植为东西向间作种植，从而提高间作花生冠层上午 9：00—11：00 的有效光照度、适当降低其冠层相对湿度，同时应适当降低间作花生种植密度，提高其单株生产能力，以期提高间作花生荚果产量。

二、玉米花生宽幅间作主要气象因子变化特点（山东东营、泰安）

1. 试验设计

试验于 2015—2016 年在山东省农科院东营试验基地和泰安市马庄镇农场 2 个试验点进行，试验田前茬为小麦，每年麦收后播种。采用玉米品种鲁单 818 和花生品种花育 22 作为供试品种。

设玉米单作、花生单作和玉米花生间作 3 种种植模式，单作玉米密度为 60 000 株/hm^2，行距 66 cm，株距 25.2 cm；单作花生密度为 150 000 穴/hm^2，垄宽 85 cm，垄上播 2 行花生，穴距 15.6 cm。间作田采取 3：4（3 行玉米 4 行花生）间作模式：间作玉米密度为 60 000 株/hm^2，行距 55 cm，株距 14.3 cm；花生密度为 72 793 穴/hm^2，每穴 2 粒，垄宽 85 cm，垄上播 2 行花生，行距 35 cm，穴距 15.2 cm，玉米边行距离花生垄 35 cm。玉米单作田、花生单作田均为 3 亩，间作田 10 亩。每亩施用 N-P_2O_5-K_2O=15-15-15 的三元复合肥 50 kg 作底肥，后期不追肥。

东营：2015 年 6 月 12 日播种玉米与花生，玉米 10 月 10 日收获，花生 10 月

20日收获；2016年6月15日播种玉米与花生，玉米10月14日收获，花生10月24日收获。泰安：2015年6月15日播种玉米与花生，玉米10月7日收获，花生10月17日收获；2016年6月17日播种玉米与花生，玉米10月10日收获，花生10月20日收获。

2. 结果分析

玉米间作田和单作田之间差异较大的气象因子主要为光照度、环境湿度和土壤湿度，玉米间作田光照度平均提高了5 784.67 lx，环境和土壤相对湿度分别平均降低9.15%和8.23%；花生间作田和单作田之间差异较大的气象因子主要为光照度，间作田的光照度低于单作田。间作模式下，玉米为优势作物，能更好地利用间作带来的多层次“空间差”（表2-36）。

表2-36 不同种植模式间的气象因子差异

种植模式	土壤温度(℃)	土壤相对湿度(%)	环境温度(℃)	环境相对湿度(%)	光照度(lx)
间作玉米田	19.25	31.46	26.80	50.13	13 542.87
单作玉米田	18.71	39.69	27.28	59.28	7 758.20
间作花生田	19.29	30.86	26.40	61.71	22 687.53
单作花生田	19.70	29.37	27.36	59.34	38 741.30

第五节 玉米花生宽幅间作氮吸收利用特点及施氮对作物生长发育的影响

一、玉米花生间作对作物氮素吸收利用的影响（山东济南）

1. 试验设计

详见第二章第二节一、（四）1. 试验设计。

2. 结果分析

（1）间作对花生各器官^{15}N积累量的影响。花生相对于玉米对土壤和化肥中的氮素竞争力弱，与单作相比，间作显著降低花生的各器官^{15}N吸收量，由于禾本科积极的边行竞争效应，不同生育期全株的^{15}N吸收量均以中行大于边行，成熟期边行、中行较单作分别降低 75.61%、70.86%。结荚期边行、中行处理荚果的 ^{15}N 吸收量较单作显著降低 63.56%、37.37%，成熟期降低 80.84%、71.12%。表明间作玉米相对于花生氮营养竞争表现为强势，根系互作使花生吸收施入土壤中的 ^{15}N 显著降低。间作中行与边行的各器官 ^{15}N 吸收量随生育期延长，由茎、叶逐渐向荚果转移（表 2-37）。

表 2-37　玉米花生间作系统花生 ^{15}N 吸收量　　单位：kg/hm^2

时期	处理	根	茎	叶	果	全株
开花下针期	P	1.19a	16.91a	23.99a		42.10a
	M//P-B	0.41b	10.16c	13.66c		24.23c
	M//P-I	0.51b	14.75b	20.12b		35.38b
结荚期	P	1.40a	9.97a	2.04a	12.87a	26.28a
	M//P-B	0.42b	4.44c	0.86b	4.69c	10.41c
	M//P-I	0.37b	5.13b	0.48c	8.06b	14.04b
饱果成熟期	P	1.89a	16.05a	1.84a	39.09a	58.88a
	M//P-B	0.42b	5.65b	0.80b	7.49c	14.36c
	M//P-I	0.36b	4.93b	0.58c	11.29b	17.16b

注：同列数据后不同字母表示在 0.05 水平上差异显著。

（2）间作带中玉米 ^{15}N 吸收量。成熟期间作玉米茎、叶、苞叶、籽粒的 ^{15}N 吸收量分别达到 3.77 kg/hm^2、4.75 kg/hm^2、0.71 kg/hm^2、25.63 kg/hm^2，全株吸收 34.89 kg/hm^2，间作玉米的 ^{15}N 吸收量均高于间作花生，间作带的玉米花生 ^{15}N 吸收总量为 66.41 kg/hm^2，较花生单作提高 12.79%。表明间作系统提高了对肥料氮的吸收（表 2-38）。

表 2-38　玉米花生间作系统玉米 ^{15}N 吸收量　　单位：kg/hm^2

时期	处理	茎	叶	苞叶	籽粒	全株
大喇叭口期	M//P	1.36	3.07			4.43
抽雄期	M//P	3.07	9.33			12.40
成熟期	M//P	3.77	4.75	0.71	25.63	34.89

（3）花生氮素积累量与 ^{15}N 吸收量。二者趋势基本一致（表 2-39），均以单作＞中行＞边行，成熟期边行、中行较单作分别降低 24.95%、9.67%，较

^{15}N 吸收量降低幅度小，间作花生的总氮素积累量并没有显著下降，说明花生其自身生物固氮补充了对氮素营养需求，而间作玉米的氮素积累量较玉米单作大幅度降低（表 2-40），全株氮素积累量较玉米单作显著降低 35.73%。

表 2-39　玉米花生间作系统花生氮素积累量　　单位：kg/hm²

时期	处理	根	茎	叶	果	全株
开花下针期	P	3.74a	12.50a	15.91a		32.15a
	M//P-B	1.03b	6.20c	10.96b		18.19c
	M//P-I	1.21b	9.94b	11.36b		22.51b
结荚期	P	5.26a	14.49a	16.72a	13.46a	49.93a
	M//P-B	1.21b	11.96b	14.66b	9.99c	37.82c
	M//P-I	1.39b	12.53b	13.49b	12.09b	39.50b
饱果成熟期	P	5.70a	20.79a	20.42b	29.53a	76.74a
	M//P-B	1.14b	17.32b	17.78c	21.35c	57.59c
	M//P-I	1.38b	20.57a	23.08a	24.29b	69.32b

注：同列数据后不同字母表示在 0.05 水平上差异显著。

表 2-40　玉米花生间作系统玉米氮素积累量　　单位：kg/hm²

时期	处理	茎	叶	苞叶	籽粒	全株
大喇叭口期	M	106.47a	115.51a			221.98a
	M//P	36.47b	95.95b			132.42b
抽雄期	M	102.63a	186.69a			289.32a
	M//P	44.49b	128.3b			172.79b
成熟期	M	106.6a	97.86a	15.53a	391.1a	611.09a
	M//P	49.35b	65.38b	10.79b	270.2b	392.72b

注：同列数据后不同字母表示在 0.05 水平上差异显著。

（4）间作模式下不同土层深度土壤氮素残留率。随着植株的生长生育，肥料在不同土壤深度有不同程度的残留，且研究表明间作边行显著降低了土壤残留。①在 0～20 cm 的土壤层，生育期内土壤残留率整体呈现下降趋势，成熟期间作中行的 ^{15}N 残留率与单作无显著差异，间作边行显著低于中行，且较中行、单作分别降低 78.30%、78.36%，与结荚期相比，间作中行、边行残留率分别下降 2.38%、0.44%（图 2-15 左）。②在 20～40 cm 的土壤层，整个生育期单作土壤残留率与间作相比处于高位。开花期间作中行、边行之间的 ^{15}N 残留率无显著差异；结荚期中行 ^{15}N 残留率显著高于边行，成熟期间作的 ^{15}N 残留率与结荚期趋势一致，间作中行、边行土壤残留率较单作显著降低 12.77%、56.13%（图 2-15 右）。

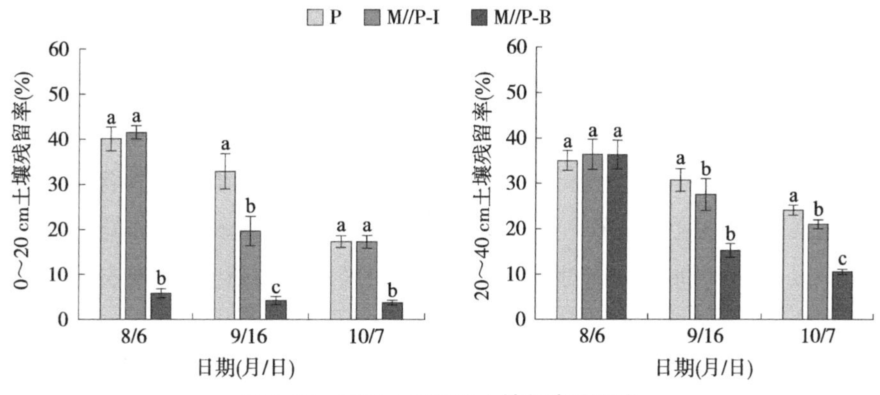

图 2-15　不同土层深度土壤氮素残留率

（5）间作模式下的氮肥利用率。与玉米、花生单作相比，间作显著降低了玉米、花生的氮素利用率，且生育后期间作玉米的氮素利用率显著高于间作花生中行、边行处理，这可能与生长后期玉米对花生带氮素竞争吸收有关。间作花生中行、边行的氮素利用率虽显著低于单作花生，但玉米花生间作系统的氮肥利用率高于花生单作，较花生单作提高了 14.20%（图 2-16）。

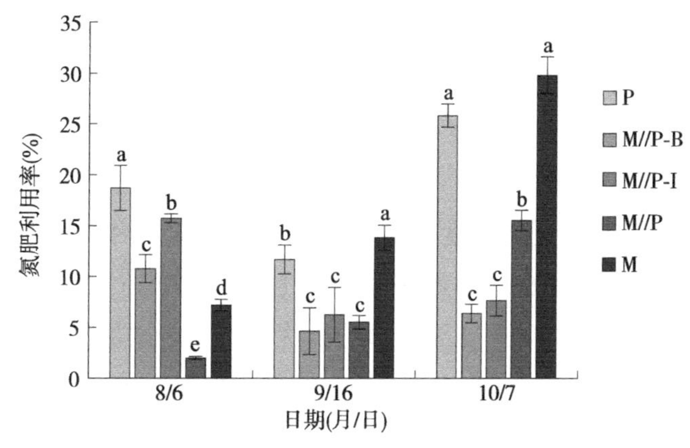

图 2-16　玉米花生间作系统的氮肥利用率

3. 结论

成熟期间作花生边行、中行的 ^{15}N 吸收量较单作分别降低 75.61%、70.86%，氮素积累量降低 24.95%、9.67%，与 ^{15}N 吸收量相比，间作花生的总氮素积累量下降趋势减小，花生作物的固氮能力得到有效发挥，而间作玉米的总氮素积累量较玉米单作大幅度降低，全株氮素积累量较玉米单作降低了 35.73%，这一点更加证明了花生的自身固氮能力。对整个间作系统而言，间作表现出显著的氮吸收优势，间作系统的氮肥利用率较花生单作提高了 14.20%，且间作玉米的氮素利用率显著高于间作花生，从氮素高效利用的关系来看，这可能与氮素转移有关，间作玉米对 ^{15}N 的大量吸收，间作边行 ^{15}N 土壤残留率一直处于较低水平，种植模式引起土壤氮素含量变化是实现氮素转移的重要保障，减轻了花生"氮阻遏"，刺激了间作花生的固氮能力，以此达到间作系统对氮素高效吸收的目的，有利于实现农业可持续发展。

二、玉米花生带状间作对作物氮吸收的影响（辽宁沈阳）

1. 试验设计

同第二章第二节一、（五）1. 试验设计。

2. 结果分析

2018—2019 年，间作模式下玉米和花生的地上和地下部氮积累量的变化趋势相似。在出苗后 65 d 和 120 d，IM 地上部和地下部的氮积累量显著高于 SM。其中，在出苗后 65 d 时地下部氮积累量增幅达到 189.87%（2018 年）和 45.28%（2019 年），在出苗后 120 d 时地上部氮积累量增幅达 62.18%（2018 年）和 92.38%（2019 年）。IP 地上部氮积累量显著小于 SP。IP 地上部和地下部氮积累量分别小于 SP 和 MIP。与 SP 相比，地上部变化显著，在出苗后 65 d，花生地上部氮积累量下降幅度达到 32.33%（2018 年）和 43.89%（2019 年）。在出苗后 120 d，花生地下部氮积累降幅达到 31.33%（2018 年）和 53.04%（2019 年）。可见，间作边行玉米发挥边行优势，显著增加氮积累量，表现较高的氮竞争能力。间作边行花生受到抑制，氮积累降低（表 2-41）。

表 2-41 不同种植模式下玉米和花生氮积累量 单位：mg/kg

出苗后(d)	样品	地下部		地上部	
		2018 年	2019 年	2018 年	2019 年
65	SM	495.13±66.77b	771.48±147.69b	1 538.62±59.2b	1 440.35±384.82b
	IM	1 435.23±40.31a	1 120.83±199.93a	1 937.06±53.12a	2 312.79±186.61a
	MIM	733.89±89.99b	805.40±42.63b	1 584.28±52.49b	1 701.76±423.3ab
	SP	77.2±0.08a	56.41±0.06a	519.36±0.52a	502.63±0.50a
	IP	39.54±0.04a	51.39±0.05a	351.46±0.35b	282.03±0.28b
	MIP	95.19±0.10a	59.20±0.06a	449.62±0.45ab	328.82±0.33b
120	SM	4 750.30±171.69b	4 472.05±721.46b	1 290.25±17.44b	1 447.84±307.20b
	IM	6 534.23±323.53a	7 121.15±218.32a	2 092.50±224.26a	2 785.39±571.52a
	MIM	5 136.11±431.84b	5 544.28±1 968.01ab	1 475.80±163.85b	2 660.96±120.63a
	SP	419.87±0.42a	482.25±0.48a	182.30±0.18a	338.56±0.34a
	IP	288.34±0.29b	226.46±0.23b	166.13±0.17a	111.00±0.11b
	MIP	429.70±0.43a	233.48±0.23b	179.40±0.18a	126.36±0.13b

注：1. SM—玉米单作；SP—花生单作；MIM—间作玉米中间行；MIP—间作花生中间行；IM—间作玉米边行；IP—间作花生边行。
2. 同列数据后不同字母表示在 0.05 水平上差异显著。

三、施氮量对玉米花生间作系统农艺性状及产量的影响（山东济南）

1. 试验设计

试验于 2014—2015 年在山东省农业科学院济南试验农场进行。供试玉米品种为鲁单 818，花生品种为花育 25。大田试验，采用裂区设计，主区为氮肥梯度，设 6 个施氮水平，分别是 N0（对照）、N1、N2、N3、N4、N5，不同处理施氮量见表 2-42。副处理为种植方式，包括在玉米单作、花生单作、玉米花生行比 2∶4 间作 3 个种植模式。共 18 个处理，3 次重复，54 个小区。氮肥用尿素（含 N 46%）；磷钾肥用量分别为 P_2O_5 112.5 kg/hm^2（过磷酸钙，

含 P_2O_5 16%），K_2O 112.5 kg/hm²（硫酸钾，含 K_2O 50%），磷钾肥作为底肥一次性施入。

表 2-42　不同种植模式施氮量　　单位：kg/hm²

氮水平	玉米		花生		氮水平	玉米		花生	
	单作	间作带	单作	间作带		单作	间作带	单作	间作带
N0	0	0	0	0	N3	270	270	135	135
N1	90	90	45	45	N4	360	360	180	180
N2	180	180	90	90	N5	450	450	225	225

注：玉米单作和间作氮肥底肥：大口肥 =1：1，花生单作和间作氮肥均为底肥。

玉米花生宽幅间作（2：4）带宽 2.8 m（图 2-17），每小区种 4 带，带长 6 m，小区面积 67.2 m²，玉米单作行距 66 cm，每小区播种 13 行，合计宽 8.5 m，小区面积 51 m²；花生单作垄宽 85 cm，共种 10 垄，合计宽 8.5 m，小区面积 51 m²。单作玉米行距 66 cm，株距 25 cm，密度约为 60 000 株/hm²；间作玉米小行距 50 cm，株距 12.5 cm，密度约为 57 000 株/hm²。花生单作与间作均为垄宽 85 cm，垄上播 2 行花生，穴距 15.7 cm，每穴 2 粒，单作密度约为 150 000 穴/hm²；间作密度约为 91 000 穴/hm²，玉米行距离花生垄 30 cm，玉米花生行间距 60 cm，花生均地膜覆盖。试验地前茬为冬小麦，于小麦收获后及时播种玉米和花生。2014 年玉米和花生播种期均为 6 月 25 日，玉米收获期为 10 月 1 日，花生收获期为 10 月 8 日。2015 年玉米和花生播种期均为 6 月 26 日，玉米收获期为 10 月 4 日，花生收获期为 10 月 11 日。田间管理同其他高产田。

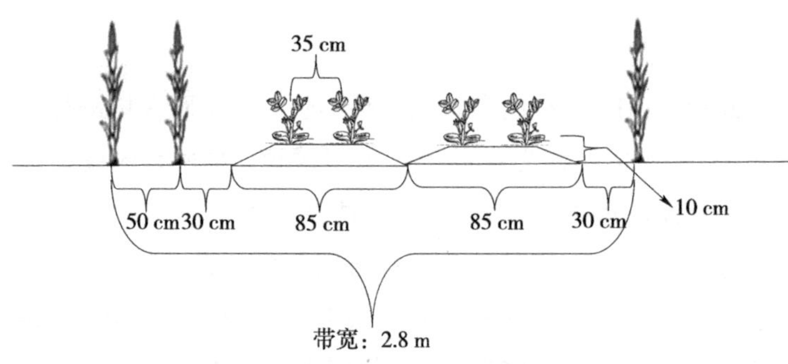

图 2-17　玉米花生 2：4 宽幅间作模式

2. 结果分析

（1）施氮量对间作系统作物产量的影响。不同种植方式下作物产量均随施氮量的增加而先显著增加，当施氮量超过某一临界值时，再增施氮肥，作物产量无明显增加。2014 年玉米单作施氮量达到 270 kg/hm^2（N3）时获得较高产量，再增施氮肥各处理无显著差异，均显著高于 N0、N1 和 N2 处理；与单作玉米相比，各氮肥处理间作玉米产量均有不同幅度降低，玉米间作施氮量为 360 kg/hm^2（N4）处理获得较高产量，2 年均达 7 700 kg/hm^2 以上，可实现玉米产量年际间的稳定，再增施氮肥对其产量无显著影响。花生单作各施氮处理表现为施氮量 135 kg/hm^2（N3）处理获得较高产量，再增施氮肥产量不再增加；而间作花生则表现为施氮量达 90 kg/hm^2（N2）处理即可获得较高产量，再增施氮肥产量不再增加。2015 年不同种植方式作物产量变化规律和 2014 年基本一致（表 2-43）。

表 2-43　施氮量对玉米花生间作体系作物产量的影响　　单位：kg/hm^2

氮水平	2014 年				氮水平	2015 年			
	玉米产量		花生产量			玉米产量		花生产量	
	单作	间作	单作	间作		单作	间作	单作	间作
N0	7 815c	5 978d	5 459c	1 605c	N0	7 644d	6 026d	4 619c	1 424c
N1	8 430bc	6 540c	5 513c	1 562c	N1	8 441c	6 663c	4 718c	1 527c
N2	9 036b	7 173b	5 972b	1 848ab	N2	9 266b	7 205b	5 328b	1 829a
N3	9 735a	7 283b	6 663a	1 905a	N3	10 140a	7 470b	5 793a	1 917a
N4	10 103a	7 796a	6 515a	1 919a	N4	10 044a	8 082a	5 837a	1 821ab
N5	9 873a	7 859a	6 309ab	1 688b	N5	9 942a	7 899a	5 615ab	1 556b

注：同列数据后不同字母表示在 0.05 水平上差异显著。

（2）施氮量对间作系统作物农艺性状的影响。不同种植方式下，不同年份间花生株高和总分枝数随施氮量的增加而增加，N4 和 N5 处理的株高、分枝数差异不显著，但是显著高于 N0、N1 和 N2 处理。单作花生秕果数随施氮量的增加而降低，当施氮量为 N3 处理时再增施氮肥处理间秕果数无显著差异；花生间作处理间秕果数无显著差异。单作处理饱果数随施氮量的增加呈先增加后降低的趋势，N3 与 N4 处理差异不显著，但是显著高于 N0、N1、N2 和 N5 处理。2015 年各氮肥处理下单作花生饱果数差异不显著。间作花生以 N3 处理饱果数最多，与 N4 和 N5 处理差异不显著，2 年平均较 N0 和 N1 分别显著增加 7% 和 5%（表 2-44）。

表 2-44　不同施氮量对玉米花生间作体系花生植株性状的影响

年份	氮水平	主茎高 (cm)		分枝数 (条)		秕果数 (个/株)		饱果数 (个/株)	
		单作	间作	单作	间作	单作	间作	单作	间作
2014 年	N0	40.8c	42.6d	9.3b	8.5b	8.0a	8.0a	10.9d	8.3d
	N1	43.2c	44.2cd	9.5b	8.5b	8.7a	6.8a	11.4cd	9.4cd
	N2	43.7c	48.4bc	9.8ab	9.4a	7.9a	6.5a	13.3bc	12.2ab
	N3	47.6b	48.7bc	10.4ab	9.8a	4.3b	6.1a	18.5a	13.7a
	N4	50.9a	52.3ab	10.5ab	9.7a	4.6b	5.9a	17.1ab	11.9ab
	N5	52.2a	55.0a	10.9a	10.2a	4.8b	5.8a	16.1b	10.3bc
2015 年	N0	38.4d	40.9c	8.1b	6.8c	3.5a	3.6a	11.6c	6.4c
	N1	40.9cd	42.6bc	8.4b	7.1bc	4.3a	3.0a	13.0bc	7.6bc
	N2	41.1cd	43.5bc	8.7ab	7.7abc	3.6a	2.8a	14.6b	12.5a
	N3	42.4bc	44.8abc	8.8ab	8.0ab	3.2a	2.4a	18.8a	12.0a
	N4	44.5ab	47.7ab	8.9ab	8.3a	3.1a	2.3a	17.1ab	11.7a
	N5	46.5a	49.5a	9.3a	8.3a	3.1a	2.3	16.7ab	9.9ab

注：同列数据后不同字母表示在 0.05 水平上差异显著。

（3）施氮量对间作系统作物干物质和收获指数的影响。不同种植方式下玉米干物质随施氮量的增加而增加，单作和间作玉米均为施氮量 N5 处理总干物质量最高，显著高于 N0、N1、N2 和 N3 处理；施氮量为 N4 处理总干物质量与 N5 处理的无显著差异。单作花生 N3、N4、N5 处理间干物质无显著差异，但均显著高于 N0、N1 和 N2 处理；间作花生施氮量为 N2 和 N3 处理间干物质差异不显著，但显著高于 N0 和 N1 处理，在 N2 基础上增加施氮量总干物质量不再增加，过量施氮则有下降趋势。单作玉米以 N3 处理收获指数最高，与 N4 处理差异不显著，较 N0、N1、N3 和 N5 处理分别显著增加 15%，

9%，7% 和 13%；间作玉米以 N4 处理收获指数最高，较 N0、N1、N2、N3 和 N5 处理分别显著提高 17%、8%、7%、8% 和 7%。单作花生 N0 和 N1 处理收获指数显著高于 N5 处理，分别增加 15% 和 11%；间作花生收获指数随施氮量的增加呈先降低后增加再降低的趋势，其中 N0、N2、N3 和 N4 收获指数较高，且差异不显著，但均显著高于 N1 和 N5 处理，分别平均增加 10% 和 15%（表 2-45）。

表 2-45　不同施氮量对玉米花生间作体系作物总干物质和收获指数的影响（2015 年）

氮水平	玉米总干物质 (1 000 kg/hm^2)		花生总干物质 (1 000 kg/hm^2)		玉米收获指数		花生收获指数	
	单作	间作	单作	间作	单作	间作	单作	间作
N0	16.4d	12.54d	7.8c	2.5c	0.40c	0.41c	0.53a	0.51a
N1	17.2cd	13.15cd	8.3c	3.0d	0.42bc	0.44b	0.51a	0.46b
N2	18.5bc	13.77bc	9.5b	3.3ab	0.43bc	0.44b	0.50ab	0.50a
N3	18.9b	14.39ab	10.6a	3.4a	0.46a	0.44b	0.49ab	0.51a
N4	19.7ab	14.28ab	11.0a	3.2b	0.44ab	0.48a	0.48ab	0.51a
N5	20.9a	15.05a	11.1a	3.2b	0.41bc	0.44b	0.46b	0.44c

注：同列数据后不同字母表示在 0.05 水平上差异显著。

（4）施氮量对间作系统作物氮肥利用和土地当量比的影响。不同种植模式下玉米、花生氮肥偏生产力均随施氮量的增加而显著降低。与 N5 处理相比，单作玉米 N1、N2、N3 和 N4 处理氮肥偏生产力 2 年平均分别显著提高 326%、131%、67% 和 27%；单作花生 2 年平均分别显著提高 328%、135%、74% 和 30%；间作体系 2 年平均分别显著提高 336%、137%、65%、29%。同一氮素水平下与单作相比，间作体系氮肥偏生产力比玉米单作增加 32.9%～43.4%。在不同种植模式下，玉米、花生及间作体系氮肥农学利用效率均随施氮量的增加而呈先增加后降低的趋势。同一氮素水平下与单作相比，间作体系氮肥农学利用效率比玉米单作增加 11.8%～69.2%。2014 年和 2015 年 2 年平均土地当量比为 1.08，但不同施氮量对玉米花生间作体系土地当量比无显著影响（表 2-46）。

表 2-46 施氮量对玉米花生间作体系氮肥偏生产力、氮肥农学利用效率和土地当量比的影响

年份	氮水平	氮肥偏生产力				氮肥农学利用效率				间作体系土地当量比
		玉米单作(kg/kg)	花生单作(kg/kg)	间作体系(kg/kg)	间作比玉米单作增减幅度(%)	玉米单作(kg/kg)	花生单作(kg/kg)	间作体系(kg/kg)	间作比玉米单作增减幅度(%)	
2014年	N0									1.06a
	N1	94a	122a	129a	38.1	6.84a	1.19c	8.28b	21.0	1.06a
	N2	50b	66b	72b	43.4	6.78a	5.70b	11.48a	69.2	1.10a
	N3	36c	49c	49c	35.5	7.11a	8.92a	8.53b	19.9	1.03a
	N4	28d	36d	39d	38.2	6.35a	5.86b	8.50b	33.8	1.07a
	N5	22e	28e	30e	38.8	4.75a	3.78b	6.26b	37.0	1.06a
2015年	N0									1.10a
	N1	94a	105a	131a	39.3	8.79a	2.20c	11.83a	34.6	1.11a
	N2	51b	58b	72b	40.0	8.97a	7.06ab	12.65a	40.9	1.13a
	N3	38c	43c	50c	32.9	9.22a	8.69a	10.31a	11.8	1.07a
	N4	28d	32d	40d	41.6	6.65ab	6.77ab	9.80ab	47.4	1.12a
	N5	22e	25e	31e	38.7	5.09b	4.43bc	6.88b	35.0	1.10a

注：同列数据后不同字母表示在 0.05 水平上差异显著。

3. 结论

与玉米单作比较，间作体系氮肥农学利用效率提高了 11.8%～69.2%，不同氮肥用量对提高幅度影响较大。间作玉米和间作花生分别在 360 kg/hm^2 施氮水平上（按照玉米带占地面积折算间作玉米田施氮量为 141 kg/hm^2）和 90 kg/hm^2 施氮水平上（按照花生带占地面积折算间作花生田施氮量为 55 kg/hm^2）获得较高的产量，即间作条件下农田施氮量在 196 kg/hm^2 时可获得较高产量、土地利用效率和氮肥利用效率，为本试验条件下间作最优氮肥用量。考虑大田施肥的可操作性，在与本试验基地土壤肥力相当的情况下，推荐间作田适宜施氮量为 196～210 kg/hm^2，较单作玉米传统施氮量 240 kg/hm^2 减少 12.5%～18.3%，可降低农田过量施氮造成的环境风险。本试验结果表明，玉米花生宽幅间作在实现稳粮增油的同时可达到减量施氮和氮肥高效利用的目的。

四、玉米氮吸收分配规律对不同种植模式的响应（山东济南）

1. 试验设计

试验于 2016 年 6—10 月在山东省农业科学院龙山试验基地进行。以玉米品种登海 605、花生品种花育 25 号为供试材料。采用玉米与花生行比 2∶4 模式和玉米单作（对照）2 个种植模式，间作体系中花生带正常施肥，施氮量为 225 kg/hm^2，均基肥施入。间作体系中玉米（玉间）和单作玉米（玉单）进行氮肥处理，分别设置不施氮、施纯氮 300 kg/hm^2 处理，基肥和大口期追肥比例为 6∶4，每处理重复 3 次。各处理均基施磷肥（P_2O_5）150 kg/hm^2 和钾肥（K_2O）150 kg/hm^2。单作玉米与玉米花生间作同时于 2016 年 6 月 20 日播种，2016 年 10 月 7 日收获。单作玉米行距 60 cm，株距 27 cm，密度为 6.0 万株/hm^2。间作种植规格（图 2-1）和其他管理措施同一般高产田。

2. 结果分析

（1）施氮和不施氮条件下不同种植模式对玉米关键生育时期干物质积累的影响。施氮和不施氮条件下不同种植模式的玉米比面积干物质积累量随生育进程而显著增加。不同种植方式下施氮处理的玉米比面积干物质显著高于不施氮处理，相同施氮条件下单作玉米各生育时期比面积干物质积累量显著高于间作玉米。表现为单作施氮处理比面积干物质积累量最高，单作不施氮与间作施氮处理的比面积干物质积累量无显著差异，都明显高于间作模式下不施氮的处理。按照玉米净占地面积来计算，间作玉米净面积上干物质积累量显著高于单作玉米，施氮处理显著高于不施氮处理。表明施氮和间作增密均提高了玉米带的干物质积累量，利于间作玉米边行优势的充分发挥和间作玉米产量的相对稳定（图 2-18）。

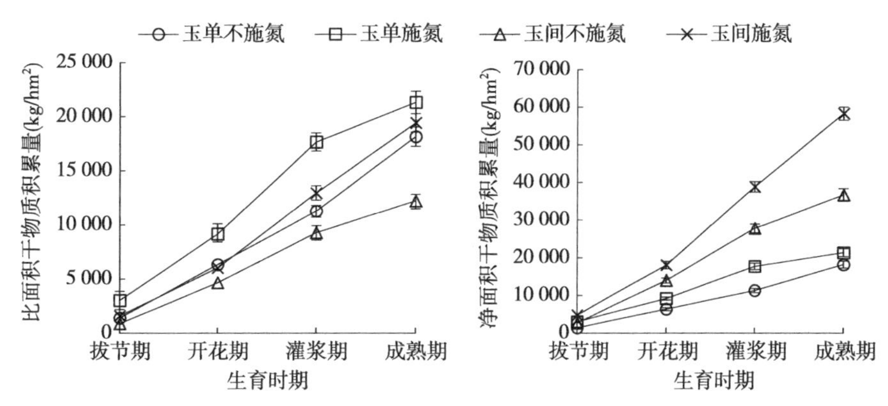

图 2-18　施氮和不施氮条件下不同种植模式对玉米干物质积累的影响

（2）施氮和不施氮条件下不同种植模式对玉米关键生育时期氮素积累的影响。施氮和不施氮条件下不同种植模式的玉米氮素积累量随生育进程而先快速增加；灌浆至成熟期玉单不施氮及玉间施氮处理略有增加，玉单施氮及玉间不施氮处理呈降低趋势。不同种植方式下施氮处理的玉米氮素积累量显著高于不施氮处理，而相同施氮条件下单作玉米的氮素积累量显著高于间作玉米。按照玉米净占地面积来计算，相同氮素处理下，开花期之后间作玉米净面积上氮素积累量显著高于单作玉米；同一种植模式下，施氮处理玉米氮素积累量显著高于不施氮处理。表明施氮和间作增密均提高了玉米带的氮素积累量（图 2-19）。

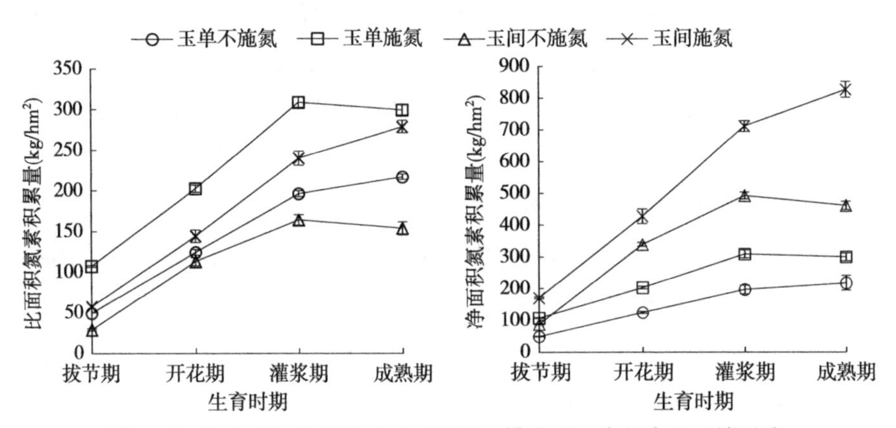

图 2-19 施氮和不施氮条件下不同种植模式对玉米氮素积累的影响

（3）施氮和不施氮条件下不同种植模式对成熟期玉米氮素分配的影响。成熟期各处理玉米氮素分配均表现为籽粒氮素在植株中的积累量最高。不同器官氮素积累量及植株总氮素积累量均以单作施氮处理最高，其次为间作施氮处理，间作不施氮处理植株氮素积累量最低，表明间作条件下不施氮肥不利于玉米单株氮素积累量的增加（表 2-47）。

表 2-47 施氮和不施氮条件下不同种植模式对成熟期玉米氮素分配量的影响 单位：g/株

处理	茎	叶	籽粒	其他	合计
玉单不施氮	0.71c	0.67b	2.25c	0.32b	3.95c
玉单施氮	0.93a	0.88a	3.11a	0.38a	5.30a
玉间不施氮	0.49d	0.54c	1.69d	0.26c	2.98d
玉间施氮	0.81b	0.58c	2.76b	0.35ab	4.50b

注：同列数据后不同字母表示在 0.05 水平上差异显著。

不同种植模式及不同氮肥处理对氮素在玉米各器官中的分配规律影响较小，各处理均表现为籽粒氮素分配比例最高，占全株总量的56.7%以上。其次为茎、叶部位，其他部位氮素积累分配最少。不施氮条件下，间作和单作玉米各器官（茎除外）氮素分配比例无显著差异。与单作施氮处理相比，间作施氮处理提高了玉米籽粒和茎氮素分配比例，降低了叶片分配比例（表2-48）。

表2-48　施氮和不施氮条件下不同种植模式对成熟期玉米各器官氮素分配比例的影响

单位：%

处理	茎	叶	籽粒	其他
玉单不施氮	18.0a	17.0ab	57.0b	8.1ab
玉单施氮	17.5a	16.6b	58.7ab	7.2b
玉间不施氮	16.4b	18.1a	56.7b	8.7a
玉间施氮	18.0a	12.9c	61.3a	7.8ab

注：同列数据后不同字母表示在0.05水平上差异显著。

（4）施氮和不施氮条件下不同种植模式对土壤全氮含量的影响。随着玉米植株的生长发育，土壤及肥料中的氮素逐渐被吸收、挥发而消耗，各处理土壤全氮含量在开花期之后随着生育期的推进而呈逐渐下降趋势。间作施氮处理下土壤全氮含量显著高于其他处理，这可能是间作施氮条件下，玉米对花生氮素的竞争吸收能力增强，而对土壤全氮的吸收减少所导致的（表2-49）。

表2-49　施氮和不施氮条件下不同种植模式对不同生育期耕层土壤（0～20 cm）全氮含量的影响

单位：mg/kg

处理	拔节期	开花期	灌浆期	成熟期
玉单不施氮	529.4c	631.4c	594.1b	503.2d
玉单施氮	586.5b	684.6b	617.6b	550.7b
玉间不施氮	608.7b	679.9b	596.7b	527.1c
玉间施氮	656.1a	783.6a	661.5a	630.0a

注：同列数据后不同字母表示在0.05水平上差异显著。

（5）施氮和不施氮条件下不同种植模式对玉米产量的影响。不同施氮处理的种植密度无显著差异。间作玉米比面积密度与单作密度无显著差异，但间作净面积密度明显高于玉米单作密度。施氮显著提高了玉米籽粒产量。不同氮肥处理下，间作降低了玉米间作面积产量，而显著增加了净占地面积产量。这是由于间作压缩了玉米的株行距，保证间作密度不减，充分发挥玉米的边行优势导致的。这也是间作稳定玉米产量、增加花生产量的关键技术之一（表 2-50）。

表 2-50　施氮和不施氮条件下不同种植模式的玉米产量

处理	单作玉米		间作玉米净占地面积 (净面积)		间作带占地面积 (比面积)	
	密度 (株/hm^2)	产量 (kg/hm^2)	密度 (株/hm^2)	产量 (kg/hm^2)	密度 (株/hm^2)	产量 (kg/hm^2)
不施氮	58 333.6a	6 931.8b	177 084.2a	19 736.8b	59 028.1a	6 578.9b
施氮	59 722.5a	9 705.0a	175 000.9a	24 657.5a	58 333.6a	8 219.2a

注：同列数据后不同字母表示在 0.05 水平上差异显著。

（6）施氮和不施氮条件下不同种植模式对玉米氮素利用效率的影响。氮素收获指数表现为施氮处理显著高于不施氮处理，但在相同施氮处理下不同种植模式对氮素收获指数影响不显著。氮肥农艺效率和氮肥偏生产力表现为单作玉米显著高于间作玉米，而氮肥利用率则表现为间作玉米显著高于单作玉米，表明间作模式下施氮显著提高了玉米的氮肥利用率，有利于肥料的有效利用（表 2-51）。

表 2-51　施氮和不施氮条件下不同种植模式对玉米氮素利用效率及收获指数的影响

处理	施氮量 (kg/hm^2)	氮素收获指数 (%)	氮肥偏生产力 (kg/kg)	氮肥农艺效率 (kg/kg)	氮肥利用率 (%)
玉单不施氮	0	56.11b			
玉单施氮	300	60.82a	32.35a	9.24a	27.50b
玉间不施氮	0	56.35b			
玉间施氮	300	62.46a	27.40b	5.47b	40.62a

注：同列数据后不同字母表示在 0.05 水平上差异显著。

3. 结论

施氮处理增加了单作和间作条件下玉米干物质积累以及氮素的积累，并且提高了氮素收获指数。在相同的施氮处理条件下，间作模式显著提高了间作玉米净面积氮素积累量和氮肥利用效率。本试验条件下，间作促进了玉米对土壤氮素的吸收利用，玉米与花生行比 2：4 且玉米施纯氮 300 kg/hm^2 是稳粮增油模式下间作玉米获得高产高效的适宜栽培方式。

五、不同施氮量对玉米花生间作茬口小麦干物质积累及产量构成的影响（山东德州）

1. 试验设计

本试验于 2014—2015 年在山东省德州市临邑县德平镇试验基地进行。夏玉米//夏花生—冬小麦周年种植，玉米品种为郑单 958，花生品种为花育 22，小麦品种为济麦 22。

在磷钾肥等量同施条件下，试验共设传统施氮（对照，CK）、增氮 10%（N+10）、增氮 20%（N+20）、减氮 10%（N−10）、减氮 20%（N−20）和减氮 30%（N−30）6 个处理（表 2-52），随机区组排列，3 次重复，共计 18 个小区。每个小区面积 216 m^2（14.4 m × 15.0 m），南北向种植。田间管理同其他高产田。

表 2-52　不同处理施肥量　　单位：kg/hm^2

处理	纯氮 (N)	尿素 (N 0.46 kg/kg)	磷酸二铵 (N 0.18 kg/kg，P_2O_5 0.46 kg/kg)	硫酸钾 (K_2O 0.59 kg/kg)
N+20	270.0	484.8	261.0	204.0
N+10	247.5	435.9	261.0	204.0
CK	225.0	387.0	261.0	204.0
N−10	202.5	338.0	261.0	204.0
N−20	180.0	289.1	261.0	204.0
N−30	157.5	240.2	261.0	204.0

注：每公顷施磷酸二铵 261.0 kg，其中含纯 N 47.0 kg；尿素用量计算已除去二铵中氮素含量。

2. 结果分析

（1）不同氮肥用量对玉米花生间作茬口小麦总干物质积累量的影响。小麦地上部总干物质积累量随生育时期的推移呈先缓慢增加，后快速增长的趋势，在成熟期达到最高。拔节前各处理总干物质积累量无显著差异；开花—成熟期各处理干物质积累总量表现为增氮 10%、增氮 20% 及减氮 10% 处理与对照无显著差异，但减氮 20%、减氮 30% 处理干物质积累总量显著低于传统施氮对照处理（图 2-20）。

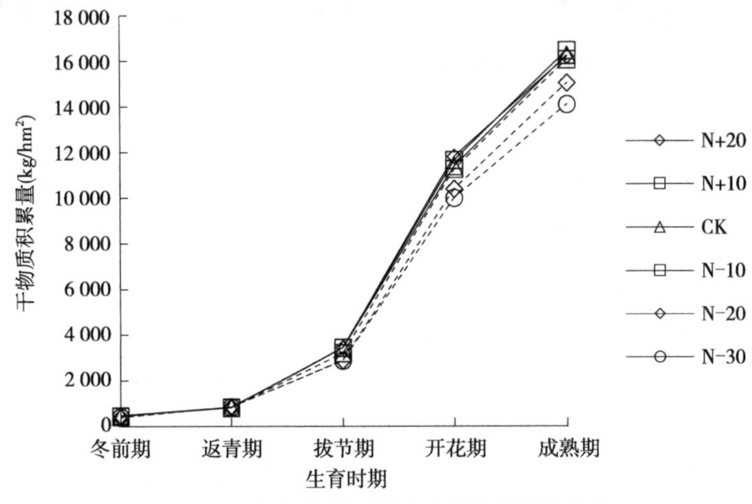

图 2-20　不同氮肥处理的小麦干物质积累总量

（2）不同氮肥用量对玉米花生间作茬口小麦花前干物质的转运和花后干物质积累的影响。与对照处理比较，增氮 10%、增氮 20% 处理提高了小麦籽粒干质量和开花前干物质转运量；减氮 10% 处理对小麦籽粒干质量和开花前干物质转运量无显著影响，减氮 20%、减氮 30% 处理小麦籽粒干质量和开花前干物质转运量略有降低。增氮 20% 和减氮 30% 处理花后干物质积累量均较对照有所降低，而增氮 10%、减氮 10%、减氮 20% 处理花后干物质积累量与对照差异不显著。减氮 10%、减氮 20% 处理花后干物质对籽粒的贡献率与对照处理无显著差异，均达到 60% 以上，减氮 30% 与增氮 20% 处理花后干物质对籽粒的贡献率均低于对照，其中增氮 20% 处理达显著水平。增花前干物质转运量对籽粒的贡献率则略高于对照。表明适当增减氮对小麦干物质的积累与转运影响较小，过量增氮或减氮均不利于小麦花后干物质积累及向籽粒的转运（表 2-53）。

表 2-53　不同氮肥用量对玉米花生间作茬口小麦干物质积累及其对籽粒的贡献率的影响

处理	籽粒干质量 (kg/hm²)	花前干物质转运量 (kg/hm²)	花前干物质转运量对籽粒的贡献率 (%)	花后干物质积累量 (kg/hm²)	花后干物质积累对籽粒的贡献率 (%)
N+20	8 044.6±417.3a	3 677.8±227.4a	45.7±0.47a	4 366.9±190.0ab	54.3±0.47b
N+10	8 103.1±138.8a	3 315.7±181.9ab	40.9±1.62ab	4 787.4±73.4a	59.1±1.62ab
CK	7 889.8±155.5a	3 038.7±225.8ab	38.5±2.16b	4 851.1±102.5a	61.5±2.16a
N-10	7 808.0±229.6a	3 011.8±396.9ab	38.7±3.94b	4 796.2±173.7a	61.3±3.94a
N-20	7 443.1±380.9ab	2 798.1±61.2b	37.6±1.29b	4 645.0±327.4a	62.4±1.29a
N-30	6 930.9±140.9b	2 831.8±146.0b	40.9±1.31ab	4 099.1±39.6b	59.1±1.31ab

注：同列数据后不同字母表示在 0.05 水平上差异显著。

（3）不同氮肥用量对玉米花生间作茬口小麦氮素积累总量的影响。小麦氮素积累总量随生育时期的推移呈先缓慢增加、后快速增长、开花后缓慢增长的“S”形增长曲线，在成熟期达到最高。冬前与返青期各处理氮素积累总量无显著差异；拔节—成熟期各处理氮素积累总量表现为减氮 20% 和减氮 30% 处理均低于传统施氮对照，其中减氮 30% 处理与对照比较差异达显著水平，而增氮 10%、增氮 20% 及减氮 10% 处理与对照无显著差异（图 2-21）。

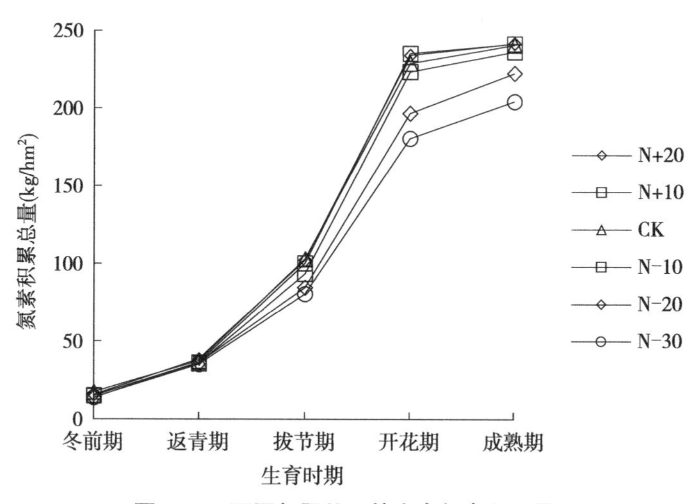

图 2-21　不同氮肥处理的小麦氮素积累量

（4）不同氮肥用量对玉米花生间作茬口小麦产量构成因素的影响。穗粒数和千粒质量随施氮量的增加呈先增加后降低的趋势，但各处理之间差异未达显著水平，表明在传统施氮的水平上减氮 30% 至增氮 20%，氮肥用量的变化对其穗粒数和千粒质量的影响较小。各处理公顷穗数随着施氮量的增加呈逐渐增加趋势，减氮 10% 与对照处理差异不显著，但减氮 20%、减氮 30% 处理公顷穗数显著低于对照处理和减氮 10% 处理，这可能是过量减氮造成小麦籽粒产量大幅降低的主要原因。适量减氮处理降低了公顷穗数，但穗粒数与千粒质量略有增加，优化了冬小麦籽粒产量因素的构成，有利于小麦的高产稳产（表 2-54）。

表 2-54　不同氮肥用量对间作茬口小麦籽粒产量构成因素的影响

处理	公顷穗数 (×10^4/hm^2)	穗粒数 (个)	千粒质量 (g)
N+20	630.0±8.94a	30.38±0.73a	42.15±0.53a
N+10	622.7±12.94a	30.39±1.71a	42.83±0.51a
CK	598.7±5.75b	31.24±1.05a	43.15±0.63a
N−10	591.3±2.73b	31.41±0.89a	43.02±0.71a
N−20	560.7±11.50c	31.13±0.57a	42.56±1.00a
N−30	544.0±8.20c	31.19±1.27a	42.27±0.22a

注：同列数据后不同字母表示在 0.05 水平上差异显著。

（5）不同氮肥用量对玉米花生间作茬口小麦产量和氮肥偏生产力的影响。增氮处理及减氮 10% 处理籽粒产量与对照处理无显著差异，但减氮 20%、减氮 30% 处理籽粒产量显著低于对照处理。前人研究认为随施氮量的增加，小麦氮肥利用率递减，减量施氮可显著提高作物氮肥利用效率。不同处理间的氮肥偏生产力随施氮量的减少而呈逐渐增加趋势，差异达显著水平。以上结果表明，玉米花生间作茬条件下，适量减氮（减氮 10%），小麦产量无显著降低，并能显著提高氮肥利用效率（表 2-55）。

表 2-55　不同氮肥用量对间作茬口小麦产量和氮肥偏生产力的影响

处理	籽粒产量 (kg/hm^2)	氮肥偏生产力 (kg/kg)
N+20	6 773.8±258.2a	25.1±0.96e
N+10	6 690.5±296.8a	27.0±1.20e
CK	6 714.3±84.5a	29.8±0.38d

（续）

处理	籽粒产量 (kg/hm^2)	氮肥偏生产力 (kg/kg)
N-10	6 607.5±253.6ab	32.6±1.25c
N-20	6 309.6±160.8b	35.1±0.89b
N-30	6 154.8±184.4b	39.1±1.17a

注：同列数据后不同字母表示在 0.05 水平上差异显著。

3. 结论

本试验在前茬为玉米花生间作的条件下，小麦季施氮量较当地农民传统施氮量减少 10% 处理（从 225 kg/hm^2 减至 202.5 kg/hm^2）对小麦干物质积累、氮素积累总量及籽粒产量无显著影响，且显著提高其氮肥偏生产力，是玉米花生间作茬小麦兼顾高产高效生态的适宜施氮处理。

第六节　玉米花生宽幅间作钙生理特征及吸收利用特点

一、施钙对不同种植模式下花生产量及生理特性的影响（山东济南）

1. 试验设计

试验于 2016—2017 年在山东省农业科学院济南试验基地进行。玉米以登海 605、花生以花育 25 号为供试材料。采用花生单作和玉米花生间作 2 种模式，间作种植玉米与花生行比 3∶4（图 2-5），花生均单粒播种，穴距 10 cm。

2 种模式分别设置 Ca0（0 kg/hm^2）、Ca1（150 kg/hm^2）、Ca2（300 kg/hm^2）和 Ca3（450 kg/hm^2）4 个施钙水平，共 8 个处理，每个处理重复 3 次。各处理基施氮、磷、钾肥量相同，均为 N 120 kg/hm^2、P_2O_5 120 kg/hm^2 和 K_2O 120 kg/hm^2。氮肥采用含氮量为 46% 的尿素，磷肥为磷酸二氢钾（P_2O_5 52%，K_2O 35%），钾肥为磷酸二氢钾和氯化钾（K_2O 55%），钙肥选用 CaO 试剂，基肥在整地起垄前一次性施入。间作玉米带在玉米大喇叭口期追施尿素 120 kg/hm^2，花生带不追肥。其他栽培管理按花生高产要求进行。2016 年 6 月 25 日播种，10 月 1 日收获；2017 年 6 月 21 日播种，10 月 6 日收获。

2. 结果分析

（1）间作条件下花生荚果产量对钙素的响应。

①相同钙肥条件下，不同种植模式下花生荚果产量表现为单作最高，其次为间作中间行，间作边行荚果产量最低。同一种植模式下，与不施钙肥处理相比，增施钙肥的处理，均不同程度地提高了花生荚果的产量。随施钙量的增加，单作花生、间作边行和间作中间行荚果产量均呈先增加后降低的趋势，Ca2 处理获得最高荚果产量，在 Ca2 处理基础上增加钙肥，花生荚果产量呈降低趋势，表明施氮增加钙肥利于单作和间作花生荚果产量的提高，过量施钙则不利于花生荚果产量的提高。同一种植模式下施钙处理增产幅度随施钙量的增加呈先增后减的趋势，Ca2 处理增产幅度最高，较不施钙处理增产幅度达 10.06% 以上。再增加施钙量其增产幅度显著降低。相同施钙处理下，间作中间行花生的增产幅度高于单作的增产幅度，表明不同种植模式下花生荚果产量对钙素的响应不同，施钙利于间作花生产量的进一步提高（表 2-56）。

表 2-56 不同种植模式下不同施钙量对花生荚果产量的影响

年份	处理	花生荚果产量 (kg/hm^2)			较不施钙增产幅度 (%)		
		单作	间作边行	间作中间行	单作	间作边行	间作中间行
2016 年	Ca0	3 037.42±45.29c	1 525.34±20.71c	1 581.91±78.78c			
	Ca1	3 366.34±82.93b	1 712.87±38.44b	1 889.91±54.64b	10.83±2.73b	12.29±2.52b	19.47±3.45b
	Ca2	3 658.06±59.29a	1 807.15±27.48a	2 035.53±47.40a	20.43±1.95a	18.48±1.80a	28.68±3.00a
	Ca3	3 450.46±74.19b	1 731.27±59.08b	1 863.34±73.56b	13.60±2.44b	13.50±3.87b	17.79±4.65b
2017 年	Ca0	3 723.30±124.81c	1 509.80±26.03c	1 555.10±25.21c			
	Ca1	4 059.31±73.71ab	1 634.87±55.19b	1 701.82±36.71b	9.02±1.98a	8.28±3.66b	9.44±2.36b
	Ca2	4 097.79±53.00a	1 828.29±78.46a	1 888.30±78.58a	10.06±1.42a	21.09±5.20a	21.43±5.05a
	Ca3	3 920.10±40.21bc	1 653.72±55.09b	1 738.29±68.26b	5.29±1.08b	9.53±3.65b	11.78±4.39b

注：同列数据后不同字母表示在 0.05 水平上差异显著。

②从建立的施钙量与产量的相关图（图 2-22）可以看出，单作花生和间作花生产量均表现出随施钙量的增加而先升高后降低，不同种植方式曲线变化趋势一致。2016 年，单作花生产量与施钙量建立的方程为 $y=-0.006x^2+3.703x+3\ 014$，可以得到施钙量在 308.58 kg/hm^2 时，单作花生产量达最大 3 585.34 kg/hm^2；间作中间行花生产量与施钙量建立的方程为 $y=-0.005x^2+3.060x+1\ 574$，可以得到施钙量在 306 kg/hm^2 时，间作中间行花生产量达最大 2 042.18 kg/hm^2；间作边行花生产量与施钙量建立的方程为 $y=-0.002x^2+1.791x+1\ 521$，可以得到施钙量在 447.75 kg/hm^2 时，间作中间行花生产量达最大 1 921.96 kg/hm^2。2017 年，单作花生产量与施钙量建立的方程为 $y=-0.004x^2+2.347x+3\ 814$，可以得到施钙量在 293.38 kg/hm^2 时，单作花生产量达最大 4 158.28 kg/hm^2；间作中间行花生产量与施钙量建立的方程为 $y=-0.003x^2+1.974x+1\ 536$，可以得到施钙量在 329.00 kg/hm^2 时，间作中间行花生产量达最大 1 860.72 kg/hm^2；间作边行花生产量与施钙量建立的方程为 $y=-0.003x^2+1.914x+1\ 488$，可以得到施钙量在 319.00 kg/hm^2 时，间作中间行花生产量达最大 1 793.28 kg/hm^2。本试验条件下，施钙量在 293.38～308.58 kg/hm^2 范围内是单作花生获得荚果产量最高的优化施钙量。间作中间行适宜施钙量在 306.00～329.00 kg/hm^2，间作边行受间作遮阴影响 2 年变化幅度较大，在 319.00～447.75 kg/hm^2。

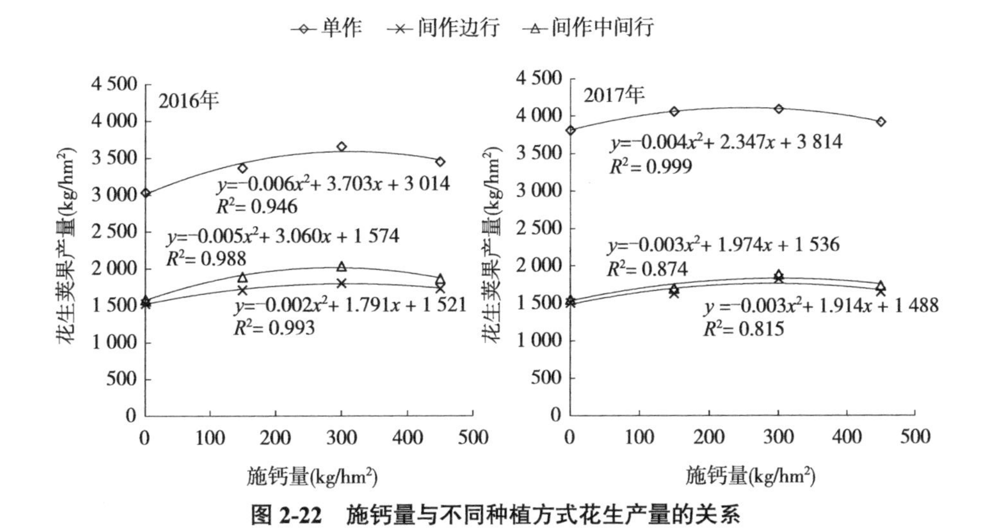

图 2-22　施钙量与不同种植方式花生产量的关系

（2）间作条件下花生叶片 SPAD 值对钙素的响应。叶片中叶绿素含量的高低是反映植物叶片光合能力大小的一个重要指标。相同钙肥条件下，不同种植模式下花针期、饱果期花生主茎倒 3 叶 SPAD 值均表现为单作最高，其次为间作中间行，间作边行最低。同一种植模式下，花生主茎倒 3 叶 SPAD 值在 0～300 kg/hm^2 内随着施钙量的增加呈增加趋势，Ca2 处理 SPAD 值显著高于 Ca0、Ca1 处理，在 Ca2 处理基础上增加施钙量的 Ca3 与 Ca2 处理的主茎倒 3 叶 SPAD 值无显著差异。且在饱果期 Ca2、Ca3 处理 SPAD 值仍旧较高，表明这 2 个处理在饱果期仍保持较高的光合能力。各种种植模式下，Ca3 与 Ca2 处理的主茎倒 3 叶 SPAD 值无显著差异（表 2-57）。

表 2-57　不同种植模式下不同施钙量对花生叶片 SPAD 值的影响

处理	花针期			饱果期		
	单作	间作边行	间作中间行	单作	间作边行	间作中间行
Ca0	45.40±0.27b	42.63±0.27c	44.53±0.27b	40.47±0.46b	39.90±0.18c	40.33±0.19c
Ca1	46.07±0.19b	43.83±0.36b	45.17±0.27b	41.50±0.32b	40.83±0.27b	41.20±0.39b
Ca2	48.23±0.27a	45.13±0.19a	46.57±0.37a	43.73±0.29a	42.33±0.19a	43.20±0.32a
Ca3	47.80±0.39a	45.33±0.05a	46.23±0.27a	43.50±0.27a	42.27±0.31a	43.17±0.19a

注：同列数据后不同字母表示在 0.05 水平上差异显著。

（3）间作条件下花生叶片净光合速率对钙素的响应。花生玉米间作条件下施钙对花生叶片净光合速率的影响不同。单作和间作的花生叶片的净光合速率从花针期后开始逐渐降低。花针期单作条件下，施钙处理花生的净光合速率与不施钙处理无显著差异，但施钙均显著提高了间作边行和间作中间行花生的净光合速率。饱果期和成熟期，单作和间作条件下增施钙肥均提高了花生叶片的净光合速率，间作边行花生增加了 8.9%～18.5%，间作中间行增加了 14.2%～21.8%，单作花生增加了 3.1%～23.7%。施钙条件下，间作中间行的花生花针期和饱果期倒 3 叶净光合速率显著低于单作处理，但高于间作边行花生净光合速率（表 2-58）。

表 2-58　不同种植模式下施钙对花生叶片净光合速率的影响

单位：μmol $CO_2/(m^2 \cdot s)$

处理	种植模式	花针期	饱果期	成熟期
Ca0	单作	24.86±1.20a	14.21±0.19c	11.44±0.44b
	间作中间行	20.25±1.02c	13.60±0.63c	10.47±0.51bc
	间作边行	17.49±1.34d	11.40±1.30d	9.23±0.71c
Ca2	单作	25.64±1.00a	17.58±0.60a	13.78±0.92a
	间作中间行	22.55±2.40b	16.11±1.38b	11.40±1.01b
	间作边行	19.97±1.20c	13.88±1.53c	10.97±0.14b

注：同列数据后不同字母表示在 0.05 水平上差异显著。

（4）间作条件下施钙对花生叶片超氧化物歧化酶（SOD）活性的影响。花生玉米间作条件下花生叶片 SOD 活性对钙素的响应不同。相同处理，饱果期单作、间作花生主茎倒 3 叶 SOD 活性高于花针期，单作和间作分别是花针期的 3.02～3.03 倍、2.72～2.79 倍。相同施钙条件下，间作花生主茎倒 3 叶 SOD 活性低于单作花生。相同种植方式下，施钙提高了单作和间作花生主茎倒 3 叶 SOD 活性，单作和间作分别提高了 15.40%～24.70%、20.36%～34.07%，间作施钙 SOD 活性增加幅度高于单作（图 2-23）。

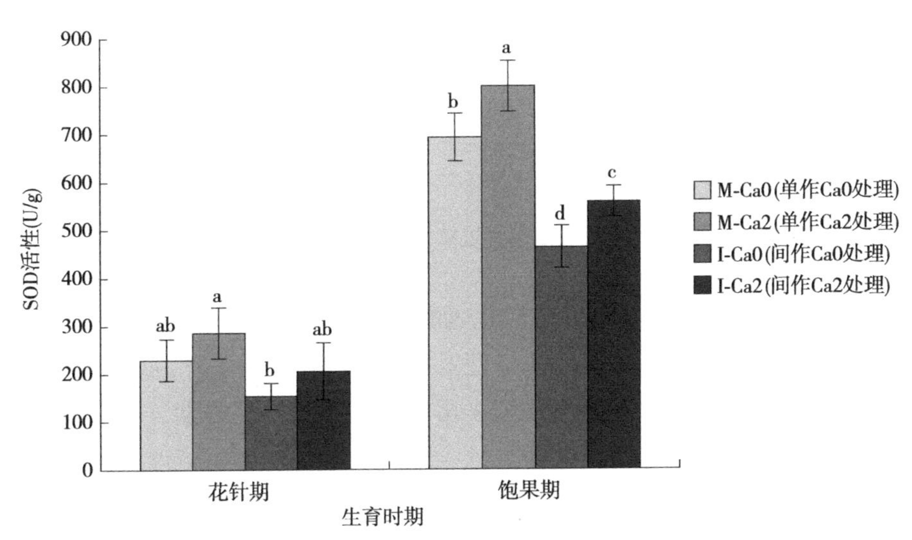

图 2-23　不同种植模式下花生叶片超氧化物歧化酶（SOD）活性对钙素的响应

（5）间作条件下花生叶片过氧化物酶（POD）活性对钙素的响应。POD是植物体内重要的活性氧清除酶，较高的POD活性对减少活性氧积累、抵御膜脂过氧化、维护膜结构的完整性有重要作用。间作条件下花生叶片POD活性对钙素的响应趋势与SOD基本相同（图2-24）。相同处理，饱果期单作、间作花生主茎倒3叶POD活性高于花针期，单作和间作分别是花针期的3.34～4.52倍、2.64～3.40倍。相同施钙条件下，间作花生主茎倒3叶POD活性显著低于单作花生，花针期和饱果期降幅分别为8.29%～32.25%、13.65%～32.91%。相同种植方式下，施钙处理显著提高了单作和间作花生主茎倒3叶POD活性，花针期和饱果期分别提高了45.56%～46.98%、9.44%～16.23%，花针期POD活性增幅明显比饱果期大。

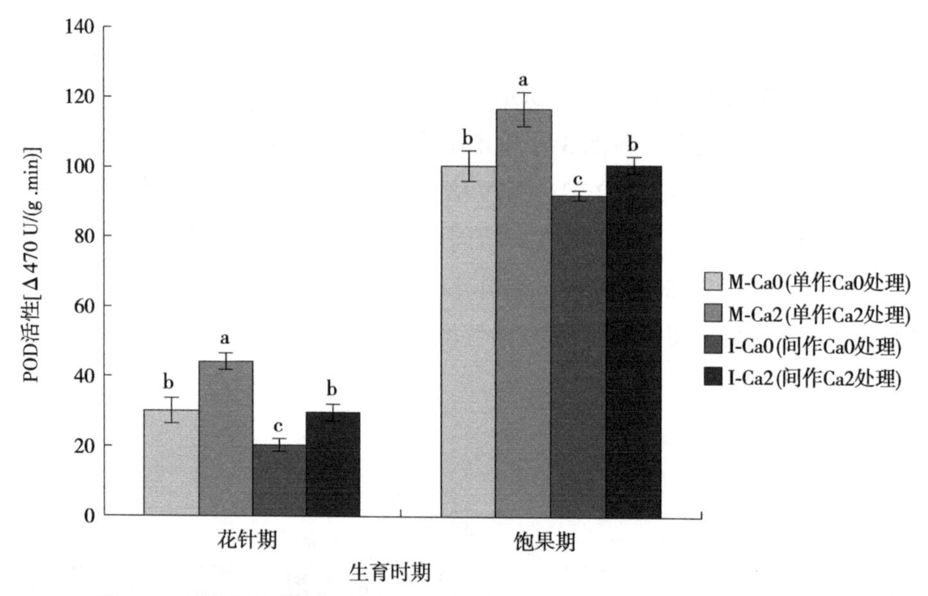

图2-24 不同种植模式下花生叶片过氧化物酶（POD）活性对钙素的响应

（6）间作条件下花生叶片过氧化氢酶（CAT）活性对钙素的响应。单作花生与间作花生主茎倒3叶CAT活性对钙素的响应不同（图2-25）。相同处理，饱果期单作、间作花生主茎倒3叶CAT活性高于花针期，单作和间作分别是花针期的1.42～1.84倍和1.78～2.02倍，间作CAT活性增加幅度高于单作。相同施钙条件下，间作花生主茎倒3叶CAT活性均低于单作花生，花针期施钙和不施钙处理、饱果期不施钙处理下可达显著水平，花针期和饱果期降幅分别为22.03%～36.32%和11.53%～17.41%，花针期CAT活性降幅大于饱果期。相同种植方式下，与不施钙肥相比，施钙提高了单作和间作花生主茎倒3叶CAT活性，花针期和饱果期分别提高了5.74%～29.47%和32.44%～41.87%，饱果期CAT活性增幅明显大于花针期。

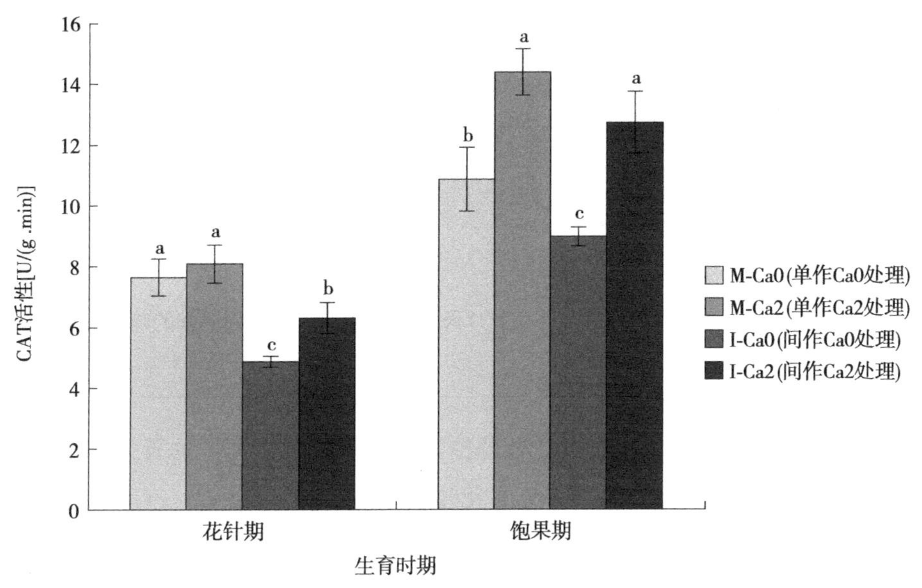

图2-25　不同种植模式下花生叶片过氧化氢酶（CAT）活性对钙素的响应

（7）间作条件下花生叶片丙二醛（MDA）含量对钙素的响应。花生玉米间作条件下花生叶片MDA含量对钙素的响应不同（图2-26）。相同处理，饱果期单作、间作花生主茎倒3叶MDA含量高于花针期，单作和间作分别是花针期的1.10～1.21倍和1.26～1.41倍，随生育进程，间作花生主茎倒3叶MDA含量增幅高于单作。相同施钙条件下，间作花生主茎倒3叶MDA含量高于单作花生，花针期和饱果期增幅分别为12.90%～34.95%和2.98%～20.34%，花针期间作花生主茎倒3叶MDA含量较单作增幅高于饱果期。相同种植方式下，与不施钙肥相比，施钙显著降低了单作花生和花针期间作花生主茎倒3叶MDA积累量，单作和间作分别降低了16.83%～28.52%和2.80%～14.57%，间作施钙后MDA含量降幅显著低于单作。

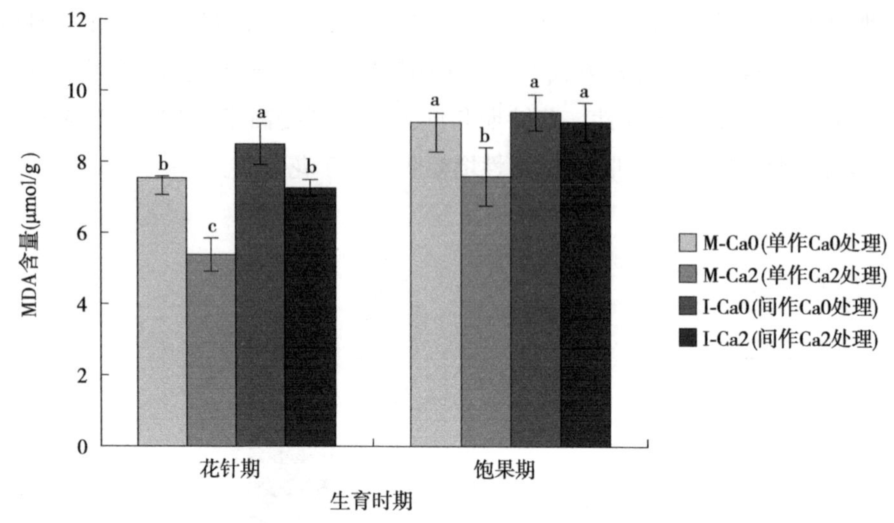

图 2-26 不同种植模式下花生叶片丙二醛(MDA)含量对钙素的响应

3. 结论

施钙量为 300 kg/hm^2 的 Ca2 处理提高了单作和间作花生的荚果产量、叶片 SPAD 值及净光合速率，增加了花生主茎倒 3 叶的 SOD、POD、CAT 活性，降低了花生叶片细胞膜的膜脂过氧化水平，是本试验条件下间作遮阴条件下适宜的施钙量处理。

二、施钙对间作花生生育后期光合特性、糖代谢及产量的影响（山东济南）

1. 试验设计

试验在山东省农业科学院济南试验基地进行，采用裂区设计，种植模式为主区，施钙处理为副区，分别为不施钙（Ca0）为对照和施钙量 300 kg/hm^2 的施钙处理（Ca300），合计共 6 个处理（间作为 2 个处理），每个处理重复 3 次，共计 12 个小区。间作每小区种植面积为 4 个间作带 ×3.5 m×7m=98 m^2，花生单作每小区面积为 8 垄 ×0.85 m×7 m=47.6 m^2。2016 年 6 月 25 日播种，10 月 1 日收获玉米，10 月 6 日收获花生；2017 年 6 月 21 日播种，10 月 6 日玉米、花生同时收获。种植模式、施肥、管理等同第二章第六节一、1. 试验设计。

2. 结果分析

（1）钙肥对不同种植模式花生农艺性状的影响。单作、间作条件下，施钙均降低了花生主茎高，但除间作边行外均未达显著水平；相同钙处理下，花生主茎高均表现为间作边行＞间作中间行＞单作。不同种植模式的花生侧枝长也表现为施钙处理低于不施钙处理；相同钙处理下，间作边行和间作中间行花生侧枝长明显高于单作花生。间作边行、间作中间行降低了花生分枝数和主茎节数，施钙则增加了花生的分枝数和主茎节数，但差异均未达显著水平（表 2-59）。

表 2-59　钙肥对不同种植模式花生农艺性状的影响

种植模式	钙肥处理	主茎高 (cm)	侧枝长 (cm)	分枝数 (条)	主茎节数 (节)
单作	Ca0	57.47c	62.78bc	9.78a	14.17a
	Ca300	55.60c	58.52c	9.93a	14.13a
间作边行	Ca0	71.58a	69.12a	9.06a	13.47a
	Ca300	66.01b	66.92ab	9.15a	13.74a
间作中间行	Ca0	66.29b	68.96a	8.58a	13.64a
	Ca300	62.82b	64.49abc	9.08a	13.79a

注：同列数据后不同字母表示在 0.05 水平上差异显著。

（2）钙肥对不同种植模式花生生育后期功能叶光合特征的影响。

①叶绿素含量。相同钙处理下，花生饱果期和成熟收获期功能叶叶绿素 a、叶绿素 b、类胡萝卜素及叶绿素（a+b）含量均表现为间作中间行＞间作边行＞单作，叶绿素 a/b 值则表现为单作＞间作中间行＞间作边行。相同种植模式下，施钙处理花生饱果期和成熟收获期功能叶叶绿素 a、叶绿素 b、类胡萝卜素及叶绿素（a+b）含量显著高于不施钙处理，间作中间行施钙处理叶绿素 a/b 值显著低于不施钙处理，单作和间作边行差异不显著（表 2-60）。

表 2-60　钙肥对不同种植模式花生生育后期叶片叶绿素含量的影响　单位：mg/(g FW)

生育时期	种植模式	钙肥处理	叶绿素 a	叶绿素 b	类胡萝卜素	叶绿素 a+b	叶绿素 a/b
饱果期	单作	Ca0	1.16c	0.45c	0.20b	1.61c	2.61a
		Ca300	1.58a	0.61a	0.23a	2.18a	2.61a

（续）

生育时期	种植模式	钙肥处理	叶绿素 a	叶绿素 b	类胡萝卜素	叶绿素 a+b	叶绿素 a/b
饱果期	间作边行	Ca0	1.30b	0.55b	0.22b	1.85c	2.34bc
		Ca300	1.61a	0.71a	0.23b	2.32a	2.26c
	间作中间行	Ca0	1.50d	0.57c	0.26b	2.07d	2.63a
		Ca300	1.79a	0.72a	0.30a	2.51a	2.47b
成熟收获期	单作	Ca0	1.07d	0.42c	0.21c	1.49c	2.56a
		Ca300	1.25bc	0.50b	0.22bc	1.75b	2.51a
	间作边行	Ca0	1.19c	0.49b	0.24ab	1.68b	2.42b
		Ca300	1.39a	0.59a	0.26a	1.98a	2.35bc
	间作中间行	Ca0	1.21c	0.48b	0.24ab	1.70b	2.51a
		Ca300	1.35ab	0.58a	0.23abc	1.92a	2.33c

注：同列数据后不同字母表示在 0.05 水平上差异显著。

②叶片光合速率。外源钙能有效改善作物的光合作用。施钙和不施钙条件下，间作花生功能叶的光合速率、气孔导度明显低于单作花生。与不施钙处理比较，单作施钙处理花生功能叶的光合速率和气孔导度分别提高了 23.74% 和 10.06%，间作中间行花生则提高了 18.48% 和 29.25%，间作边行提高了 21.72% 和 14.23%。间作中间行施钙处理光合速率、气孔导度、胞间 CO_2 浓度和蒸腾速率与单作不施钙处理比较略有增加，其中光合速率达显著水平，间作边行施钙处理光合指标与单作不施钙处理无显著差异（表 2-61）。

表 2-61　钙肥对不同种植模式花生生育后期叶片光合性能的影响

生育时期	种植模式	钙肥处理	净光合速率 [μmol CO_2/(m^2·s)]	气孔导度 [mol H_2O/(m^2·s)]	胞间 CO_2 浓度 (μmol CO_2/mol)	蒸腾速率 [mmol H_2O/(m^2·s)]
饱果期	单作	Ca0	14.33b	0.42ab	333.30a	5.91ab
		Ca300	17.41a	0.45a	335.61a	6.15a
	间作边行	Ca0	11.53c	0.33c	314.15ab	5.44b
		Ca300	13.76b	0.40ab	315.77ab	6.08ab
	间作中间行	Ca0	13.93b	0.38bc	303.28b	5.68ab
		Ca300	16.11a	0.45a	300.98b	6.29a

（续）

生育时期	种植模式	钙肥处理	净光合速率 [μmol CO_2/(m^2·s)]	气孔导度 [mol H_2O/(m^2·s)]	胞间 CO_2 浓度 (μmol CO_2/mol)	蒸腾速率 [mmol H_2O/(m^2·s)]
成熟收获期	单作	Ca0	10.60abc	0.33ab	319.37ab	5.14b
		Ca300	12.32a	0.32b	304.54b	5.65ab
	间作边行	Ca0	9.11c	0.35ab	325.46a	5.99a
		Ca300	11.46abc	0.35ab	311.17ab	6.23a
	间作中间行	Ca0	9.81bc	0.33ab	318.57ab	5.84ab
		Ca300	12.09ab	0.37a	312.11 ab	6.17a

注：同列数据后不同字母表示在 0.05 水平上差异显著。

③蔗糖含量。蔗糖是植物体内同化物运输的主要形态，也是碳水化合物在植物细胞中的暂储形态。叶肉细胞蔗糖的浓度是影响植物光合产物运输的一个重要因素。相同施钙处理下，间作遮阴一定程度上导致花生饱果期和成熟收获期功能叶蔗糖含量的降低。相同种植模式处理下施钙处理明显增加了花生饱果期和成熟收获期功能叶蔗糖含量。间作中间行和间作边行施钙处理花生饱果期和成熟收获期功能叶蔗糖含量与单作不施钙处理无明显差异。表明间作遮阴条件下施钙能够部分缓解遮阴导致的蔗糖含量的降低幅度（图 2-27）。

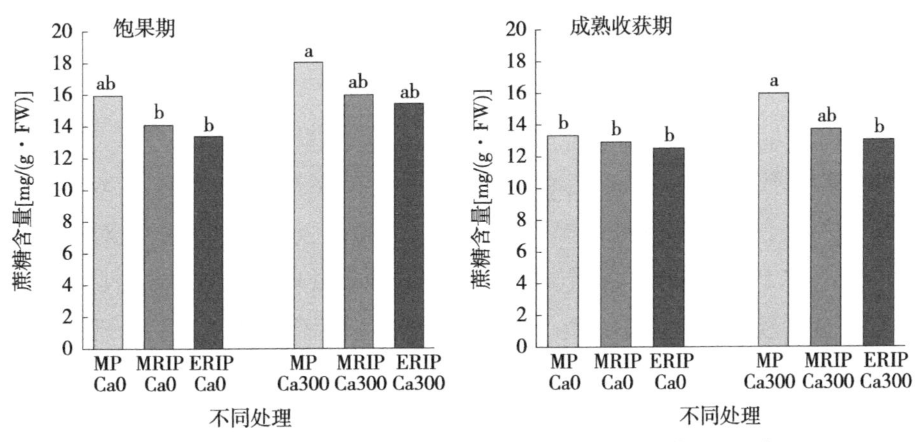

MP—花生单作；MRIP—间作花生中间行；ERIP—间作花生边行。

图 2-27　不同处理花生生育后期功能叶蔗糖含量

④ SS 和 SPS 活性。蔗糖合成酶（SS）和蔗糖磷酸合成酶（SPS）是催化

蔗糖合成的关键酶，在碳代谢的调节中，通过调节蔗糖合成而起关键性作用。其活性大小与植物同化物积累、输出能力密切相关。饱果期和成熟收获期不同种植模式下花生功能叶 SS、SPS 活性均表现为施钙处理高于不施钙处理。在不施钙条件下间作遮阴降低了花生饱果期和成熟收获期功能叶 SS、SPS 活性，且越靠近玉米降低幅度越大；施钙处理下间作边行 SS 活性显著低于单作对照，SPS 活性各处理间差异不显著（表 2-62）。

表 2-62　钙肥对不同种植模式花生生育后期叶片碳代谢酶活性的影响

种植模式	钙肥处理	饱果期		成熟收获期	
		SS [IU/(g FW)]	SPS [IU/(g FW)]	SS [IU/(g FW)]	SPS [IU/(g FW)]
单作	Ca0	0.837c	0.665b	1.258a	0.586b
	Ca300	1.218a	0.760a	1.328a	0.754a
间作边行	Ca0	0.674d	0.506d	0.881d	0.495c
	Ca300	1.081b	0.730a	1.108b	0.712a
间作中间行	Ca0	0.813c	0.572c	0.974c	0.556b
	Ca300	1.241a	0.753a	1.132b	0.747a

注：同列数据后不同字母表示在 0.05 水平上差异显著。

（3）钙肥对间作遮阴花生荚果产量及产量构成因素的影响。①相同施钙量条件下，间作中间行及间作边行受玉米遮阴影响，单株饱果数、百果重及荚果产量均明显低于单作花生。②相同种植模式下，施钙处理提高了花生的单株饱果数、百果重及出仁率，显著提高了荚果产量。单作条件下，施钙处理单株饱果数、百果重及出仁率分别较对照提高 16.68%、4.28%、2.60%；间作中间行条件下，施钙处理单株饱果数、百果重及出仁率分别较对照提高 21.96%、3.71%、2.80%；间作边行条件下，施钙处理单株饱果数、百果重及出仁率分别较对照提高 31.55%、4.02%、2.80%。间作条件下施钙处理对花生单株饱果数的增加幅度较单作高。不同模式下，施钙处理花生产量较对应不施钙处理平均增产 397.2 kg/hm^2，平均增产率达 19.9%。③通过间作与不施钙单作的减产幅度比较分析，间作中间行施钙处理较间作中间行不施钙处理减产幅度降低 11.65%，间作边行施钙处理较间作边行不施钙处理减产幅度降低 8.88%。表明施钙可显著缓解间作遮阴对花生产量的负效应。④相同钙水平处理分析得出，单株饱果数及荚果产量表现为单作＞间作中间行＞间作边行，百果重为单作＞间作中间行、间作边行，公顷株数和出仁率则无显著差异。不管是间作还是单作，施钙处理还是不施钙处理对花生公顷株数影响均较小，各处理间无显著差异，说明花生种子的萌发受种植模式和钙肥处理影响较小（表 2-63）。

表 2-63　钙肥对不同种植模式花生产量及产量构成因素的影响

种植模式	钙肥处理	株数（$\times 10^4/hm^2$）	单株饱果数（个）	百果重（g）	出仁率（%）	荚果产量（kg/hm^2）	较单作不施钙处理减产幅度（%）
单作	Ca0	21.15a	11.94b	138.18ab	66.54b	3 380.36b	
	Ca300	21.23a	13.93a	144.10a	67.58a	3 877.94a	
间作中间行	Ca0	21.47a	7.67d	133.57b	65.82b	1 568.48d	53.61a
	Ca300	21.37a	9.35c	138.52ab	67.18a	1 961.92c	41.96b
间作边行	Ca0	21.96a	6.53e	132.78b	65.88b	1 517.58d	55.11a
	Ca300	21.08a	8.58c	138.11ab	67.19a	1 817.77c	46.23b

注：同列数据后不同字母表示在 0.05 水平上差异显著。

3. 结论

间作遮阴导致了花生植株徒长、叶片净光合速率、气孔导度和蒸腾速率降低，碳代谢酶活性降低，进而影响单株饱果数、百果重，最终降低荚果产量。施用钙肥能有效改善间作花生的农艺性状、提高叶片光合性能和糖代谢酶活性，使其在生育后期仍能提供充足的营养，保持较高的叶绿素含量。本试验条件下，间作施钙肥 300 kg/hm^2 处理下，间作中间行花生功能叶在补充光源条件下光合速率可达花生单作不施钙处理水平，其叶绿素含量、蔗糖含量、SS 和 SPS 活性也达到或超过单作不施钙水平，显著降低了间作花生产量的减产幅度。表明间作条件下，施钙可部分缓解间作遮阴对花生的不利影响。

三、不同施钙量对间作花生钙素吸收分配特性及利用率的影响（山东济南）

1. 试验设计

同第二章第六节一、1. 试验设计。

2. 结果分析

（1）不同施钙量对玉米花生间作花生植株钙含量的影响。①花生单作、间作不同钙处理下，各器官的钙素含量分配规律一致，均以叶片内含钙量最高，其后依次是茎、果针、根、果壳、籽仁。②相同种植模式下，随施钙量的增加呈先增加后降低的趋势，均以施钙量为 300 kg/hm^2 的 Ca2 处理花生器官含钙量最高，之后再增加施钙量，花生各器官含钙量均无显著增加。单作、间作边行及中间行，Ca2 处理叶、茎、根、果针、果壳、籽仁的钙含量分别较对照提高；但间作条件下 Ca2 处理对花生地上部茎、叶及果壳、籽仁的钙含量增加幅度较单作高，根系的钙含量增加幅度则低于单作。间作中间行 Ca3 处理的叶、根、间作边行 Ca3 处理的果针含钙量均显著低于 Ca2 处理。说明过量施钙肥抑制了花生对钙素营养的吸收和积累。③由不同种植模式平均值分析得出，施钙处理明显增加了茎、根、果针、果壳、籽仁的钙含量，花生叶的钙含量不同钙处理下差异不显著。④由不同钙水平处理平均值分析得出，单作处理的地上部器官茎、叶含钙量明显高于间作边行和间作中间行处理，而地下部器官根系、果针、果壳和籽仁的含钙量则低于间作处理。说明间作抑制了花生地上部器官钙吸收和积累，而促进了花生地下部器官钙吸收和积累（表 2-64）。

表 2-64　不同施钙量对玉米花生间作花生植株钙含量的影响　单位：mg/g

种植模式	钙肥处理	叶	茎	根	果针	果壳	籽仁
单作	Ca0	30.26b	14.71bc	2.60a	9.10d	1.64b	0.69c
	Ca1	31.68ab	15.05b	2.79a	9.45c	1.77a	0.76b
	Ca2	32.11a	15.84a	3.11a	10.18a	1.88a	0.81a
	Ca3	31.40ab	14.58c	3.00a	9.63b	1.79a	0.76b
间作中间行	Ca0	28.83c	13.92b	3.09b	10.80b	1.98b	0.83b
	Ca1	30.46ab	14.78a	3.30b	11.16b	2.16ab	0.91ab
	Ca2	30.76a	15.19a	3.65a	12.06a	2.62a	1.12a
	Ca3	29.91b	14.76a	3.28b	11.63a	2.36ab	1.03ab
间作边行	Ca0	27.59b	13.62c	2.92b	10.39d	1.84b	0.75b
	Ca1	28.46ab	14.12b	3.06ab	10.86c	1.98ab	0.82b
	Ca2	29.37a	14.81a	3.24a	11.81a	2.31a	0.98a
	Ca3	29.06a	14.44ab	3.06ab	11.33b	2.16ab	0.95a

（续）

种植模式	钙肥处理	叶	茎	根	果针	果壳	籽仁
不同钙处理平均	MP	31.36a	15.05a	2.87b	9.59b	1.77b	0.76b
	MRIP	29.99b	14.66b	3.33a	11.41a	2.28a	0.97a
	ERIP	28.62c	14.25b	3.07b	11.10a	2.07a	0.88a
不同模式平均	Ca0	29.27a	14.08b	2.87b	10.10d	1.82c	0.76b
	Ca1	29.33a	14.65ab	3.05b	10.49c	1.97bc	0.83ab
	Ca2	30.01a	15.28a	3.33a	11.35a	2.27a	0.97a
	Ca3	30.12a	14.59ab	3.11ab	10.86b	2.10ab	0.91a

注：同列数据后不同字母表示在 0.05 水平上差异显著。

（2）不同施钙量对玉米花生间作花生植株钙积累量的影响。①花生单作、间作不同钙处理下，各器官的钙素积累量均以茎内钙积累量最高，其次是叶、果针、果壳、籽仁；整株中根的积累量最低。②相同种植模式下，各器官及整株的钙素积累量均随施钙量的增加呈先增加后降低的趋势，也以施钙量为 300 kg/hm^2 的 Ca2 处理花生各器官及整株的钙积累量最高，之后再增加施钙量，花生各器官及整株钙积累量无显著增加或呈降低趋势。单作、间作，Ca2 处理叶、茎、根、果针、果壳、籽仁及整株的钙积累量均较对照提高。间作条件下 Ca2 处理对花生地上部茎、叶及籽仁、整株的钙积累量的增加幅度较单作高；间作边行根系和果针的钙积累量、间作边行和间作中间行果壳的钙积累量的增加幅度均低于单作。说明间作条件下施钙促进了花生叶、茎、籽仁及整株对钙的吸收积累。间作中间行 Ca3 处理的叶、根和间作边行 Ca3 处理的果针含钙量均显著低于 Ca2 处理。说明过量施钙肥抑制了花生对钙素营养的吸收和积累。单作处理的地上部器官茎、叶的含钙量明显高于间作边行和间作中间行处理，而地下部器官根系、果针、果壳和籽仁的含钙量则低于间作处理。说明间作抑制了花生地上部器官钙的吸收和积累，而促进了花生地下部器官钙的吸收和积累。③由不同种植模式平均值分析得出，适量施钙明显增加了花生叶、茎、根、果针、果壳、籽仁及整株的钙积累量，低钙处理及高钙处理，花生各器官钙积累量除叶和果针外均低于 Ca2 处理。④由不同钙水平处理平均值分析得出，单作处理的各器官及整株的钙积累量明显高于间作边行处理和间作中间行处理，而间作边行处理和间作中间行处理间差异不显著。间作遮阴导致花生生物量的降低可能是其钙积累量显著降低的主要原因（表 2-65）。

表 2-65　不同施钙量对玉米花生间作花生植株各器官钙积累量的影响　单位：mg/株

种植模式	钙肥处理	叶	茎	根	果针	果壳	籽仁	整株
单作	Ca0	90.13c	248.74d	1.95b	23.25c	16.30c	8.09c	388.46c
	Ca1	113.83b	257.95c	2.31ab	21.04d	19.19b	9.58b	423.90b
	Ca2	126.33a	295.52a	2.51a	27.85a	26.48a	10.23a	488.91a
	Ca3	107.26b	271.23b	2.31ab	25.42b	19.80b	9.83ab	435.85b
间作中间行	Ca0	49.19d	180.64d	1.43c	9.02d	12.60b	5.24c	258.13d
	Ca1	69.49c	201.36c	1.52bc	17.75a	15.08ab	6.28bc	311.48c
	Ca2	80.85a	235.45a	2.15a	13.88b	17.49a	8.00a	357.82a
	Ca3	77.89b	220.24b	1.59b	10.76c	14.08ab	7.43ab	332.00b
间作边行	Ca0	40.19d	176.65c	1.44b	11.94b	11.00c	4.59c	245.82c
	Ca1	62.92c	200.43b	1.46b	12.41b	12.29bc	5.70b	295.21b
	Ca2	69.04b	219.16a	1.72a	12.10b	15.10a	6.86a	323.97a
	Ca3	74.25a	206.10b	1.37b	14.76a	13.99ab	6.50a	316.96a
不同钙处理平均	MP	109.39a	268.36a	2.27a	24.39a	20.44a	9.43a	434.28a
	MRIP	69.36b	209.42b	1.67b	12.85b	14.81b	6.74b	314.86b
	ERIP	61.60b	200.58b	1.50b	12.80b	13.10b	5.91c	295.49b
不同模式平均	Ca0	59.84b	202.01c	1.61b	14.74a	13.30b	5.98c	297.47c
	Ca1	82.08a	219.91b	1.76ab	17.07a	15.52ab	7.19b	343.53b
	Ca2	92.07a	250.04a	2.12a	17.94a	19.69a	8.36a	390.24a
	Ca3	86.47a	232.52b	1.76ab	16.98a	15.96ab	7.92ab	361.60ab

注：同列数据后不同字母表示在 0.05 水平上差异显著。

（3）不同施钙量对玉米花生间作花生植株各器官钙素分配率的影响。①花生单作、间作不同钙处理下，各器官的钙素分配率均以茎最高，其次是叶、果针和果壳、籽仁，整株中分配率最低的器官为根系，这与其极低的生物量和较低的含钙量有很大关系。②相同种植模式下，施钙处理花生叶的钙素分配率显著高于不施钙处理，而其茎的钙素分配率则呈相反趋势。表明施钙促进了钙向花生叶片的分配而抑制其向茎的分配。③不同种植模式平均值分析得出，施钙显著增加了花生叶的钙素分配率，降低了花生茎的钙素分配率，施钙处理间无显著差异。施钙对花生其他器官钙分配率无显著影响。

④由不同钙水平处理平均值分析得出，单作花生叶的钙素分配率明显高于间作边行处理和间作中间行处理，而其茎的钙素分配率显著低于间作边行处理和间作中间行处理，而间作边行处理和间作中间行处理间差异不显著。说明间作促进了花生钙向茎的分配，抑制了其向花生叶的分配，且不同种植模式对花生其他器官钙素分配率无显著影响（表 2-66）。

表 2-66　不同施钙量对玉米花生间作花生植株钙分配率的影响　　单位：%

种植模式	钙肥处理	叶	茎	根	果针	果壳	籽仁
单作	Ca0	23.20c	64.03a	0.50a	5.99a	4.20c	2.08b
	Ca1	26.85a	60.85c	0.54a	4.97c	4.53b	2.26a
	Ca2	25.84a	60.44c	0.51a	5.70b	5.42a	2.09b
	Ca3	24.61b	62.23b	0.53a	5.84ab	4.54b	2.25a
间作中间行	Ca0	19.06c	69.98a	0.55b	3.49bc	4.88a	2.03a
	Ca1	22.31b	64.64c	0.49c	5.70a	4.84a	2.02a
	Ca2	22.60ab	65.80b	0.60a	3.88b	4.88a	2.24a
	Ca3	23.46a	66.34b	0.48c	3.25c	4.24a	2.24a
间作边行	Ca0	16.35c	71.86a	0.58a	4.86a	4.48a	1.87b
	Ca1	21.31b	67.89b	0.50c	4.20b	4.17a	1.93ab
	Ca2	21.31b	67.64b	0.53b	3.74c	4.66a	2.12a
	Ca3	23.43a	65.02c	0.43d	4.66a	4.41a	2.05ab
不同钙处理平均	MP	25.12a	61.89b	0.52a	5.62a	4.67a	2.17a
	MRIP	21.86ab	66.69a	0.53a	4.08a	4.71a	2.13a
	ERIP	20.60b	68.10a	0.51a	4.36a	4.43a	1.99a
不同模式平均	Ca0	19.54b	68.63a	0.55a	4.78a	4.52a	1.99a
	Ca1	23.49a	64.46b	0.51a	4.96a	4.51a	2.07a
	Ca2	23.25ab	64.63b	0.55a	4.44a	4.99a	2.15a
	Ca3	23.83a	64.53b	0.48a	4.58a	4.40a	2.18a

注：同列数据后不同字母表示在 0.05 水平上差异显著。

（4）不同施钙量对玉米花生间作花生钙积累量的影响。

①单株花生钙积累量随出苗后天数呈先增加后降低的趋势，本试验条件

下，花生单株钙积累量峰值出现在出苗后 75 d，之后钙的积累量出现降低趋势。出苗后 45 d 至 75 d 是花生荚果形成及膨大的主要时期，也是花生钙吸收的高峰期。相同生育时期内不同处理之间也存在差异，单作条件下，在出苗后 45～90 d 花生单株钙积累量均随施钙量的增加而呈先升后降的趋势，施钙量为 300 kg/hm^2 的 Ca2 处理获得最高单株钙积累量；间作中间行不同施钙量处理间趋势与单作相同，间作边行条件下施钙量为 300 kg/hm^2 的 Ca2 处理及施钙量为 450 kg/hm^2 的 Ca3 处理间差异不显著，均显著高于不施钙处理。受间作玉米遮阴影响，在相同钙处理条件下，间作边行、间作中间行的花生单株钙积累量显著低于单作花生，间作中间行 Ca2 处理花生单株钙积累量显著高于间作边行（图 2-28）。

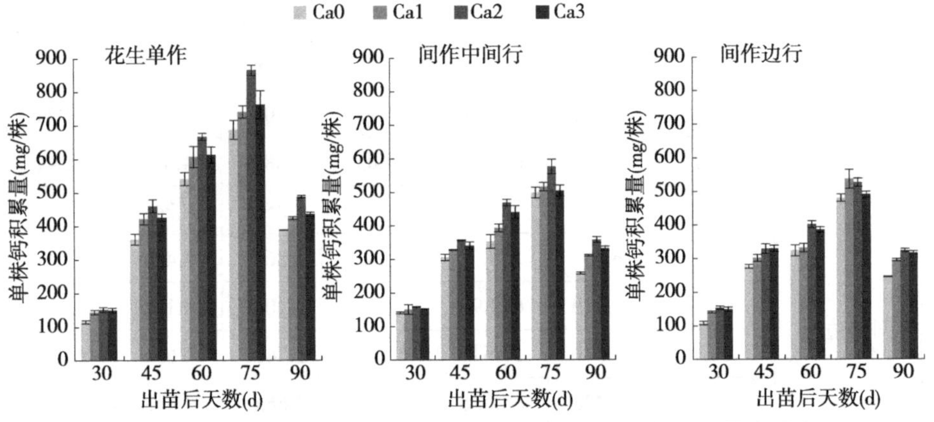

图 2-28　不同施钙量对玉米花生间作条件下花生单株钙积累量的影响

②从群体钙积累量看花生群体钙积累量在花生生育期内规律与单株钙积累量规律一致，均随生育进程呈先迅速增加后缓慢减少趋势。出苗后 30 d 花生群体钙积累量较小，单作与间作边行、间作中间行模式及不同施钙处理差异均不大，而出苗 45 d 后随着干物质积累量的迅速增加，群体钙积累量也逐渐增加，而间作边行和间作中间行的钙积累量增加幅度显著低于单作，所以，出苗后 45～90 d 间作边行处理和间作中间行处理的花生群体钙积累量显著低于对应单作处理。相同种植模式下，施钙处理在出苗后 45～90 d 均不同程度地增加了花生群体钙的积累量，其中，Ca2 处理在单作和间作中间行种植模式下出苗后 45～90 d 均获得最高的钙积累量，且显著高于不施钙的对照（图 2-29）。

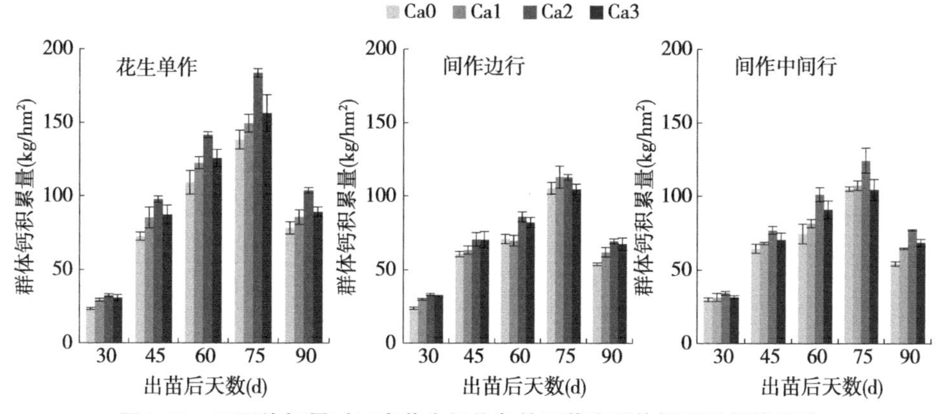

图 2-29　不同施钙量对玉米花生间作条件下花生群体钙积累量的影响

（5）不同施钙量对玉米花生间作条件下花生钙肥利用率的影响。①花生单作条件下，钙肥农学利用率、钙肥偏生产力及钙肥利用率均随钙肥施用量的增加而呈降低趋势，其中 Ca3 处理的钙肥农学利用率、钙肥偏生产力显著低于 Ca2 处理；钙素生产效率则随施钙量的增加呈先降后升的趋势，施钙量为 300 kg/hm^2 的 Ca2 处理钙素生产效率最低，这可能是因为 Ca2 处理获得最高的钙素积累量导致的。花生间作边行和间作中间行条件下，钙肥农学利用率、钙肥偏生产力及钙肥利用率与单作处理规律一致，也随钙肥施用量的增加而呈降低趋势，其中间作中间行 Ca3 处理的钙肥农学利用率、钙肥偏生产力及钙肥利用率显著低于 Ca2 处理，间作边行 Ca3 处理的钙肥农学利用率、钙肥偏生产力显著低于 Ca2 处理；说明单作、间作条件下均以施钙量为 300 kg/hm^2 的 Ca2 处理钙肥的利用率较高。再增加施钙量则不利于花生对钙肥的利用。②单作、间作中间行、间作边行，Ca2 处理钙素生产效率、钙肥农学利用率、钙肥偏生产力均较 Ca1 处理降低；间作条件下 Ca2 处理钙肥利用率降低幅度较单作明显减小。不同种植模式下 Ca2 处理的钙肥利用率与 Ca1 处理比较，则无显著降低，其中间作边行和单作略有增加趋势。说明适量施钙有利于花生钙肥利用率的维持，同时间作条件下适量施钙还较单作缓解了钙素生产效率、钙肥农学利用率、钙肥偏生产力的降低幅度。③由不同种植模式平均值分析得出，施钙明显降低了花生对钙素及钙肥的利用效率，其中 Ca3 处理的钙肥农学利用率和钙肥偏生产力较 Ca1 处理降低幅度达差异显著水平。由不同钙水平处理平均值分析得出，间作明显降低了花生钙素生产效率、钙肥农学利用率及钙肥偏生产力，其中钙素生产效率差异达显著水平（表 2-67）。

表 2-67 不同施钙量对玉米花生间作条件下花生钙肥利用率的影响

种植模式	钙肥处理	钙素生产效率 (kg/kg)	钙肥农学利用率 (kg/kg)	钙肥偏生产力 (kg/kg)	钙肥利用率 (%)
单作	Ca0	43.27a			
	Ca1	43.48a	2.22a	24.75a	4.88a
	Ca2	37.39b	1.66a	12.93b	8.50a
	Ca3	41.32ab	0.68b	8.19c	2.44a
间作中间行	Ca0	28.86a			
	Ca1	27.74ab	1.52a	11.97a	6.89a
	Ca2	25.44c	1.31a	6.54b	7.58a
	Ca3	26.23bc	0.52b	4.00c	3.17b
间作边行	Ca0	28.12a			
	Ca1	26.94a	1.04a	11.16a	5.51a
	Ca2	26.16a	1.00a	6.06b	5.19a
	Ca3	25.06a	0.39b	3.76c	3.06a
不同钙处理平均	MP	41.36a	1.52a	15.29a	5.27a
	MRIP	26.57b	0.81a	6.99a	4.59a
	ERIP	27.07b	1.11a	7.50a	5.88a
不同模式平均	Ca0	33.42a			
	Ca1	32.72a	1.59a	15.96a	5.76a
	Ca2	29.66a	1.32ab	8.51ab	7.09a
	Ca3	30.87a	0.53b	5.32b	2.89a

注：同列数据后不同字母表示在 0.05 水平上差异显著。

四、施钙对间作花生不同器官细胞结构的影响（山东济南）

1. 试验设计

同第二章第六节二、1. 试验设计。

2. 结果分析

（1）施钙对间作花生叶片气孔数量的影响。施钙和不施钙条件下，与单作比较，间作处理花生叶片上表皮单位面积气孔数目、气孔面积指数均显著降低，但其长度、宽度及气孔面积均无显著变化。相同种植模式下，施钙增加了花生叶片单位面积气孔数目，增大了其面积指数，而施钙对气孔的长度、宽度及气孔面积也无显著影响。间作施钙处理单位面积气孔数目、气孔大小及气孔面积指数均与单作不施钙处理差异不大。说明间作遮阴条件下，施钙缓解了遮阴对花生叶片气孔数量和面积指数的降低效应（图 2-30、表 2-68）。

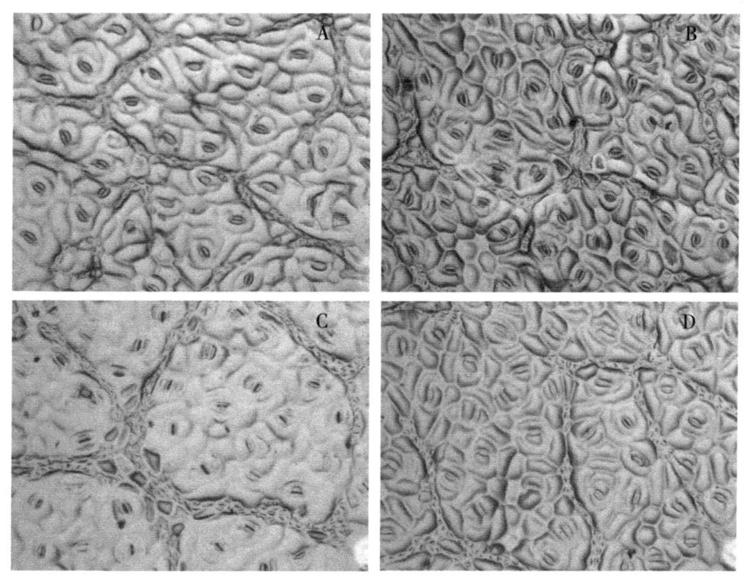

A—花生单作 Ca0 处理；B—花生单作 Ca300 处理；C—间作花生中间行 Ca0 处理；D—间作花生中间行 Ca300 处理。

图 2-30　施钙对间作遮阴条件下花生叶片气孔的影响

表 2-68　施钙对间作遮阴条件下花生叶片气孔数量及长宽的影响

种植模式	钙肥处理	气孔个数 (个/mm²)	气孔长度 (μm)	气孔宽度 (μm)	气孔面积 (μm²)	面积指数 (%)
花生单作	Ca0	337.90b	17.92a	9.49a	122.99a	3.66b
	Ca300	422.97a	16.53a	9.31a	113.24a	4.22a
花生间作中行	Ca0	267.01c	16.78a	9.56a	110.92a	2.61c
	Ca300	361.53b	16.34a	8.78a	112.83a	3.60b

注：同列数据后不同字母表示在 0.05 水平上差异显著。

（2）施钙对间作花生叶片细胞结构显微和超显微结构的影响。

①施钙对间作花生叶片细胞结构显微的影响。施钙和不施钙条件下，与

单作比较，间作遮阴使花生叶片厚度变薄，栅栏组织变得松散稀疏，内含物变少，染色较浅，其维管束数量也呈降低趋势，但其上、下表皮厚度、单个维管束的面积均无显著变化。相同种植模式下，施钙增加了花生叶片厚度、上下表皮合计厚度及维管束数目，而施钙对花生叶片上、下表皮厚度、宽度及单个维管束的面积无显著影响。间作施钙处理的花生叶片厚度、上下表皮合计厚度及维管束数目均与单作不施钙处理差异不大。进一步说明间作遮阴条件下，施钙缓解了遮阴对花生叶片厚度及叶片内维管束数量的负面影响（图 2-31、表 2-69）。

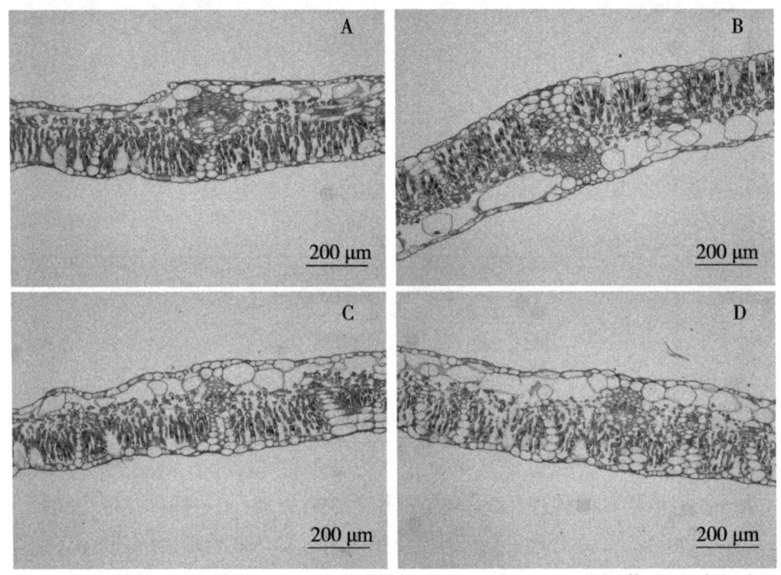

A—花生单作 Ca0 处理；B—花生单作 Ca300 处理；C—间作花生中间行 Ca0 处理；D—间作花生中间行 Ca300 处理。

图 2-31 施钙对间作遮阴条件下的花生叶片细胞结构的影响

表 2-69 不同处理下的花生叶片的解剖结构性状的比较

种植模式	钙肥处理	叶片厚度 (μm)	表皮厚度			维管束数目 (个)	单个维管束面积 (mm^2)
			上表皮 (μm)	下表皮 (μm)	合计 (μm)		
单作	Ca0	309.2b	29.9a	20.8a	50.7b	21.82ab	0.049a
	Ca300	348.5a	32.8a	20.6a	53.4a	25.94a	0.051a
间作中间行	Ca0	290.4b	30.2a	20.2a	50.3b	20.61b	0.041a
	Ca300	316.8ab	31.5a	19.9a	51.4ab	24.44ab	0.046a

注：同列数据后不同字母表示在 0.05 水平上差异显著。

②施钙对间作花生叶片细胞超微结构的影响。在花生单作条件下，花生叶肉细胞中的叶绿体分布在细胞壁附近，呈椭圆形或纺锤形。叶绿体紧密附着，空间小而丰富。叶绿体的内膜、外膜及类囊体结构正常，结构清晰，基粒或基质片层与叶绿体长轴平行排列。间作条件下，叶绿体被膜部分破损缺失，基粒片层模糊不清，质体和淀粉颗粒减少，叶绿体数量明显减少，细胞器结构遭到破坏。不施钙条件下，与单作比较，间作处理每个细胞的叶绿体数显著降低，叶绿体和淀粉粒均明显变小，嗜锇颗粒明显减少；施钙处理下，间作处理每个细胞的叶绿体数也显著降低，而叶绿体和淀粉粒大小与单作无明显差异，嗜锇颗粒明显减少。相同种植模式下，施钙增加了每细胞内叶绿体数目，增大了间作条件下叶绿体长度和宽度，对单作条件下叶绿体大小的影响不大；淀粉粒有明显变大趋势，嗜锇颗粒明显增多。间作施钙处理每细胞内叶绿体数目与大小、嗜锇颗粒数目与单作不施钙处理无明显差异。说明间作遮阴条件下，施钙部分缓解了遮阴对花生叶片细胞内叶绿体数量与大小的负面效应（图 2-32、表 2-70）。

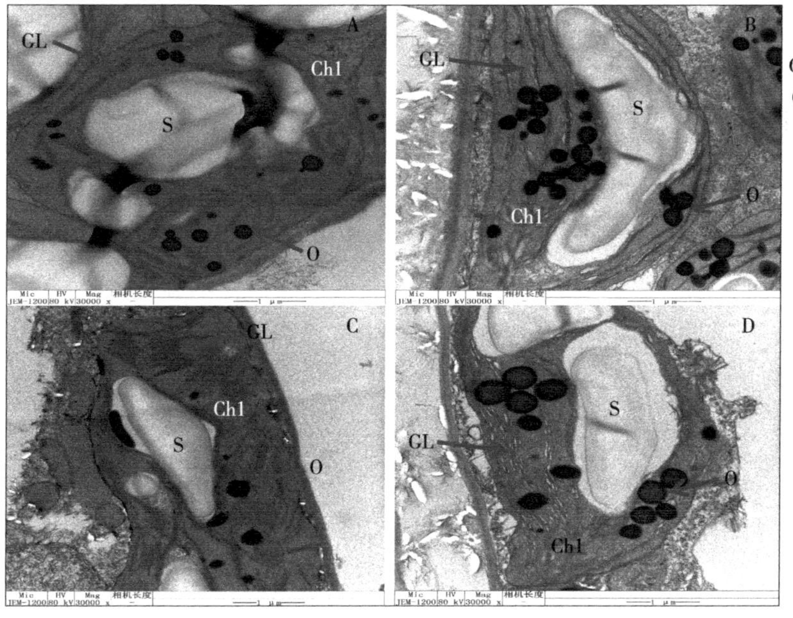

Chl—叶绿体
GL—基粒片层
O—嗜锇颗粒
S—淀粉粒

A—花生单作 Ca0 处理；B—花生单作 Ca300 处理；C—间作花生中间行 Ca0 处理；D—间作花生中间行 Ca300 处理。

图 2-32　施钙对间作花生叶片（倒 3 叶）叶绿体超微结构的影响
（视野为 15 000 倍观察图片）

表 2-70 施钙对间作花生叶片（倒 3 叶）叶绿体数目和形状的影响

种植模式	钙肥处理	每个细胞的叶绿体数（个）	叶绿体长度（μm）	叶绿体宽度（μm）
单作	Ca0	13.2b	6.6a	3.9a
	Ca300	14.6a	6.8a	3.6a
间作中间行	Ca0	12.2b	5.8b	2.9b
	Ca300	13.1b	6.7a	3.6a

注：同列数据后不同字母表示在 0.05 水平上差异显著。

（3）施钙对间作花生主茎细胞显微结构的影响。植物的茎是联系植株地上部、地下部营养物质运输的通道，间作、单作条件下，施钙处理的基部茎细胞壁出现木质化现象，且基部维管束排列紧密，维管束与维管束之间分界不明显。中部茎维管束数目各处理间表现为间作不施钙处理最少，单作施钙处理最多，但各处理差异未达显著水平。相同钙处理下，与间作比较，单作处理主茎表皮细胞形状规则，排列更紧密。相同种植模式下，施钙处理的主茎表皮细胞性状较规则，排列更紧密。间作遮阴导致花生主茎表皮细胞的变形及排列不整齐，而施钙则增强了主茎表皮细胞的抱合力，增强主茎的韧性，利于其抗倒伏能力的提高。相同钙处理下，间作遮阴减少了花生主茎维管束数目和单个维管束面积及总面积；相同种植模式下，施钙处理促进了茎维管束数目和面积的增加，维管束较不施钙处理更发达，改善了花生地上部营养运输状况，提高了“源”的供应能力，可促进花生生长发育及干物质和产量的形成。间作施钙处理的茎维管束数量与面积与单作不施钙处理持平，表明施钙缓解了间作遮阴对花生茎维管束数量和面积的负面影响（图 2-33、表 2-71）。

3. 结论

综合来看，施钙可提高间作条件下花生叶片光合生产能力和相关酶活性，提高抗氧化酶活性，延缓衰老，降低膜质过氧化程度，提高细胞膜和细胞结构的稳定性；缓解间作对花生植株形态、细胞结构、生长发育、生理及产量形成产生的不利影响，减小了钙素生产效率、钙肥农学利用率、钙肥偏生产力的降低幅度。本试验条件下，间作施 Ca 300 kg/hm^2 为最适宜施钙量。

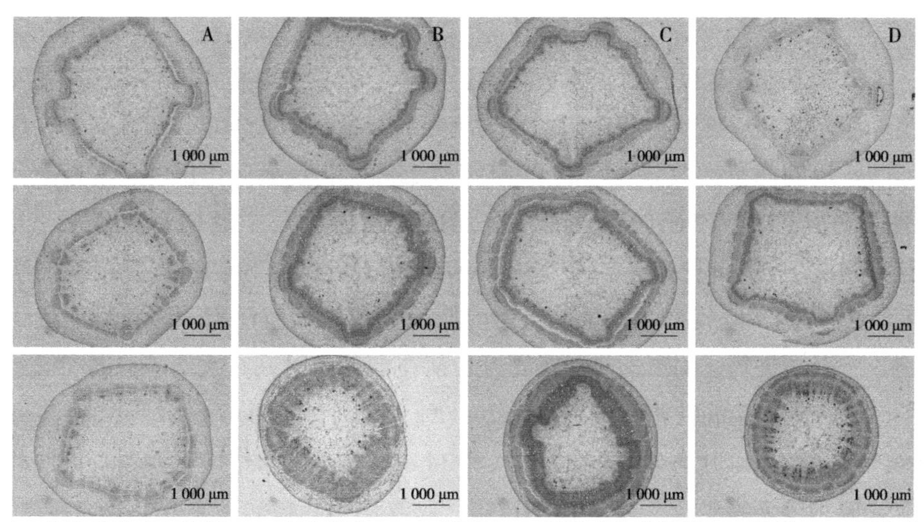

A—花生单作 Ca0 处理；B—花生单作 Ca300 处理；C—间作花生中间行 Ca0 处理；D—间作花生中间行 Ca300 处理。每列自下而上分别为基部茎横切、中部茎横切和顶部茎横切显微结构。

图 2-33　施钙对间作花生主茎不同部位显微结构的影响（20 倍）

表 2-71　不同处理花生主茎维管束差异

种植模式	钙肥处理	维管束数目(个)	单个维管束面积(mm^2)	维管束总面积(mm^2/单茎)
单作	Ca0	34.4ab	0.339ab	11.65b
	Ca300	36.0a	0.382a	13.74a
间作中间行	Ca0	33.6b	0.328b	11.03b
	Ca300	34.4ab	0.349ab	11.99b

注：同列数据后不同字母表示在 0.05 水平上差异显著。

第七节　玉米花生宽幅间作病虫害发生规律

一、间作对作物主要病害的影响（山东东营、泰安）

1. 试验设计

同第二章第四节二、1. 试验设计。

2. 结果分析

（1）玉米花生间作对玉米病害的影响。①玉米大斑病和锈病病害主要发生于灌浆期和成熟期，间作田的发病率和病情指数均低于单作田，其中大斑病间作田的病情指数分别降低 17.24% 和 25.00%，锈病间作田的病情指数分别降低 36.52% 和 31.50%。因 2015—2016 年玉米生长中后期锈病较重，尤其是 2015 年锈病发病尤为严重，玉米成熟期锈病成为主要病害，一定程度上影响了其他病害的发生，或因前期存在的症状被锈孢子掩盖而无法识别，所以小斑病、褐斑病和弯孢霉叶斑病主要调查时期在大喇叭口期和灌浆期。其中小斑病病情指数分别降低 20.00% 和 11.11%，褐斑病降低 15.38% 和 26.31%，弯孢霉叶斑病降低 22.43% 和 34.84%，说明间作田对大喇叭口期和灌浆期主要病害都有一定的抑制作用，对弯孢霉叶斑病抑制效果较为显著。②玉米茎腐病是发生于玉米茎基部的主要土传病害，多发生于乳熟后期，成熟期症状明显。调查结果显示，间作田对玉米茎腐病发病的影响最为显著，单作田的发病率高达 87.00%，而间作田的发病率为 50.00%，控制效果为 42.53%。综上所述，玉米花生间作模式对不同时期的玉米病害发生都有一定的降低作用，对玉米锈病和茎腐病的控制效果较为显著，均达到 30% 以上（表 2-72）。

表 2-72　2015—2016 年玉米花生间作对玉米不同时期主要病害发生情况的影响

病害		大喇叭口期		灌浆期		成熟期	
		间作田	单作田	间作田	单作田	间作田	单作田
大斑病	发病率 (%)	—	—	12.00	14.50	1.50	3.00
	病情指数	—	—	2.40	2.90	0.45	0.60
小斑病	发病率 (%)	2.00	2.50	12.00	13.50	—	—
	病情指数	0.40	0.50	2.40	2.70	—	—
锈病	发病率 (%)	—	—	61.50	100.00	99.50	100.00
	病情指数	—	—	36.50	57.50	59.20	83.80
褐斑病	发病率 (%)	5.50	6.50	7.50	9.00	—	—
	病情指数	1.10	1.30	1.40	1.90	—	—
弯孢霉叶斑病	发病率 (%)	46.50	53.50	44.50	65.50	—	—
	病情指数	8.30	10.70	10.10	15.50	—	—
茎腐病	病情指数	—	—	—	—	50.00	87.00

注：1. —表示此病害症状无表现。

2. 茎腐病调查未分级。

（2）玉米花生间作对花生病害的影响。间作模式对花生叶部病害具有一定的抑制作用，但抑制效果不如玉米病害显著。间作田对网斑病影响最大，间作田花生网斑病发病率较单作田降低了 10.99%（表 2-73）。

表 2-73　2015—2016 年玉米花生间作对不同时期花生主要叶部病害发生情况的影响

病害		大喇叭口期		灌浆期		成熟期	
		间作田	单作田	间作田	单作田	间作田	单作田
网斑病	发病率 (%)	—	—	0.80	0.60	15.00	19.09
	病情指数	—	—	0.26	0.20	3.40	3.82
黑斑病	发病率 (%)	—	—	16.20	16.80	99.09	99.00
	病情指数	—	—	3.30	3.48	52.91	53.40
褐斑病	发病率 (%)	2.10	2.00	24.30	26.40	47.00	49.09
	病情指数	0.42	0.40	5.76	6.16	23.60	25.64
焦斑病	发病率 (%)	—	—	—	—	14.09	16.00
	病情指数	—	—	—	—	2.97	3.20
黄花叶病	病情指数	—	—	—	—	52.73	62.00

注：1. —表示此病害症状无表现。
2. 黄花叶病调查未分级。

二、间作对作物主要虫害的影响（山东青岛）

1. 试验设计

试验于 2020—2021 年在山东省青岛市山东省花生研究所莱西试验站进行，种植模式分为玉米花生间作（M/P）3∶6 模式、花生单作、玉米单作 3 种方式。采用网室随机接虫（暗黑 5 000 头、铜绿 3 000 头）法进行蛴螬数量调查；昆虫收集方法为黄板诱集法、目测法、盘拍法、地陷诱集法。

2. 结果分析

地下害虫以蛴螬为主。花生田蛴螬以暗黑为主，而铜绿更喜欢玉米；间作带状种植田花生与单作田花生相比，减少了 52.6% 的蛴螬数量，其中暗黑减少了 59.8%，铜绿反而增加了 65%（表 2-74）。

表 2-74　3 种处理蛴螬数量比较

处理	暗黑 (头)	铜绿 (头)	总数 (头)	暗黑 (%)	铜绿 (%)
玉米 (单)	111	82	193	57.5	42.5
花生 (单)	664	83	747	88.9	11.1
间作 (总)	217	137	354	61.3	38.7
间作玉米 (折)	28	124	152	18.4	81.6
间作花生 (折)	189	13	202	93.6	6.5

通过田间系统调查，发现在花生蚜发生的两个高峰期，分别是 6 月底与 7 月底，间作花生蚜虫量显著低于花生单作。整体来看，间作带状种植显著减少了花生区蓟马的发生总量，其中 7 月 28 日与 8 月 10 日前后的蓟马发生量显著降低（图 2-34）。

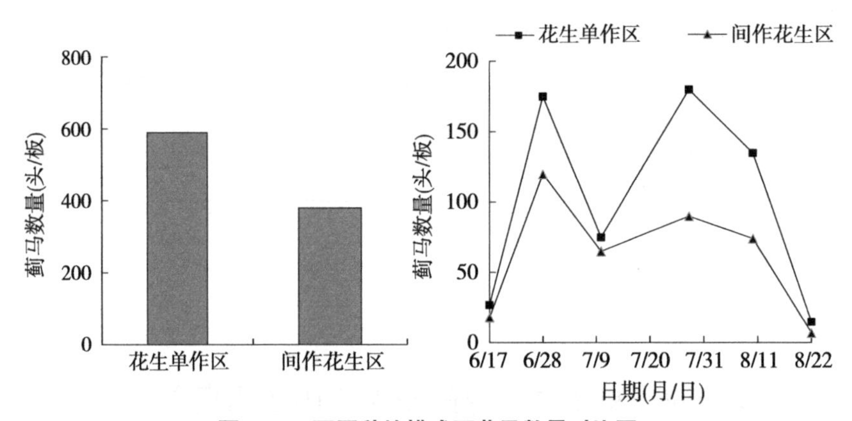

图 2-34　不同种植模式下蓟马数量对比图

第八节　玉米花生宽幅间作土壤微生态变化特征

一、玉米花生宽幅间作对土壤理化性质的影响

（一）间作对北方当季土壤酶活性变化的影响（山东东营、泰安）

1. 试验设计

同第二章第四节二、1. 试验设计。

2. 结果分析

碱性磷酸酶、蔗糖酶和过氧化氢酶这 3 种土壤酶的高低均与土壤生物活性的高低成正相关，而土壤的生物活性又与作物的抗逆性和抗病害能力有着密切联系。不同种植模式下的土壤酶活性中，间作的碱性磷酸酶、蔗糖酶和过氧化氢酶的活性均高于玉米单作和花生单作，分别比土壤酶活性较高的玉米单作提高了 25.93%、9.44% 和 47.07%，说明间作模式有利于土壤酶活性的增强，也代表着植物抗病性的增强（表 2-75）。

表 2-75　不同种植模式的土壤酶活性

种植模式	碱性磷酸酶 [nmol/(g · d)]	蔗糖酶 [mg/(g · d)]	过氧化氢酶 [μmol/(g · d)]
单作玉米	111.82b	53.72a	14.15b
单作花生	56.42c	17.80b	2.10c
花生玉米间作	140.82a	58.79a	20.81a

注：同列数据后不同字母表示在 0.05 水平上差异显著。

（二）间作对北方连作花生根际土壤化学性质的影响（山东日照）

1. 试验设计

试验于 2017—2019 年的 5—9 月在大田条件下进行，试验地点为山东省日照市莒县寨里河镇大门庄。试验地为连作花生 10 年的地块，棕壤土，地势平坦。耕层（0～20 cm）土壤 pH 值为 5.24、有机质含量 11.70 g/kg、全氮 0.11 g/kg、全磷 1.9 g/kg、全钾 22.84 g/kg、碱解氮 45.92 mg/kg、有效磷 30.76 mg/kg、速效钾 94.67 mg/kg。

供试花生品种为鲁花 11，玉米品种为郑单 958。花生播种前采用多菌灵可湿性粉剂（50%）加辛硫磷（50%）拌种，晾干后播种。

种植玉米单作（MM）、花生单作（PCC）及玉米花生间作 3 种模式，间作设置 4 种模式：玉米与花生行比 2∶4、3∶3、3∶4 和 4∶4，分别记作 M2P4、M3P3、M3P4、M4P4，共 6 个处理。花生采用起垄覆膜栽培，单作垄宽 85 cm，每垄 2 行，行距 35 cm，穴距 20 cm，每穴 2 粒，播深 4 cm；玉米单作行距 60 cm，株距 27.8 cm；间作玉米行距 50 cm，株距 25 cm；间作 M3P3 模式花生垄宽 120 cm，每垄 3 行，行距 35 cm，穴距 20 cm，花生出苗 45d，单作与间作花生统一喷施多效唑化控，其他模式间作花生种植规格同单作花生。花生、玉米单独施肥，均按照当地施肥标准：花生播种前基施有机肥 18 t/hm^2、氮（N）100 kg/hm^2、磷（P_2O_5）90 kg/hm^2、钾（K_2O）135 kg/hm^2，单作玉米播种前基施有机肥 0.6 t/hm^2、氮（N）90 kg/hm^2、磷（P_2O_5）48 kg/hm^2、钾（K_2O）102 kg/hm^2。花生不追肥，玉米在大喇叭口期追施尿素 300 kg/hm^2。间作玉米、花生单株施肥量均与单作一致。

试验采用大区设置，每个处理 4 个带宽，长度 15 m，南北种植。次年玉米带和花生带互换继续种植。2017 年 5 月 4 日播种，玉米于 8 月 29 日收获，花生于 9 月 17 日收获；2018 年 5 月 5 日播种，玉米于 8 月 31 日收获，花生于 9 月 15 日收获。田间管理同其他高产田。4 种间作模式如图 2-35 所示。

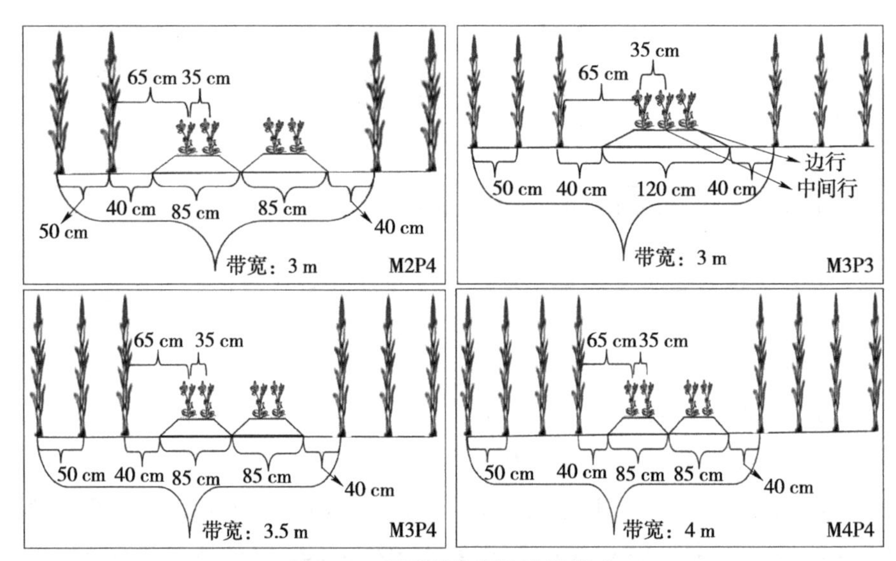

图 2-35 玉米花生间作种植模式

分别于花生开花下针期（FP）、结荚期（PS）、饱果期（PF）和成熟期（HS）取花生根际土样，取样时采用抖土法：将花生根系从土壤中挖出，抖落与根系松散结合的土体，然后将与根系紧密结合的根表土刷下来作为根际土样，每次取样各处理随机取 9 个点，每点 2 穴花生，即每 3 个点的花生根际土混合均匀为 1 个重复，立即装入封口袋中置于 4 ℃保温盒中暂存，带回实验室后立即进行酚酸物质的提取及有关指标测定。

2. 结果分析

（1）对连作花生根际土壤酶活性的影响。

①对脲酶（UE）活性的影响。土壤 UE 活性与土壤氮循环关系密切，参

与有机氮转变为无机氮的反应过程，为植物的生长提供可利用氮。从开花下针期到收获期，各处理花生根际土壤 UE 活性呈降低的趋势。与花生连作相比，不同间作模式边行花生根际土壤 UE 活性显著增加，且间作模式 M3P3、M3P4 和 M4P4 高于 M2P4，但三者之间差异不大。4 个时期间作花生边行根际土壤 UE 活性比连作花生平均增加 44.21%、40.05%、38.27% 和 36.25%。不同间作模式中间行花生根际土壤 UE 活性也显著高于连作花生，但低于边行。从开花下针期到收获期，不同间作模式中间行花生根际土壤 UE 活性比连作花生分别平均增加了 37.42%、35.21%、32.89% 和 30.38%。总体上间作对距离玉米较近的互作行花生根际土壤 UE 活性的影响较大；不同时期以开花下针期花生根际土壤 UE 活性所受影响较大（图 2-36）。

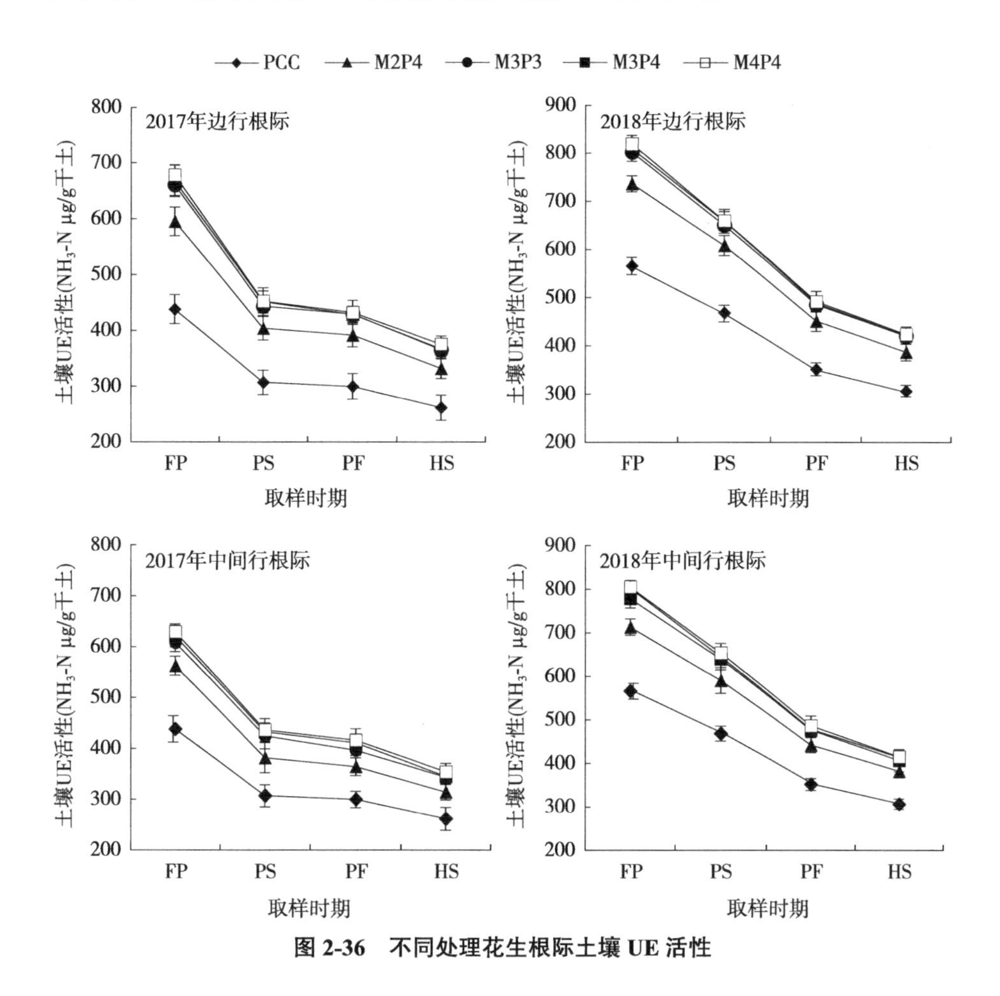

图 2-36　不同处理花生根际土壤 UE 活性

②对酸性磷酸酶（ACP）活性的影响。土壤 ACP 有助于将土壤中的有机磷转变为无机磷，与土壤磷素循环密切相关。从开花下针期到收获期，各处理花生根际土壤 ACP 活性呈逐渐降低的趋势。不同间作模式均显著增加了花生根际土壤 ACP 活性，以开花下针期间作花生根际土壤 ACP 活性增幅最大，M2P4、M3P3、M3P4 和 M4P4 边行花生根际花生分别比连作花生平均增加 34.79%、52.79%、53.55% 和 59.50%；与连作花生相比，在开花下针期，间作花生中间行根际土壤 ACP 活性分别平均增加 29.83%、45.03%、43.39% 和 45.10%。整体上间作模式 M3P3、M3P4 和 M4P4 边行花生根际土壤 ACP 活性均显著高于 M2P4（图 2-37）。

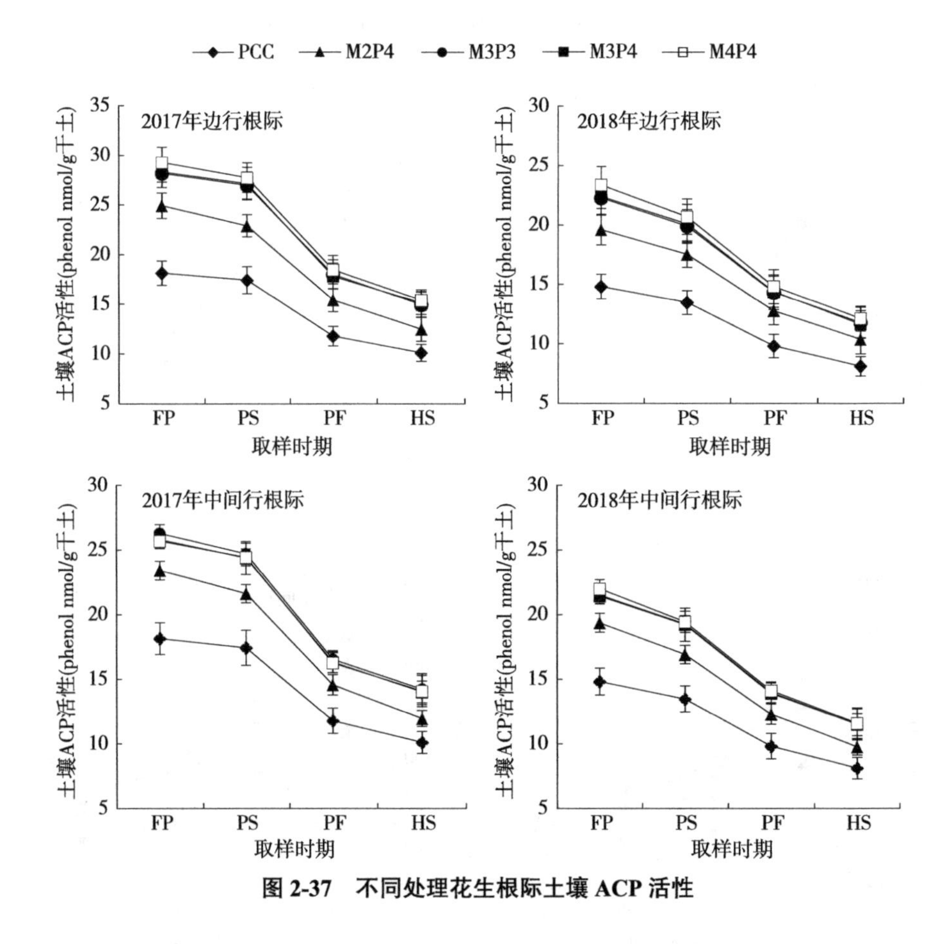

图 2-37　不同处理花生根际土壤 ACP 活性

③对蔗糖酶（SC）活性的影响。土壤 SC 是土壤碳循环过程中的一种重要的酶，SC 活性与土壤中可溶性养分的含量呈正相关。从开花下针期到收获

期，各处理花生根际土壤SC活性呈单峰曲线变化，以饱果期活性最强。不同间作模式均显著增加了花生根际土壤SC活性。M3P3、M3P4和M4P4边行花生根际土壤SC活性均显著高于M2P4，但三者之间差异不显著。间作花生边行根际土壤SC活性比连作花生平均增加46.10%、44.13%、38.66%和34.90%。与连作花生相比，间作花生中间行根际土壤SC活性分别平均增加31.72%、29.16%、23.30%和20.61%（2017年）；交换种植带后，间作花生中间行比连作花生分别平均增加41.06%、37.88%、35.31%和27.78%（2018年）。随着间作玉米行数的增加，不同间作模式花生根际土壤SC活性增幅变大，以边行花生增幅较大；不同时期以开花下针期增幅最大（图2-38）。

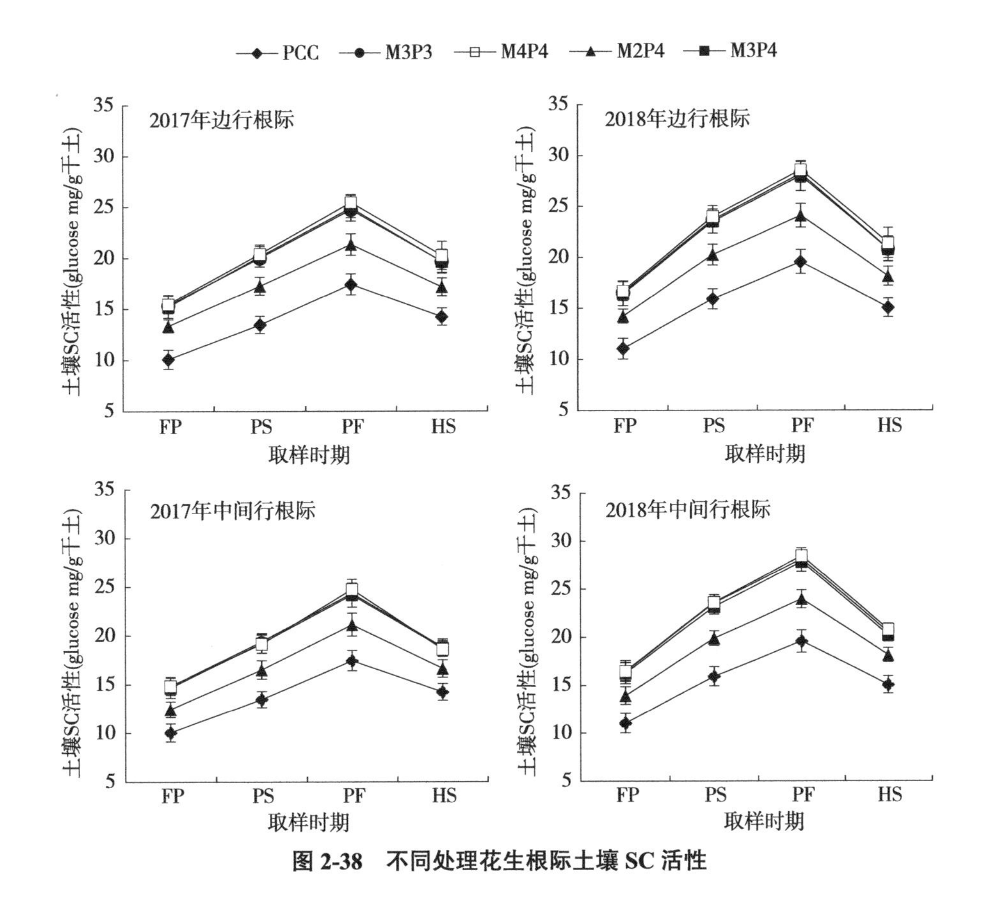

图2-38　不同处理花生根际土壤SC活性

④对过氧化氢酶（CAT）活性的影响。土壤CAT可促进过氧化氢的分解，有利于防止过氧化氢对生物体的毒害作用，其活性与土壤有机质含量和微生物数量也有关。从开花下针期到收获期，各处理花生根际土壤CAT活性

呈逐渐降低的趋势。不同间作模式均显著增加了花生根际土壤 CAT 活性。其中，M3P3、M3P4 和 M4P4 边行花生土壤 CAT 活性均显著高于 M2P4。间作花生边行根际土壤 CAT 活性比连作花生平均增加 42.52%、41.07%、36.42% 和 32.67%。与连作花生相比，间作花生中间行根际 CAT 活性分别平均增加 31.33%、29.56%、28.15% 和 26.86%；次年交换种植带后，间作花生中间行比连作花生分别平均增加 39.53%、37.52%、33.61% 和 30.57%。间作玉米行数越多，花生根际土壤 CAT 活性增幅越大，以边行花生增幅大于中间行；玉米带与花生带互换后，有利于增加中间行根际土壤 CAT 活性（图 2-39）。

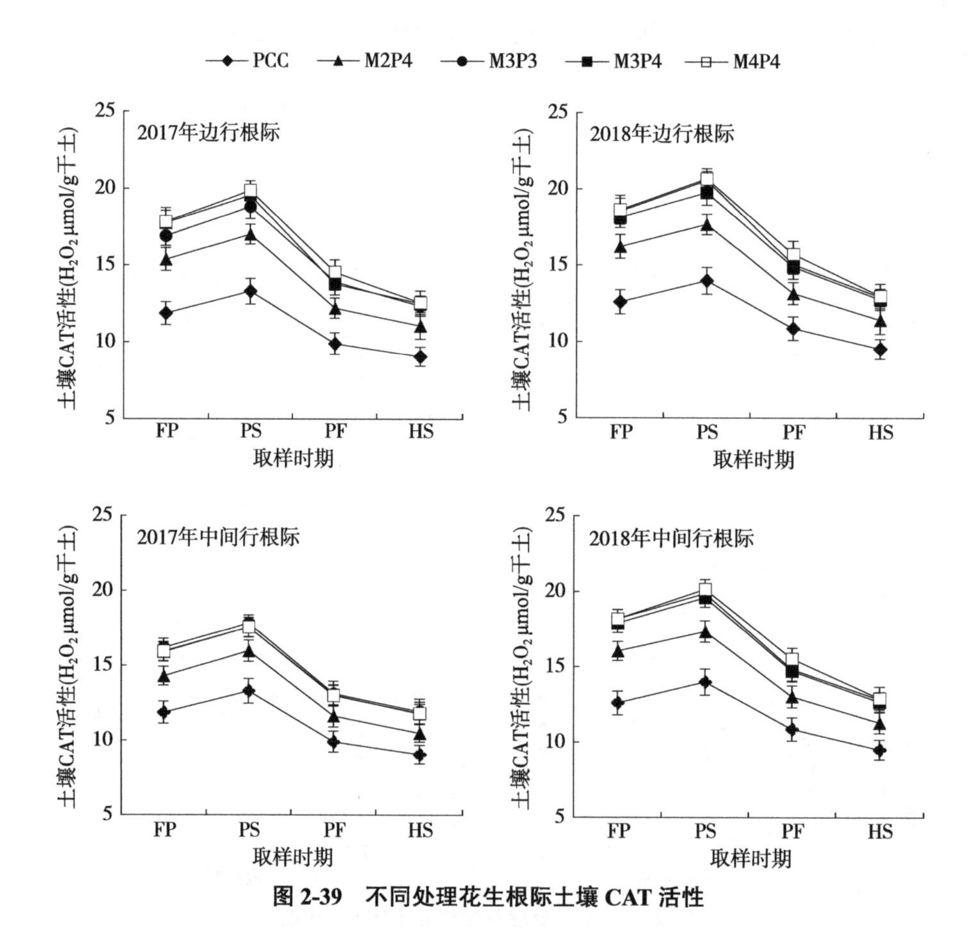

图 2-39 不同处理花生根际土壤 CAT 活性

⑤对 β-葡萄糖苷酶（β-GC）活性的影响。土壤 β-GC 存在于细菌和真菌等微生物中，是纤维素分解酶系中一类重要的水解酶类。与花生根际土壤 CAT 活性规律一致，各处理花生根际土壤 β-GC 活性呈先升高后降低的趋势，在结

荚期达到最大。M3P3、M3P4和M4P4花生根际土壤β-GC活性均显著高于M2P4，但三者之间差异不显著。从开花下针期到收获期，间作花生边行根际土壤β-GC活性比连作花生平均增加39.20%、37.43%、35.36%和33.47%；中间行比连作花生分别平均增加33.70%、29.93%、28.95%和28.47%（2017年）。交换种植带后，与连作花生相比，间作花生边行根际土壤β-GC活性分别平均增加43.08%、41.64%、37.99%和36.67%；中间行分别平均增加40.71%、38.74%、35.99%和35.14%（2018年）。不同间作模式对距离玉米较近的边行花生根际土壤β-GC活性影响较大；玉米带与花生带互换后，有利于增加中间行根际土壤β-GC活性含量；不同取样时期以开花下针期所受影响较大（图2-40）。

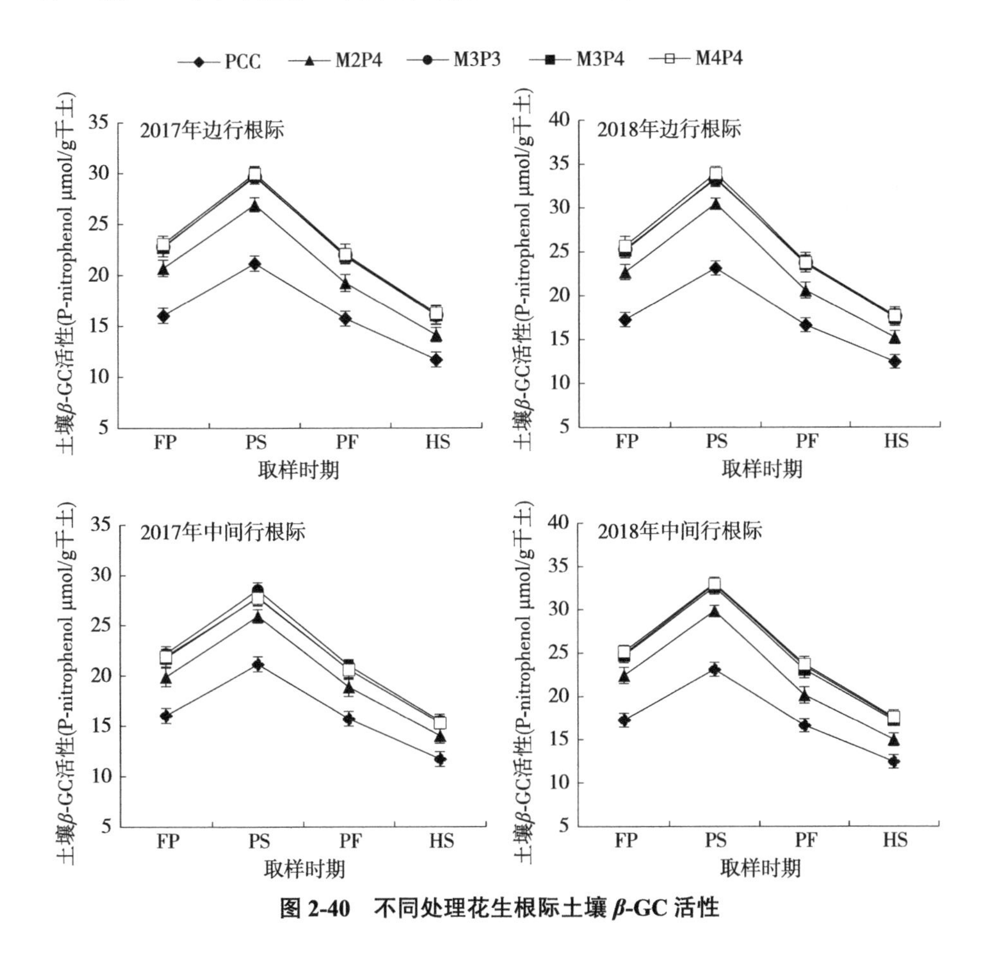

图2-40　不同处理花生根际土壤β-GC活性

（2）对连作花生根际土壤养分含量的影响。

①对碱解氮（AN）含量的影响。从开花下针期到收获期，各处理花生

根际土壤 AN 含量呈降低的趋势。与花生连作相比，不同间作模式边行花生根际土壤 AN 含量均显著增加，各时期间作花生边行根际土壤 AN 含量比连作花生平均增加 25.91%、24.87%、23.47% 和 18.57%。不同间作模式中间行花生根际土壤 AN 含量也显著高于连作花生，但低于边行。从开花下针期到收获期，玉米与花生换带前，不同间作模式中间行花生根际土壤 AN 含量比连作花生分别平均增加了 17.99%、16.93%、14.47% 和 12.58%（2017 年）。次年换带后，不同间作模式中间行花生根际土壤 AN 含量分别平均增加了 21.03%、19.95%、19.26% 和 16.32%（2018 年）。各时期 M2P4、M3P3、M3P4 和 M4P4 下花生根际土壤 AN 含量之间均不存在差异显著性。间作对连作花生根际土壤 AN 含量的影响表现：边行＞中间行，开花下针期＞结荚期＞饱果期＞成熟期（图 2-41）。

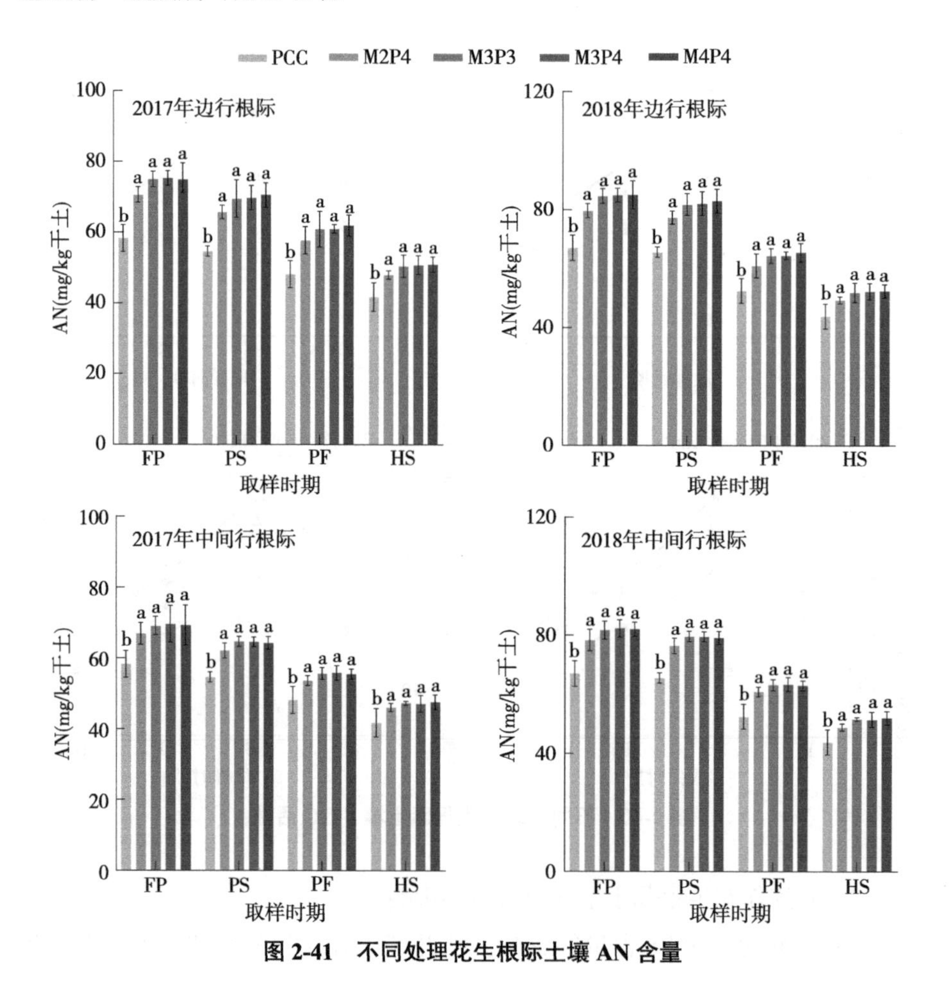

图 2-41　不同处理花生根际土壤 AN 含量

②对有效磷（AP）含量的影响。各处理各时期花生根际土壤 AP 含量呈先升高后降低的趋势，在结荚期达到峰值。不同间作模式均显著增加了花生根际土壤 AP 含量。从开花下针期到收获期，间作花生边行根际土壤 AP 含量比连作花生平均增加 28.35%、26.54%、25.99% 和 24.38%。与连作花生相比，间作花生中间行根际 AP 含量分别平均增加 19.23%、18.26%、17.71% 和 16.31%；交换种植带后，间作花生中间行比连作花生分别平均增加 25.33%、22.86%、22.28% 和 20.82%。整体上间作玉米行数越多，间作花生根际土壤 AP 含量增幅越大，以边行花生增幅较大；不同时期以开花下针期增幅最大；玉米带与花生带互换后，有利于增加中间行根际土壤 AP 含量（图 2-42）。

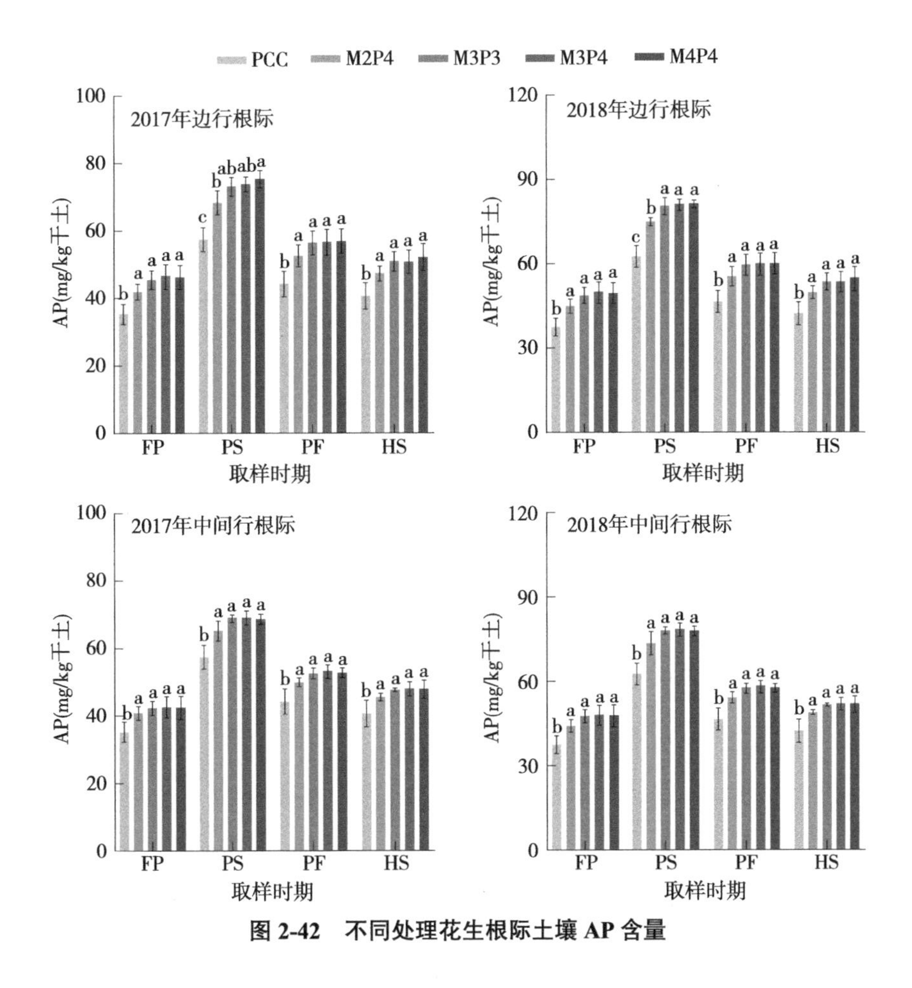

图 2-42　不同处理花生根际土壤 AP 含量

③对速效钾（AK）含量的影响。各处理各时期花生根际土壤 AK 含量呈

先升高后降低的趋势，在结荚期达到最大。不同间作模式均显著增加了花生根际土壤 AK 含量，但 M2P4、M3P3、M3P4 和 M4P4 之间均不存在差异显著性。从开花下针期到收获期，间作花生边行根际土壤 AK 含量比连作花生平均增加 25.43%、19.29%、18.24% 和 15.52%；中间行比连作花生分别平均增加 16.11%、15.31%、15.15% 和 14.04%（2017 年）。交换种植带后，与连作花生相比，间作花生边行根际土壤 AK 含量分别平均增加 27.89%、22.42%、18.65% 和 17.90%；中间行分别平均增加 20.52%、19.42%、18.44% 和 17.27%（2018 年）。不同间作模式对距离玉米较近的边行花生根际土壤 AK 含量影响较大；玉米带与花生带互换后，有利于增加中间行根际土壤 AK 含量；不同取样时期以开花下针期所受影响较大（图 2-43）。

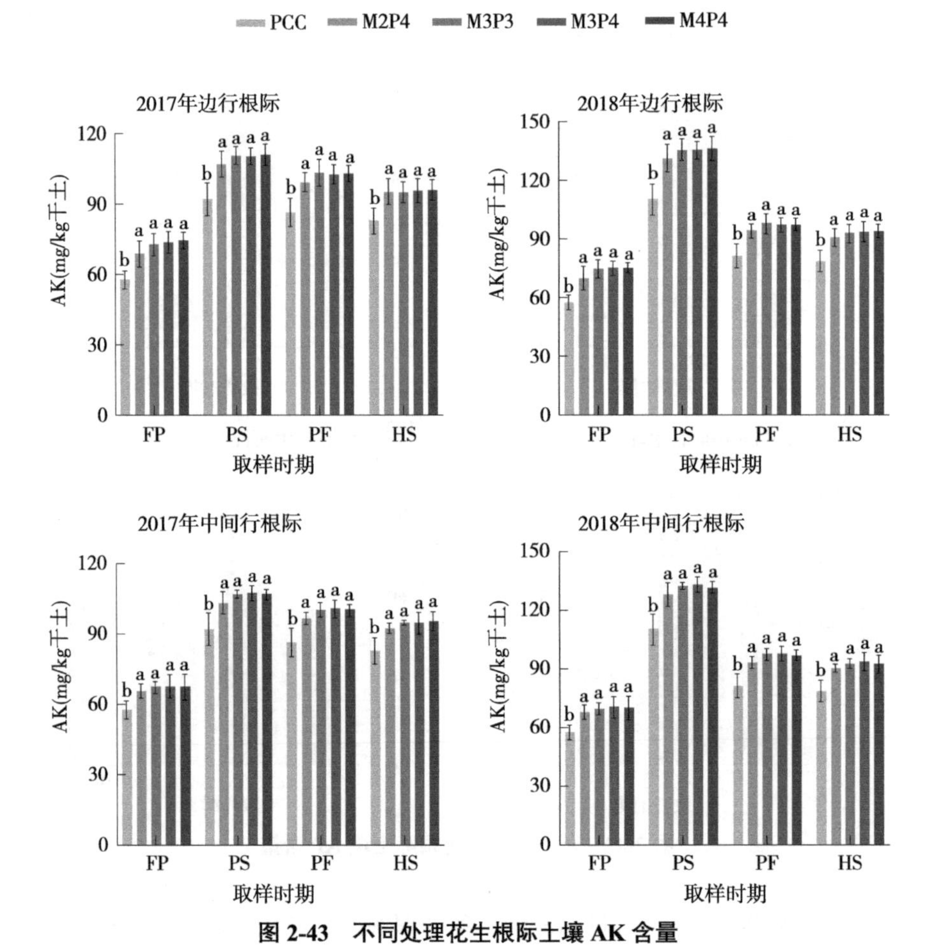

图 2-43 不同处理花生根际土壤 AK 含量

④对有效铁（AI）含量的影响。随着花生生育期的推迟，各处理花生根际土壤 AI 含量呈先升高后降低的趋势，以结荚期最高。各时期不同间作模式均在一定程度上增加了花生根际 AI 含量，其中开花下针期和结荚期达到差异显著性，但不同间作模式之间差异不显著。各生育期 M2P4、M3P3、M3P4 和 M4P4 花生边行根际土壤 AI 含量比连作花生平均增加 17.98%、17.49%、16.95% 和 6.77%。玉米与花生换带前，与连作花生相比，间作花生中间行根际 AI 含量分别平均增加 14.66%、12.07%、7.10% 和 3.00%；交换种植带后，间作花生中间行比连作花生分别平均增加 14.61%、13.04%、5.26% 和 4.31%。间作玉米行数越多，增幅越大，以边行花生增幅较大；玉米带与花生带互换前后中间行花生根际土壤 AI 含量变化不大（图 2-44）。

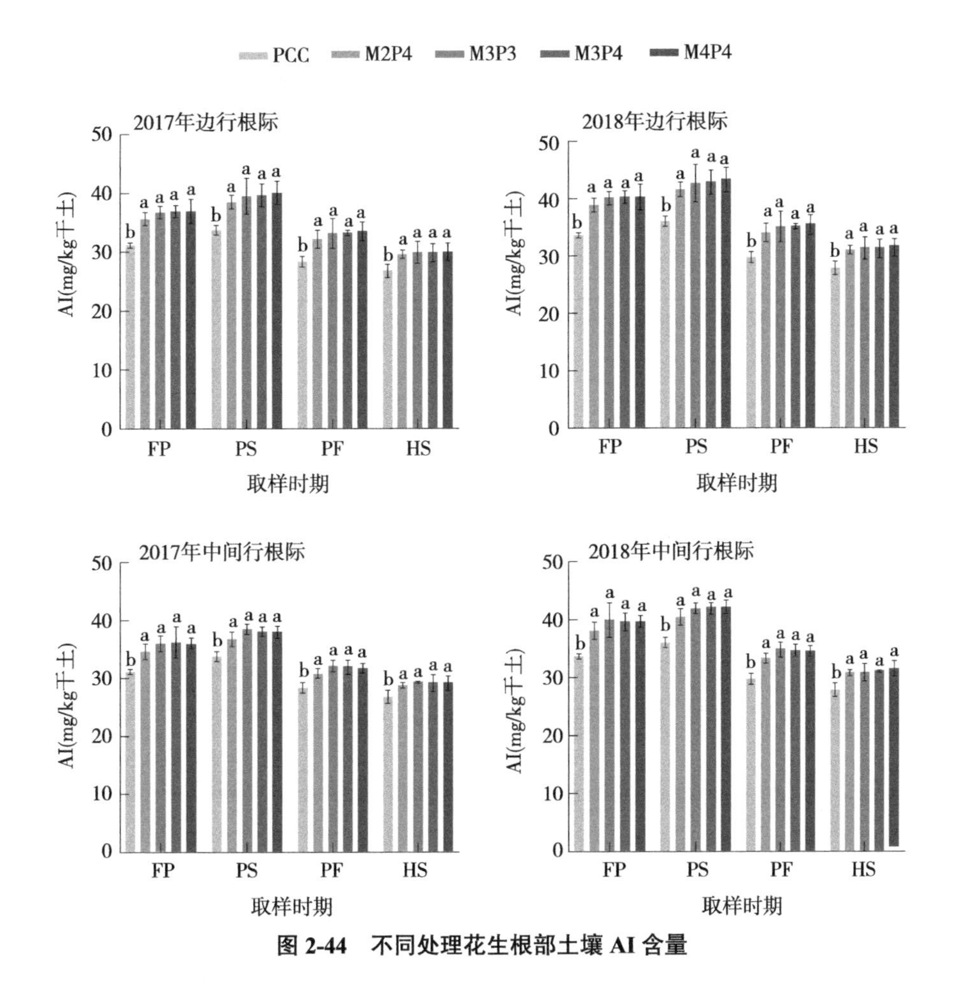

图 2-44　不同处理花生根部土壤 AI 含量

（3）土壤酶活性与土壤养分含量的相关关系。土壤 UE 活性与 AN 含量和 AI 含量呈正相关关系；土壤 ACP 与 AN 和 AI 含量呈正相关关系；土壤 SC 与 AP 和 AK 含量呈正相关关系；土壤 CAT 活性和土壤 *β*-GC 活性与土壤 AN、AP、AK 和 AI 均呈正相关关系。说明间作可通过增加花生根际土壤酶活性增加根际有效养分含量（表 2-76）。

表 2-76　土壤酶活性与土壤养分含量的相关关系

	UE	ACP	SC	CAT	*β*-GC	AN	AP	AK	AI
UE		0.951**	−0.093	0.836**	0.770**	0.935**	0.095	−0.076	0.819**
ACP			−0.069	0.894**	0.851**	0.957**	0.215	0.047	0.883**
SC				0.189	0.285*	−0.057	0.674**	0.705**	0.069
CAT					0.942**	0.856**	0.515**	0.358**	0.912**
β-GC						0.837**	0.620**	0.467**	0.940**
AN							0.213	0.036	0.902**
AP								0.930**	0.506**
AK									0.350*
AI									

注：* 和 ** 分别表示数据在 0.05 和 0.01 水平上差异显著。

3. 结论

不同间作模式均增加了连作花生根际土壤酶活性和土壤养分含量。间作不同时期对花生根际土壤理化性质的影响表现为开花下针期＞结荚期＞饱果期＞收获期；间作对不同位置花生根际土壤的影响表现为边行＞中间行。随着间作玉米行数的增加，花生土壤酶活性增幅变大，M3P3、M3P4 和 M4P4 高于 M2P4，但不同间作模式下花生根际土壤有效养分含量之间差异不大。玉米与花生换带种植一定程度上增加了中间行花生根际土壤酶活性、碱解氮、有效磷和速效钾含量，但对有效铁含量影响不大。

（三）间作对南方花生根际土壤化学性质的影响（广西南宁）

1. 试验设计

供试玉米品种为桂单 0810，花生品种为桂花 836。在广西壮族自治区农业科学院武鸣里建科研基地进行田间试验，供试土壤为酸性红壤土。

2019年3月5日，同时种植玉米和花生，以玉米、花生单作为对照，以玉米花生间作为处理进行田间试验。单作花生，采用80 cm包沟起垄，在垄面上种植2行花生、行距30 cm，株距为16.5 cm，每穴双粒；单作玉米，采用70 cm等行距种植玉米，株距27 cm；玉米间作花生，采用行比2∶4模式，带宽2 m，玉米行距40 cm，玉米宽行间起低畦种植4行花生，边行花生与邻近的玉米行距为50 cm，间作花生窄行距30 cm、宽行距40 cm，间作玉米、花生的株距与单作种植相同。试验设计3个重复，小区面积为48 m^2（6 m×8 m）。

2. 结果分析

（1）对根际土壤养分含量的影响。间作玉米根际土壤全氮、碱解氮、有效磷、速效钾分别比单作玉米增长了10.71%、12.85%、176.74%和29.94%，差异均达到显著水平；全磷、全钾、有机质和pH值在单作玉米和间作玉米处理间差异不显著。间作花生根际土壤全氮、碱解氮、有效磷、pH值显著高于单作花生处理，分别比单作花生增长了8.68%、6.99%、33.33%和14.37%，全钾和速效钾含量在间作花生和单作花生处理中差异不显著。可见，间作可显著增加根际土壤全氮、碱解氮和有效磷含量，进而达到提高土壤肥力的效果（表2-77）。

表2-77　玉米间作花生对根际土壤养分含量的影响

种植模式	全氮(g/kg)	全磷(g/kg)	全钾(g/kg)	碱解氮(mg/kg)	有效磷(mg/kg)	速效钾(mg/kg)	有机质(mg/kg)	pH值
单作花生	0.149±0.003c	0.110±0.003ab	0.605±0.010a	124.000±2.000b	36.000±5.000b	276.667±28.868a	23.133±1.498a	5.103±0.200b
单作玉米	0.159±0.003bc	0.092±0.009b	0.565±0.031a	119.333±4.619b	14.333±4.509c	118.000±5.000c	24.533±1.966a	5.710±0.226a
间作玉米	0.176±0.002a	0.097±0.015b	0.554±0.032a	134.667±4.041a	39.667±4.509ab	153.333±9.292b	24.833±1.210a	5.847±0.104a
间作花生	0.162±0.012b	0.117±0.005a	0.570±0.028a	132.667±2.309a	48.000±6.000a	246.000±11.790a	25.600±0.781a	5.837±0.170a

注：1. 数值为平均值 ± 标准误（n=3）。

2 同列数据后不同字母表示在0.05水平上差异显著。

（2）对不同根际土壤酶活性的影响。间作玉米根际土壤脲酶和酸性磷酸酶活性显著高于单作玉米，分别比单作玉米增加了37.36%和93.14%；间作玉米根际土壤过氧化氢酶和蔗糖酶活性分别比单作玉米减少了6.81%、

0.38%，但其与单作玉米差异不显著。间作花生根际土壤脲酶、蛋白酶、蔗糖酶和酸性磷酸酶分别比单作花生增长了 8.68%、43.50%、61.03% 和 35.93%，其中间作花生的脲酶和酸性磷酸酶活性与单作花生处理的差异显著；而间作花生处理的过氧化氢酶活性比单作花生处理减少了 17.67%，但其差异不显著。可见，间作显著提高玉米、花生根际土壤脲酶和酸性磷酸酶活性（表 2-78）。

表 2-78　玉米/花生间作对根际土壤酶活性的影响

种植模式	脲酶 (IU/L)	蛋白酶 (U/L)	过氧化氢酶 (IU/L)	蔗糖酶 (U/L)	酸性磷酸酶 (U/L)
单作花生	2.997±0.121b	14.416±4.620a	17.742±2.310a	0.884±0.424b	1.540±0.200b
单作玉米	2.257±0.161c	15.988±5.924a	16.956±2.962a	1.708±0.077a	0.907±0.167c
间作玉米	3.100±0.099ab	18.297±0.600a	15.801±0.300a	1.701±0.029a	1.751±0.056b
间作花生	3.258±0.103a	20.688±0.507a	14.606±0.254a	1.424±0.516ab	2.093±0.170a

注：同列数据后不同字母表示在 0.05 水平上差异显著。

（3）对土壤微生物的影响。土壤养分改良、酶活性变化与土壤微生物数量和种类有关。间作玉米的细菌、真菌、放线菌、微生物总数及微生物多样性指数分别单作玉米提高了 37.34%、34.33%、58.82%、38.21% 和 3.44%，其中间作玉米的细菌和微生物总数与单作玉米的差异呈显著水平。间作花生根际土壤细菌、放线菌、微生物总数比分别单作花生增加了 13.13%、9.37% 和 12.20%，而间作花生根际土壤真菌和微生物多样性指数分别比单作花生降低了 0.92% 和 4.05%，间作花生根际微生物数量及微生物多样性指数和单作花生处理的差异均不显著。表明间作可显著增加玉米根际土壤细菌和微生物总数量，但对花生根际土壤微生物数量的影响不明显（表 2-79）。

（4）根际土壤生态环境指标相关性分析。为了深入解析间作条件下土壤养分、酶和微生物等共 16 个指标的变化规律，对其进行了生态环境因子相关分析。结果表明，有效磷含量与脲酶活性和酸性磷酸酶活性呈极显著正相关（$P<0.01$），脲酶和酸性磷酸酶活性呈显著正相关（$P<0.05$），真菌和放线菌含量显著正相关（$P<0.05$）。而土壤全钾含量和 pH 值、蔗糖酶呈显著负相关（$P<0.05$），蛋白酶和过氧化氢酶呈极显著负相关（$P<0.01$）。其他指标相关性不显著（表 2-80）。

表 2-79　玉米花生间作对不同根际土壤微生物的影响

种植模式	细菌 (10^5 cfu/g)	真菌 (10^3 cfu/g)	放线菌 (10^5 cfu/g)	微生物总数 (10^5 cfu/g)	多样性指数
单作花生	13.333±1.155c	36.417±2.930a	2.667±0.722ab	16.364±1.615c	0.544±0.047a
单作玉米	32.583±10.867b	24.194±6.247a	1.417±0.289b	34.242±10.657b	0.225±0.08b
间作玉米	44.750±5.238a	32.500±10.500a	2.250±0.250ab	47.325±5.38a	0.233±0.016b
间作花生	15.083±1.377c	36.083±2.754a	2.917±1.155a	18.361±0.223c	0.522±0.104a

注：同列数据后不同字母表示在 0.05 水平上差异显著。

表 2-80　玉米花生间作条件下土壤生态因子的相关性分析

生态因子	全氮	全磷	全钾	碱解氮	有效磷	速效钾	有机质	pH	脲酶	蛋白酶	过氧化氢酶	蔗糖酶	酸性磷酸酶	细菌	真菌	放线菌
全氮	1	−0.334	−0.890	0.721	0.258	−0.543	0.663	0.821	0.255	0.625	−0.625	0.771	0.318	0.799	−0.120	−0.104
全磷		1	0.487	0.380	0.790	0.912	0.099	−0.237	0.755	0.380	−0.380	−0.639	0.775	−0.824	0.864	0.932
全钾			1	−0.423	0.065	0.771	−0.795	−0.956*	0.106	−0.622	0.622	−0.969*	−0.031	−0.783	0.475	0.402
碱解氮				1	0.855	0.188	0.562	0.498	0.851	0.765	−0.765	0.185	0.879	0.210	0.590	0.613
有效磷					1	0.665	0.312	0.099	0.993**	0.619	−0.619	−0.306	0.993**	−0.313	0.906	0.934
速效钾						1	−0.312	−0.599	0.674	−0.006	0.006	−0.891	0.603	−0.855	0.895	0.887
有机质							1	0.937	0.223	0.939	−0.939	0.701	0.424	0.253	−0.095	0.064
pH								1	0.031	0.804	−0.804	0.897	0.209	0.568	−0.331	−0.211
脲酶									1	0.541	−0.541	−0.349	0.973*	−0.282	0.925	0.930
蛋白酶										1	−1.000**	0.459	0.710	0.077	0.252	0.396

（续）

生态因子	全氮	全磷	全钾	碱解氮	有效磷	速效钾	有机质	pH	脲酶	蛋白酶	过氧化氢酶	蔗糖酶	酸性磷酸酶	细菌	真菌	放线菌
过氧化氢酶											1	−0.459	−0.710	−0.077	−0.252	−0.396
蔗糖酶												1	−0.211	0.799	−0.677	−0.607
酸性磷酸酶													1	−0.281	0.854	0.902
细菌														1	−0.560	−0.614
真菌															1	0.980*
放线菌																1

注：* 和 ** 分别表示数据在 0.05 和 0.01 水平上差异显著。

（5）根际土壤环境因子主成分分析。

①在相关分析的基础上，采用 SPSS25.0 软件对间作条件下根际土壤全氮、全磷、全钾、碱解氮、有效磷、速效钾、有机质、pH、脲酶、蛋白酶、过氧化氢酶、蔗糖酶、酸性磷酸酶、细菌、真菌和放线菌数量共 16 个指标进行主成分分析（表 2-81）。采用分析—降维—因子方法发现获得 3 个主成分，解析贡献率分别为 48.981%、43.617% 和 7.402%，总贡献率为 100%。第 1 主成分主要由放线菌、真菌、有效磷等组成。第 2 主成分主要为有机质和 pH，第 3 主成分主要是总氮和细菌。

表 2-81　主成分分析总方差分析表

成分	初始特征值			提取载荷平方和		
	总计	方差百分比 (%)	累积 (%)	总计	方差百分比 (%)	累积 (%)
1	7.837	48.981	48.981	7.837	48.981	48.981
2	6.979	43.617	92.598	6.979	43.617	92.598
3	1.184	7.402	100.000	1.184	7.402	100.000
4	7.228E-16	4.518E-15	100.000			
5	3.288E-16	2.055E-15	100.000			
6	2.728E-16	1.705E-15	100.000			
7	2.061E-16	1.288E-15	100.000			
8	1.239E-16	7.744E-16	100.000			
9	−3.500E-17	−2.188E-16	100.000			
10	−9.570E-17	−5.981E-16	100.000			
11	−1.782E-16	−1.114E-15	100.000			
12	−2.760E-16	−1.725E-15	100.000			
13	−3.470E-16	−2.169E-15	100.000			
14	−7.174E-16	−4.484E-15	100.000			
15	−1.024E-15	−6.400E-15	100.000			
16	−2.687E-15	−1.679E-14	100.000			

提取方法：主成分分析法。

②将 16 个指标成分矩阵主成分得分除以提取载荷获得载荷矩阵（表 2-82），获得 3 个主成分得分的计算方程：

$$Y_1=-0.021X_1+0.334X_2+0.122X_3+0.231X_4+0.339X_5+0.307X_6+0.049X_7-0.050X_8+0.335X_9+0.165X_{10}-0.165X_{11}-0.197X_{12}+0.331X_{13}-0.213X_{14}+0.345X_{15}+0.356X_{16}$$

$$Y_2=0.348X_1-0.065X_2-0.356X_3+0.257X_4+0.104X_5-0.192X_6+0.342X_7+0.367X_8+0.085X_9+0.316X_{10}-0.316X_{11}+0.315X_{12}+0.139X_{13}+0.230X_{14}-0.059X_{15}-0.025X_{16}$$

$$Y_3=0.357X_1-0.283X_2-0.014X_3+0.318X_4+0.149X_5-0.062X_6-0.375X_7-0.185X_8+0.246X_9-0.272X_{10}+0.272X_{11}-0.062X_{12}+0.082X_{13}+0.482X_{14}+0.194X_{15}+0.034X_{16}$$

表 2-82　成分矩阵

指标	成分			载荷矩阵		
	1	2	3	U1	U2	U3
X_1 全氮	−0.059	0.919	0.389	−0.021	0.348	0.357
X_2 全磷	0.935	−0.173	−0.308	0.334	−0.065	−0.283
X_3 全钾	0.342	−0.940	−0.015	0.122	−0.356	−0.014
X_4 碱解氮	0.646	0.680	0.346	0.231	0.257	0.318
X_5 有效磷	0.948	0.274	0.162	0.339	0.104	0.149
X_6 速效钾	0.859	−0.507	−0.067	0.307	−0.192	−0.062
X_7 有机质	0.138	0.903	−0.408	0.049	0.342	−0.375
X_8 pH	−0.141	0.969	−0.201	−0.050	0.367	−0.185
X_9 脲酶	0.937	0.224	0.268	0.335	0.085	0.246
X_{10} 蛋白酶	0.463	0.836	−0.296	0.165	0.316	−0.272
X_{11} 过氧化氢酶	−0.463	−0.836	0.296	−0.165	−0.316	0.272
X_{12} 蔗糖酶	−0.552	0.831	−0.067	−0.197	0.315	−0.062
X_{13} 磷酸酶	0.926	0.368	0.089	0.331	0.139	0.082
X_{14} 细菌	−0.596	0.608	0.524	−0.213	0.230	0.482
X_{15} 真菌	0.965	−0.157	0.211	0.345	−0.059	0.194
X_{16} 放线菌	0.997	−0.065	0.037	0.356	−0.025	0.034

注：提取方法为主成分分析法。提取了 3 个主成分。

③根据方程计算出不同种植模式的得分（表 2-83），可以看出，间作花生得分最高为 1.937，间作玉米次之 1.008，单作花生 -0.952，单作玉米最差 -1.993。主成分分析结果与土壤养分、酶、微生物的结果一致，进一步证明相比单作玉米、花生而言，玉米花生间作可改善土壤微生态环境。

表 2-83　种植模式综合评价表

种植模式	主成分 1	主成分 2	主成分 3	综合评分	排名
单作花生	1.217	−3.627	0.455	−0.952	3
单作玉米	−3.771	−0.214	−0.713	−1.993	4
间作玉米	−0.231	2.347	1.313	1.008	2
间作花生	2.785	1.493	−1.055	1.937	1

3. 结论

本试验条件下，间作系统可通过增加土壤氮、磷养分含量及部分土壤酶活性改善土壤微生态环境，其中以间作花生根际微生态环境最佳。

二、间作对花生根际土壤酚酸类物质含量的影响（山东日照）

1. 试验设计

同第二章第八节一、（二）1. 试验设计。

HPLC 法检测各处理边行和中间行花生花针期（FP）、结荚期（PS）根际土壤中与花生自毒作用密切相关的 8 种酚酸类物质对羟基苯甲酸（DQJBJS）、咖啡酸（KFS）、对香豆酸（DXDS）、阿魏酸（AWS）、苯甲酸（BJS）、肉桂酸（RGS）、邻苯二甲酸（LBEJS）和香草酸（XCS）的含量。

2. 结果分析

（1）间作对花生根际土壤酚酸类物质含量的影响。

①边行花生根际土壤酚酸类物质含量。各处理开花下针期花生根际土壤中 BJS、DQJBJS、LBEJS、RGS 和 XCS 含量均高于结荚期，而 AWS 和 DXDS 低于结荚期。在开花下针期，不同间作模式改变了花生根际土壤中酚酸类物质的种类和含量，与连作花生相比，间作花生少了 KFS，且各种酚酸类物质的含量均显著降低。到了结荚期，各处理花生酚酸类物质的种类不

存在差异。除M2P4花生结荚期根际土壤中的XCS含量以外，不同间作模式下花生根际土壤中酚酸类物质含量均显著低于连作花生。2次取样，随着玉米行数的增加，间作花生根际土壤中酚酸类物质的含量呈降低的趋势。其中M3P3、M3P4和M4P4花生根际土壤中AWS、BJS、DXDS和RGS均显著低于M2P4，但三者之间差异不显著，而4种间作模式下花生根际土壤中的AWS和LBEJS的含量不存在差异显著性。4种间作模式下花生根际土壤中AWS、BJS、DQJBJS、DXDS、KFS、LBEJS、RGS和XCS含量分别平均比连作花生降低了26.58%、37.30%、42.07%、62.94%、100%、50.94%、29.39%和14.10%；间作花生结荚期则分别平均比连作花生降低了30.72%、37.03%、40.07%、62.24%、29.58%、48.52%、47.69%和10.21%（图2-45）。

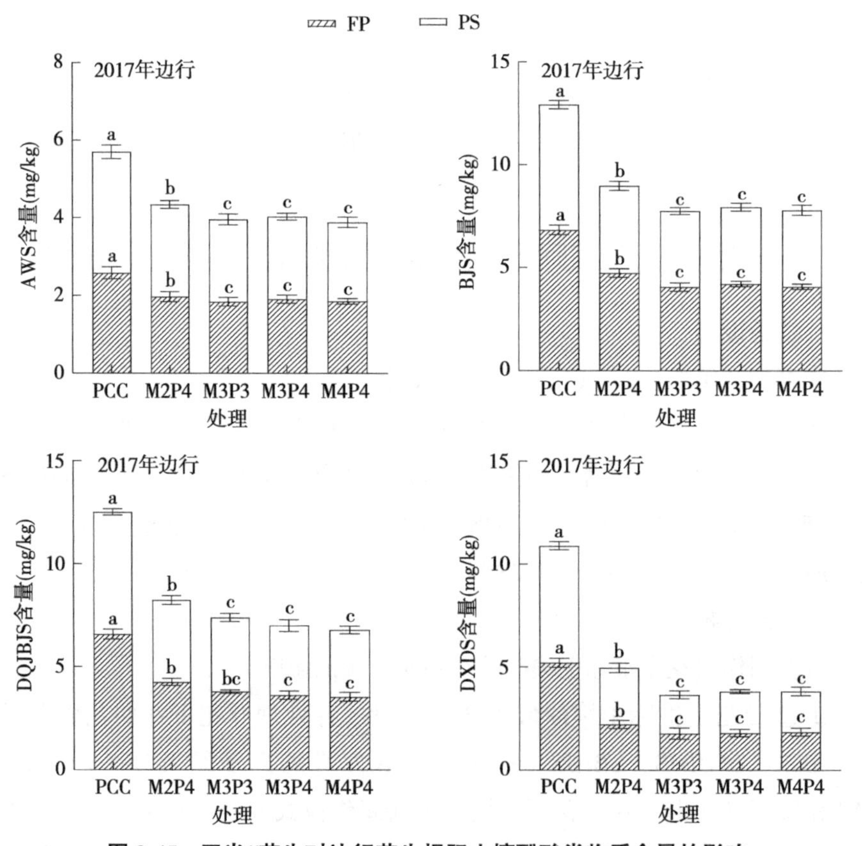

图2-45 玉米//花生对边行花生根际土壤酚酸类物质含量的影响

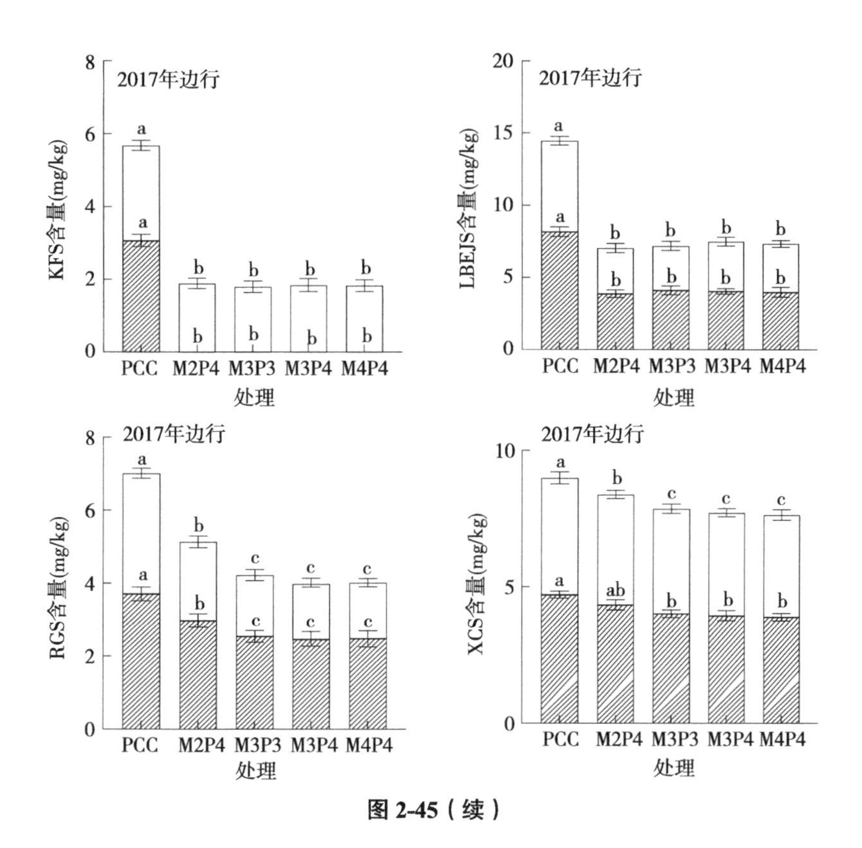

图 2-45（续）

②中间行花生根际土壤酚酸类物质含量。与边行花生规律一致，各处理开花下针期中间行花生根际土壤中 BJS、DQJBJS、LBEJS、RGS 和 XCS 含量均高于结荚期，AWS 和 DXDS 低于结荚期。与连作花生相比，间作花生在开花下针期少了 KFS，而各处理花生结荚期根际土壤酚酸类物质的种类无差异。两次取样，间作花生根际土壤中的 AWS、DXDS、KFS、LBEJS 和 RGS 含量均显著降低，但不同间作模式之间差异不显著。间作也显著降低了连作花生开花下针期根际土壤中苯甲酸和 DQJBJS 的含量，其中 M3P3、M3P4 和 M4P4 花生根际土壤中 DQJBJS 含量显著低于 M2P4，而不同间作模式根际土壤中 BJS 含量不存在差异显著性。不同间作模式以 M3P3 中间行花生根际土壤中各种酚酸类物质含量最低，其中开花下针期花生根际土壤中 XCS 含量显著低于间作模式 M2P4、M3P4 和 M4P4，结荚期显著低于间作模式 M2P4 和 M3P4。与连作花生相比，4 种间作模式下花生开花下针期根际土壤中 AWS、BJS、DQJBJS、DXDS、KFS、LBEJS、RGS 和 XCS 含量分别平均降低 17.53%、

10.92%、15.79%、7.56%、100%、9.90%、19.19% 和 8.18%；结荚期则分别平均降低 18.42%、5.11%、13.49%、10.62%、20.97%、11.41%、21.08% 和 6.66%。总的来说，不同间作模式中间行花生根际土壤酚酸类物质的含量相差不大，且间作对中间行花生根际土壤酚酸类物质作用小于边行（图 2-46）。

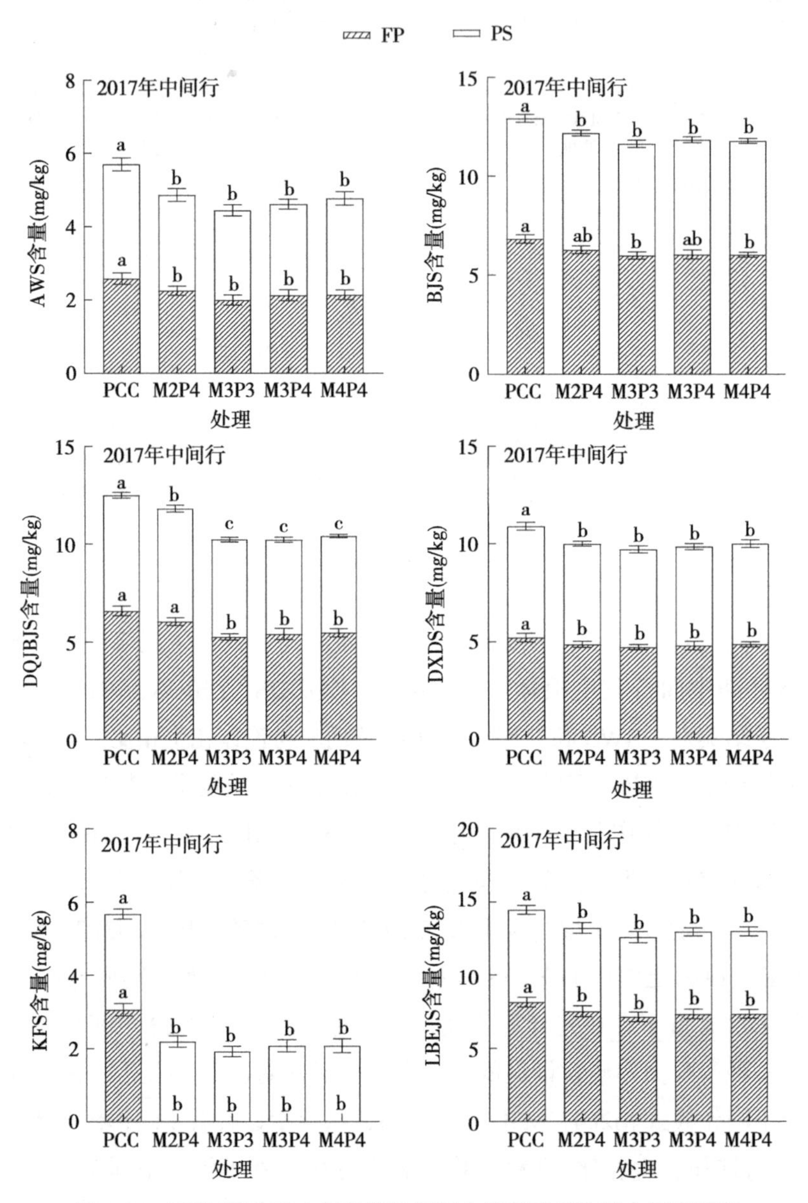

图 2-46 玉米//花生对中间行花生根际土壤酚酸类物质含量的影响

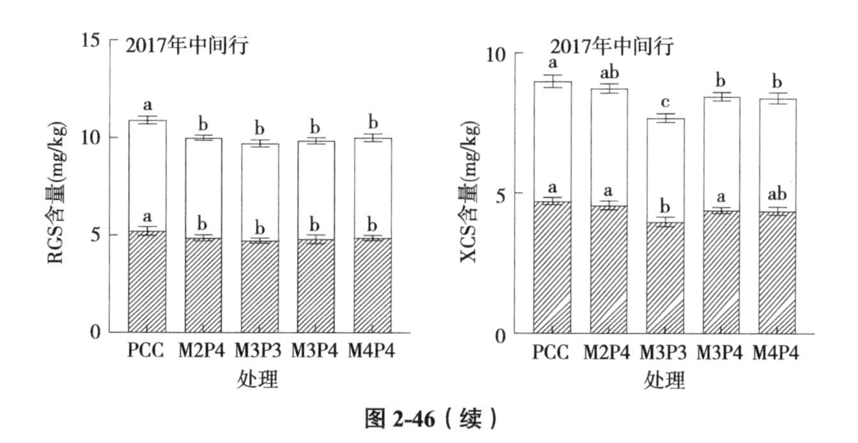

图 2-46（续）

（2）玉米与花生换带种植对花生根际土壤酚酸类物质含量的影响。

①换带种植边行花生根际土壤酚酸类物质含量。由开花下针期到结荚期，花生根际土壤中 BJS、DQJBJS、LBEJS、RGS 和 XCS 含量均呈降低趋势，而 AWS 和 DXDS 含量呈增加趋势。与连作花生相比，不同间作模式下花生根际土壤中各种酚酸类物质的含量均显著降低；开花下针期花生根际土壤中酚酸类物质均比连作花生少了 KFS；M3P4、M3P4 和 M4P4 边行花生根际土壤中 BJS、DQJBJS、DXDS、RGS 和 XCS 含量均显著低 M2P4，而不同间作模式花生根际土壤中 AWS 含量不存在差异显著性。M4P4 花生根际土壤中 LBEJS 的含量显著低于 M2P4，但 M3P4、M3P4 和 M4P4 之间差异不显著。这一时期，4 种间作模式下花生根际土壤中 AWS、BJS、DQJBJS、DXDS、KFS、LBEJS、RGS 和 XCS 含量分别比连作花生平均降低 51.86%、45.32%、44.63%、70.08%、100%、61.43%、42.31% 和 29.77%。结荚期各处理酚酸类物质的种类相同。间作 M3P3、M3P4 和 M4P4 模式边行花生根际土壤中 KFS 和 LBEJS 含量与间作 M2P4 模式不存在差异显著性，但另外 6 种酚酸类物质均显著高于间作 M2P4 模式。此时，M2P4、M3P3、M3P4 和 M4P4 花生根际土壤中 AWS、BJS、DQJBJS、DXDS、KFS、LBEJS、RGS 和 XCS 含量分别比连作花生平均降低 51.10%、50.90%、41.86%、68.50%、41.02%、58.69%、58.15% 和 26.48%。总体来看，2007 年与 2018 年规律基本一致，但玉米带与花生带更换种植后，花生根际土壤中的酚酸类物质含量降幅更大，且间作玉米行数越多，效果越明显（图 2-47）。

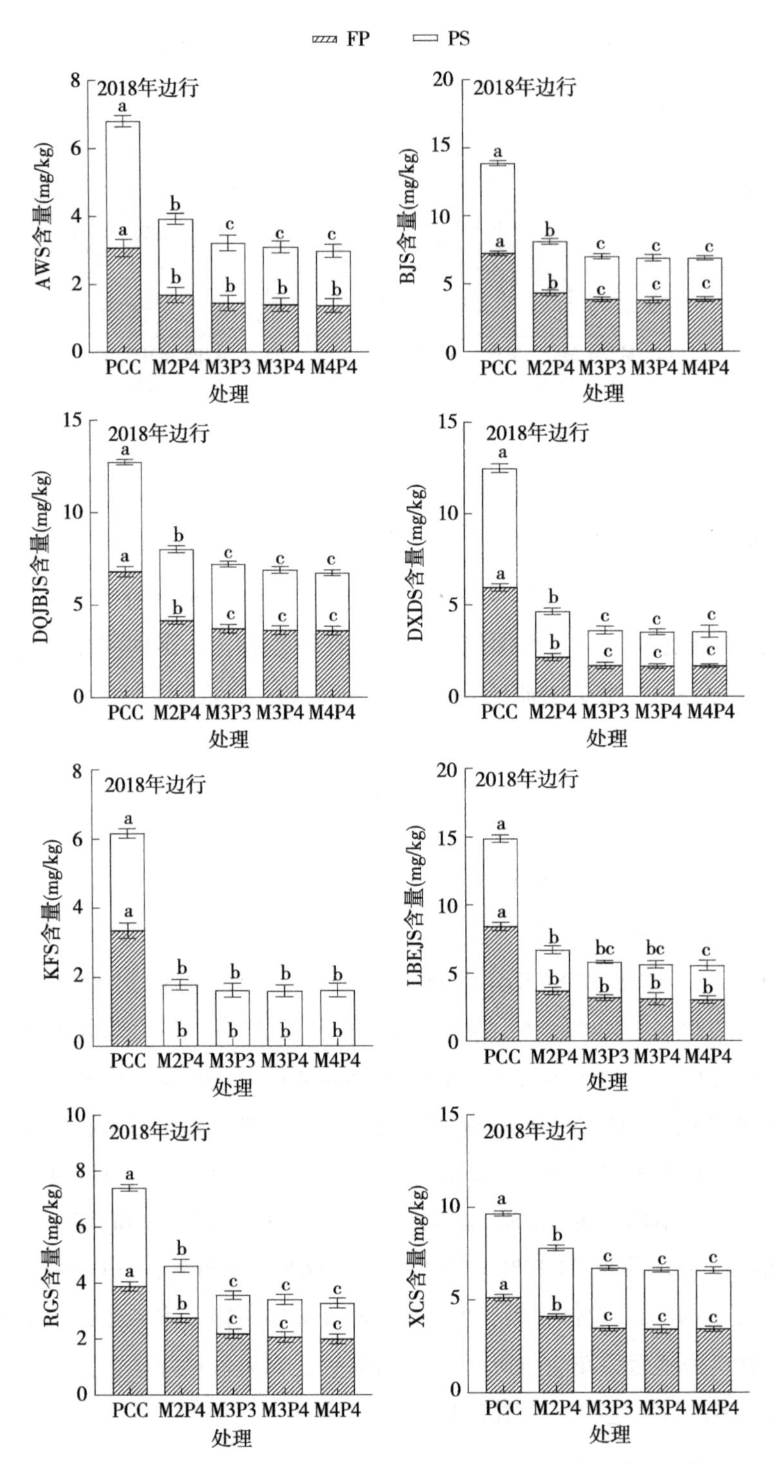

图 2-47　玉米//花生对边行花生根际土壤酚酸类物质含量的影响（换带种植后）

②换带种植对中间行花生根际土壤酚酸类物质含量。两次取样，各处理花生根际土壤中酚酸类物质种类和含量的变化规律与边行花生基本一致。与连作花生相比，不同间作模式下花生根际土壤中的8种酚酸类物质含量均显著降低。在开花下针期，4种间作模式下花生根际土壤中AWS、BJS、DQJBJS、DXDS、KFS、LBEJS、RGS和XCS含量分别比连作花生平均降低48.81%、34.75%、30.78%、61.26%、100%、48.40%、39.10%和23.85%。间作花生结荚期则分别比连作花生平均降低了44.08%、35.97%、37.97%、57.58%、39.63%、42.00%、49.83%和22.37%。2个取样时期，M3P3、M3P4和M4P4对花生根际土壤中酚酸类物质的调控作用要优于M2P4，其中XDS、LBEJS、RGS和XCS均显著低于M2P4，但三者之间差异不显著。不同间作模式下花生根际土壤中的AWS和KFS含量不在差异显著性。4种间作模式均显著降低了在花生开花下针期根际土壤中的BJS含量，且M3P3、M3P4和M4P4显著低于M2P4；到了结荚期，M3P4和M4P4显著低于M2P4，但M3P3与M2P4差异不显著。整体来看，玉米与花生换带后，间作中间行花生根际土壤酚酸类物质的含量降幅大于换带前中间行花生（图2-48）。

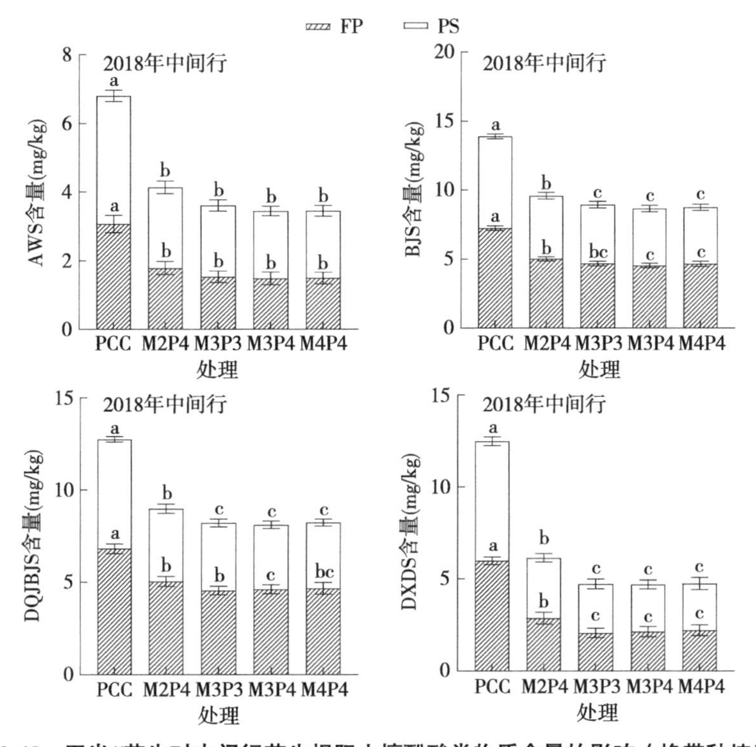

图2-48　玉米//花生对中间行花生根际土壤酚酸类物质含量的影响（换带种植后）

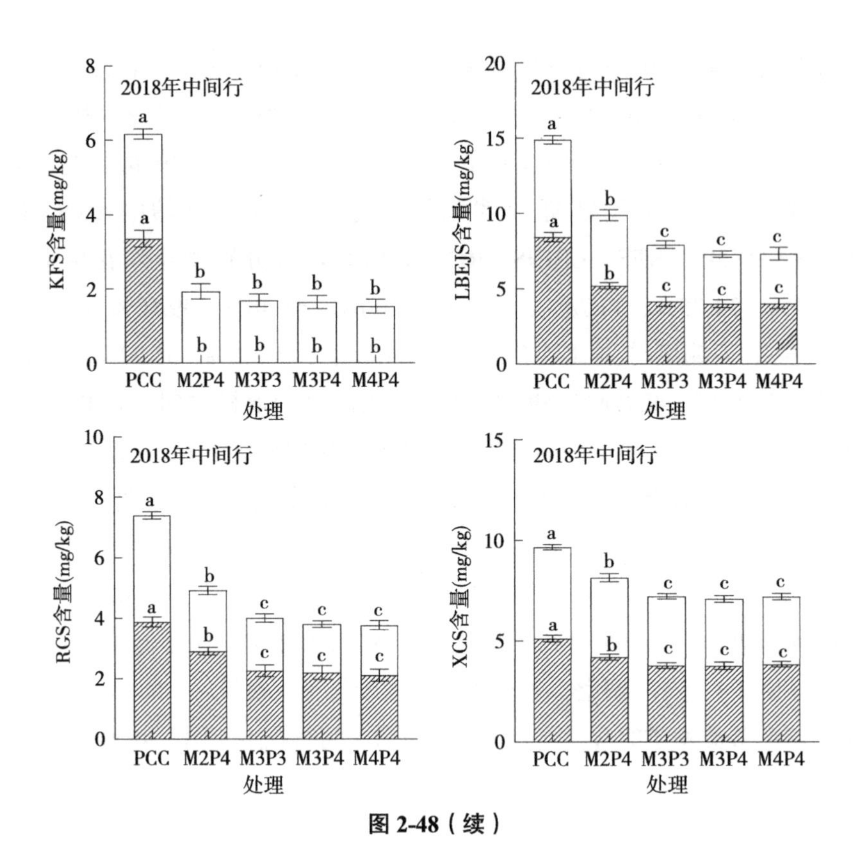

图 2-48（续）

3. 结论

不同玉米花生间作模式改变了连作花生根系分泌物种类和含量。在开花下针期，4 种间作模式比连作花生少了咖啡酸成分。2 次取样，不同间作模式均降低了花生根际土壤中阿魏酸、苯甲酸、对羟基苯甲酸、对香豆酸、咖啡酸、邻苯二甲酸、肉桂酸和香草酸的含量，以边行降幅较大，且随着间作玉米行数的增加而增大。玉米与花生换带间作有利于降低中间行花生根际土壤中酚酸类物质的含量。

三、玉米根系分泌物对连作花生土壤酚酸类物质化感作用的影响（山东济南、日照）

1. 试验设计

供试玉米品种为登海 605 号。肉桂酸、邻苯二甲酸及对羟基苯甲酸均为国药集团化学试剂有限公司生产的分析纯药品。

取山东省农业科学院济南饮马泉试验基地玉米花生轮作地块 0～30 cm 土层土壤，风干过 2 mm 筛，将土壤混匀后装入花盆（口径 30 cm，高 25 cm）中，每盆装土 15 kg，共计 50 盆，浇水润土后播种玉米，每盆 1 穴，每穴 2 粒。出苗后，每穴保留健苗 1 株，待玉米小喇叭口时期，每盆施用 $N-P_2O_5-K_2O$=15-15-15 的复合肥 5 g。于玉米抽雄期用水流缓慢的清水将玉米根系冲洗干净（不要伤到根系），再用去离子水冲洗 2 次，将玉米根系完全浸泡在 5 mg/L 的百里酚 3 min 后，移栽到 5 L 0.5 mmol/L 氯化钙溶液中，容器为 10 L 的烧杯。用纸箱包裹烧杯，根部做避光处理，用气泵持续向培养液中通入空气，在室温且光照良好的条件下培养 4 h。立即用 500 mL 二氯甲烷（CH_2Cl_2）提取根系分泌物收集液 2 次，再将 CH_2Cl_2 提取液过 0.45 μm 的有机相滤膜，减压浓缩至干，称重，加入 5 mL 乙醇溶解，再用 0.45 μm 的有机相滤膜过滤，作为根系分泌物母液，于 4 ℃避光保存备用。

试验用土取自山东省日照市莒县连作花生 10 年的地块，于花生收获后采集，土壤类型为棕壤，质地为砂壤土。取 0～20 cm 耕层土壤，去除石砾、动植物残体等杂质后，过 2 mm 筛后混匀，一部分土壤储存于 4 ℃冰箱中，用于酚酸类物质的检测；另一部分土壤晾干备用。供试土壤 pH 值为 5.24，有机质含量为 11.7 g/kg，全氮、全磷、全钾分别为 0.11 g/kg、1.90 g/kg 和 22.84 g/kg，碱解氮、有效磷和速效钾含量分别为 45.92 mg/kg、30.76 mg/kg 和 94.67 mg/kg；供试土壤中的肉桂酸、邻苯二甲酸和对羟基苯甲酸的本底值分别为 2.44 mg/kg 干土、5.96 mg/kg 干土和 4.05 mg/kg 干土。

设置肉桂酸（A）、邻苯二甲酸（B）及对羟基苯甲酸（C）的处理浓度分别为 40 mg/kg 干土和 80 mg/kg 干土，玉米根系分泌物（MRE）的处理浓度为 100 mg/kg 干土。将晾干的连作土壤分装到塑料瓶中，每瓶（口径 5 cm，高 8.5 cm）装土 100 g。设置 CK、A_1、A_2、B_1、B_2、C_1、C_2、A_1+MRE、A_2+MRE；B_1+MRE、B_2+MRE、C_1+MRE、C_2+MRE 等共 13 个处理（表 2-84），酚酸类物质及玉米根系分泌物处理液配制前，各类物质先溶于一定量的无水乙醇（99.5%），再稀释定容至 1 L。将处理好的土壤分别用封口膜封口并留有小孔透气，保持含水量为 20%（重量调节法），每个处理 9 瓶，25 ℃黑暗培养。

表 2-84　试验设计

处理	处理方法
CK：对照	20 mL 0.5% 乙醇溶液
A_1：40 mg/kg 肉桂酸	20 mL 200 mg/L 肉桂酸
A_2：80 mg/kg 肉桂酸	20 mL 400 mg/L 肉桂酸
B_1：40 mg/kg 邻苯二甲酸	20 mL 200 mg/L 邻苯二甲酸
B_2：80 mg/kg 邻苯二甲酸	20 mL 400 mg/L 邻苯二甲酸
C_1：40 mg/kg 对羟基苯甲酸	20 mL 200 mg/L 对羟基苯甲酸
C_2：80 mg/kg 对羟基苯甲酸	20 mL 400 mg/L 对羟基苯甲酸
A_1+MRE：40 mg/kg 肉桂酸 +100 mg/kg 玉米根系分泌物	10 mL 400 mg/L 肉桂酸 +10 mL 1 000 mg/L 玉米根系分泌物
A_2+MRE：80 mg/kg 肉桂酸 +100 mg/kg 玉米根系分泌物	10 mL 800 mg/L 肉桂酸 +10 mL 1 000 mg/L 玉米根系分泌物
B_1+MRE：40 mg/kg 邻苯二甲酸 +100 mg/kg 玉米根系分泌物	10 mL 400 mg/L 邻苯二甲酸 +10 mL 1 000 mg/L 玉米根系分泌物
B_2+MRE：80 mg/kg 邻苯二甲酸 +100 mg/kg 玉米根系分泌物	10 mL 800 mg/L 邻苯二甲酸 +10 mL 1 000 mg/L 玉米根系分泌物
C_1+MRE：40 mg/kg 对羟基苯甲酸 +100 mg/kg 玉米根系分泌物	10 mL 400 mg/L 对羟基苯甲酸 +10 mL 1 000mg/L 玉米根系分泌物
C_2+MRE：80 mg/kg 对羟基苯甲酸 +100 mg/kg 玉米根系分泌物	10 mL 800 mg/L 对羟基苯甲酸 +10 mL 1 000mg/L 玉米根系分泌物

分别于处理后 5 d、10 d 和 15 d 取样，每次随机取样 3 瓶，即 3 个重复。各个处理分别取出一部分新鲜土壤用于土壤微生物量和微生物活性的测定；其余土壤置于室内通风阴干，磨细后分别过 2 mm 和 1 mm 孔径的筛子，分别用于土壤养分含量和酶活性的测定。

2. 结果分析

（1）玉米根系分泌物对含有酚酸类物质土壤微生物量和微生物活性的影响。土壤呼吸强度的高低与土壤微生物促进物质转化以及土壤动物和植物根系呼吸强度相关，可反应土壤微生物活性的强弱。不同处理的土壤微生物量和呼吸强度结果可知，酚酸类物质对土壤微生物量碳（MBC）、微生物量氮（MBN）含量和土壤呼吸强度均存在化感抑制作用（$RI<0$），且浓度越高，抑制作用越强。3 次取样，土壤微生物量和呼吸强度所受到的化感抑制作用呈先

增强后减弱的趋势，各处理在第 10 d 达到最强，以肉桂酸的化感作用最强。与对照相比，酚酸类物质处理的土壤 MBC、MBN 含量和土壤呼吸强度分别下降了 17.81%～35.01%、14.24%～33.75% 和 13.58%～33.99%。

整体来看，添加玉米根系分泌物均增加了 3 种酚酸类物质处理土壤的 MBC、MBN 含量和土壤呼吸强度，但仍低于同期对照；其中，在处理第 5 d 和第 10 d，均达到了差异性显著。整个培养时期，添加玉米根系分泌物的低浓度酚酸类物质处理对土壤 MBC、MBN 和土壤呼吸强度的化感指数影响较大，对应的化感指数分别平均下降 39.33%、35.14% 和 39.56%。

3 次取样，添加玉米根系分泌物对邻苯二甲酸的化感作用影响最大，对土壤 MBC、MBN 和土壤微生物活性的化感指数分别平均降低了 34.07%、31.67% 和 34.36%。随着培养时间的延长，玉米根系分泌物对酚酸类物质化感作用的影响逐渐减弱，以处理第 5 d 影响最大。此时，与低浓度的酚酸类物质处理（A_1、B_1、C_1）相比，添加玉米根系分泌物处理（A_1+MRE、B_1+MRE、C_1+MRE）土壤 MBC 的化感指数分别下降了 51.00%、64.13% 和 60.76%，MBN 的化感指数分别下降了 41.29%、55.69% 和 48.35%，土壤呼吸强度的化感指数则分别下降 48.48%、57.51% 和 53.87%（表 2-85）。

表 2-85　不同处理的土壤微生物量和呼吸强度

指标	处理	测量值			化感指数 *RI*		
		5 d	10 d	15 d	5 d	10 d	15 d
微生物量碳 MBC (mg/kg 干土)	CK	48.90±1.45a	54.38±1.88a	64.80±2.63a	0	0	0
	A_1	38.43±1.35c	40.25±1.54d	51.74±2.31cdef	−0.214 1	−0.259 8	−0.201 5
	A_2	33.58±1.84d	35.34±1.49e	45.16±3.15h	−0.313 3	−0.350 1	−0.303 1
	B_1	39.76±1.69c	41.82±1.48cd	53.26±2.62bcd	−0.187 0	−0.230 9	−0.178 1
	B_2	34.97±2.21d	35.89±1.53e	46.91±2.20gh	−0.285 0	−0.340 0	−0.276 0
	C_1	39.07±1.63c	41.11±1.59cd	52.62±1.97cde	−0.201 1	−0.244 0	−0.188 0
	C_2	34.27±1.43d	35.53±2.54e	45.83±1.37h	−0.299 3	−0.346 5	−0.292 7
	A_1+MRE	43.77±1.22b	44.01±1.65bc	54.71±1.49bc	−0.104 9	−0.190 6	−0.155 8
	A_2+MRE	37.80±1.00c	38.82±0.42d	47.85±2.65fgh	−0.227 1	−0.286 0	−0.261 6
	B_1+MRE	45.62±0.34b	46.43±1.87b	57.15±2.76b	−0.067 1	−0.146 2	−0.118 0
	B_2+MRE	39.38±2.03c	39.86±1.22d	49.90±1.50defg	−0.194 7	−0.267 0	−0.229 9

（续）

指标	处理	测量值			化感指数 *RI*		
		5 d	10 d	15 d	5 d	10 d	15 d
微生物量碳MBC (mg/kg干土)	C_1+MRE	45.04±0.96b	45.71±1.28b	55.51±0.47bc	−0.078 9	−0.159 4	−0.143 4
	C_2+MRE	38.46±1.37c	39.42±2.53d	48.80±1.58efgh	−0.213 5	−0.275 0	−0.246 9
微生物量氮MBN (mg/kg干土)	CK	7.64±0.22a	8.26±0.28a	8.95±0.43a	0	0	0
	A_1	6.10±0.21d	6.12±0.23ef	7.27±0.46cde	−0.202 3	−0.259 8	−0.188 5
	A_2	5.30±0.29g	5.47±0.21h	6.42±0.62f	−0.305 9	−0.337 5	−0.283 1
	B_1	6.34±0.36cd	6.35±0.34de	7.68±0.36bcd	−0.170 3	−0.231 6	−0.142 4
	B_2	5.53±0.04efg	5.76±0.42fgh	6.66±0.21ef	−0.276 1	−0.302 5	−0.256 2
	C_1	6.26±0.37cd	6.24±0.14def	7.49±0.41bcd	−0.180 9	−0.245 3	−0.163 8
	C_2	5.43±0.18fg	5.61±0.28gh	6.51±0.29f	−0.289 5	−0.321 5	−0.273 1
	A_1+MRE	6.73±0.24bc	6.66±0.31cd	7.63±0.28bcd	−0.118 8	−0.194 3	−0.148 1
	A_2+MRE	5.82±0.42def	5.87±0.27efg	6.67±0.49ef	−0.238 8	−0.289 7	−0.254 7
	B_1+MRE	7.07±0.26b	7.16±0.24b	8.02±0.43b	−0.075 5	−0.133 9	−0.103 9
	B_2+MRE	6.08±0.30d	6.32±0.11de	7.05±0.14def	−0.204 9	−0.234 7	−0.212 8
	C_1+MRE	6.93±0.35b	6.86±0.21bc	7.84±0.15bc	−0.093 4	−0.170 1	−0.123 9
	C_2+MRE	5.94±0.12de	6.04±0.08ef	6.80±0.25ef	−0.222 2	−0.268 8	−0.240 7
呼吸强度[mg/(kg·h干土)]	CK	6.17±0.24a	8.00±0.30a	8.59±0.46a	0	0	0
	A_1	4.95±0.28de	5.88±0.09c	7.06±0.21de	−0.197 3	−0.264 9	−0.178 5
	A_2	4.26±0.07h	5.28±0.22d	6.04±0.25g	−0.309 2	−0.339 9	−0.297 2
	B_1	5.26±0.27cd	6.10±0.40c	7.42±0.23bcd	−0.147 6	−0.237 4	−0.135 8
	B_2	4.49±0.25fgh	5.38±0.38d	6.32±0.19fg	−0.271 9	−0.327 4	−0.263 9
	C_1	5.13±0.18cde	6.00±0.15c	7.22±0.30cd	−0.167 6	−0.249 9	−0.159 1
	C_2	4.32±0.08gh	5.32±0.45d	6.14±0.34g	−0.298 9	−0.335 7	−0.284 8
	A_1+MRE	5.54±0.39bc	6.58±0.30b	7.44±0.20bcd	−0.101 6	−0.178 2	−0.133 9
	A_2+MRE	4.73±0.12efg	5.72±0.12c	6.28±0.13fg	−0.232 5	−0.285 0	−0.268 3

（续）

指标	处理	测量值			化感指数 *RI*		
		5 d	10 d	15 d	5 d	10 d	15 d
呼吸强度[mg/(kg·h干土)]	B_1+MRE	5.78±0.21ab	6.90±0.11b	7.80±0.26b	-0.062 7	-0.138 3	-0.092 0
	B_2+MRE	5.05±0.36de	6.06±0.16c	6.68±0.30ef	-0.181 6	-0.242 8	-0.222 7
	C_1+MRE	5.69±0.32b	6.73±0.29b	7.61±0.43bc	-0.077 3	-0.159 1	-0.114 5
	C_2+MRE	4.85±0.11def	5.91±0.20c	6.44±0.25fg	-0.213 0	-0.261 1	-0.250 3

注：同列数据后不同字母表示在 0.05 水平上差异显著。

（2）玉米根系分泌物对含有酚酸类物质土壤酶活性的影响。随着培养时间的延长，对照土壤脲酶、酸性磷酸酶和蔗糖酶的酶活性均呈逐渐增加的趋势。与土壤微生物量和呼吸强度的变化规律类似，各类酚酸类物质均显著降低了 3 种土壤酶活性，且浓度越高，化感抑制作用（$RI<0$）越强。同一取样时期初始含量相同的酚酸类物质处理之间，以肉桂酸的化感作用最强，邻苯二甲酸最弱。3 次取样，酚酸类物质对土壤酶活性的化感抑制作用（$RI<0$）先增强后减弱，各处理在第 10 d 达到最强。此时，高浓度酚酸类物质处理的土壤脲酶、酸性磷酸酶和蔗糖酶活性分别比对照平均下降了 24.11%、34.81% 和 23.32%。

在各取样时期，添加玉米根系分泌物均降低了 3 种酚酸类物质处理对土壤脲酶、酸性磷酸酶和蔗糖酶活性的化感指数。第 5 d 和第 10 d 取样时，玉米根系分泌物显著增加了 3 种酚酸类物质处理的土壤酶（脲酶、酸性磷酸酶、蔗糖酶）活性。同一取样时期同种酚酸类物质处理之间，以低浓度处理化感指数的降幅较大；不同种类的酚酸物质处理之间，以邻苯二甲酸的降幅最大。整个取样时期，玉米根系分泌物可使肉桂酸、邻苯二甲酸和对羟基苯甲酸对土壤酶活性的化感指数分别平均降低 32.52%、36.89% 和 32.06%。

玉米根系分泌物对酚酸类物质化感作用的影响也呈逐渐减弱的趋势，以处理第 5 d 的影响最大。此时，与对应浓度的酚酸类物质处理相比，添加玉米根系分泌物的高浓度酚酸类物质处理（A_2+MRE、B_2+MRE、C_2+MRE）的土壤酶活性的化感指数分别平均下降 21.61%、28.07% 和 23.97%；而含有玉米根系分泌物的低浓度酚酸类物质处理（A_1+MRE、B_1+MRE、C_1+MRE）则分别平均下降 36.33%、45.70% 和 40.15%（表 2-86）。

表 2-86　不同处理土壤酶活性

指标	处理	测量值			化感指数 *RI*		
		5 d	10 d	15 d	5 d	10 d	15 d
脲酶活性 (NH_3-N μg/g 干土)	CK	150.82±2.18a	159.32±1.01a	177.19±3.97a	0	0	0
	A_1	130.93±3.74de	129.30±6.57def	154.39±3.09cdef	−0.131 9	−0.188 4	−0.128 7
	A_2	122.59±3.21g	118.22±1.95g	144.38±4.08g	−0.187 2	−0.258 0	−0.185 2
	B_1	135.62±4.02cd	134.63±5.32cd	159.70±6.23bc	−0.100 8	−0.155 0	−0.098 7
	B_2	127.20±2.09efg	123.51±2.63fg	150.43±6.31efg	−0.156 6	−0.224 8	−0.151 0
	C_1	134.46±4.06cd	131.92±2.21de	156.91±4.37bcde	−0.108 5	−0.172 0	−0.114 5
	C_2	124.24±4.13fg	121.01±4.93g	146.67±4.87fg	−0.176 2	−0.240 5	−0.172 2
	A_1+MRE	139.46±2.48bc	139.55±3.02bc	158.77±3.80bcd	−0.075 3	−0.124 1	−0.103 9
	A_2+MRE	129.33±3.13def	125.45±4.61ef	148.70±4.32efg	−0.142 5	−0.212 6	−0.160 8
	B_1+MRE	143.16±3.33b	144.24±5.79b	164.31±4.00b	−0.050 8	−0.094 7	−0.072 7
	B_2+MRE	134.56±2.90cd	131.45±2.68de	155.20±4.03cde	−0.107 8	−0.174 9	−0.124 1
	C_1+MRE	142.09±4.23b	142.10±4.19b	161.47±2.88bc	−0.057 9	−0.108 1	−0.088 7
	C_2+MRE	131.49±4.12de	128.42±2.55def	151.37±3.57defg	−0.128 2	−0.193 9	−0.145 7
酸性磷酸酶活性 (phenol nmol/g 干土)	CK	16.38±1.83a	18.11±0.50a	19.86±0.66a	0	0	0
	A_1	13.39±0.32de	14.27±0.31de	16.92±1.15cd	−0.182 5	−0.211 9	−0.147 9
	A_2	10.72±0.39g	11.53±0.47g	13.78±0.81g	−0.345 6	−0.363 7	−0.306 2
	B_1	14.19±0.55cd	14.75±0.86cd	17.87±0.71bc	−0.133 3	−0.185 5	−0.100 0
	B_2	11.85±0.80efg	12.21±1.02fg	14.68±0.94efg	−0.276 2	−0.326 0	−0.260 9
	C_1	14.12±1.09cd	14.39±0.54de	17.25±0.52bcd	−0.137 9	−0.205 4	−0.131 3
	C_2	11.35±1.36fg	11.69±0.14g	14.15±0.63fg	−0.306 9	−0.354 7	−0.287 3
	A_1+MRE	15.30±0.35abc	15.86±0.57bc	17.79±1.28bc	−0.065 8	−0.124 2	−0.103 8
	A_2+MRE	12.75±1.22def	13.13±1.08ef	14.81±0.70efg	−0.221 6	−0.274 8	−0.254 1
	B_1+MRE	15.92±0.37a	16.36±0.69b	18.63±0.78ab	−0.028 2	−0.096 9	−0.061 8
	B_2+MRE	13.75±0.19cd	13.81±0.55de	15.94±0.15de	−0.160 4	−0.237 7	−0.197 2
	C_1+MRE	15.42±0.93ab	16.03±1.33bc	18.15±0.58bc	−0.058 8	−0.114 8	−0.085 9
	C_2+MRE	12.96±0.40de	13.53±0.96def	15.33±1.04ef	−0.208 6	−0.253 0	−0.227 8

（续）

指标	处理	测量值			化感指数 *RI*		
		5 d	10 d	15 d	5 d	10 d	15 d
蔗糖酶活性(glucose mg/g 干土)	CK	7.51±0.28a	7.87±0.17a	8.79±0.22a	0	0	0
	A_1	6.55±0.19de	6.40±0.25efgh	7.74±0.48bcde	-0.128 0	-0.186 4	-0.120 2
	A_2	6.13±0.16g	5.84±0.06i	7.22±0.33e	-0.183 6	-0.257 4	-0.179 0
	B_1	6.72±0.32cd	6.73±0.27cde	7.98±0.29bcd	-0.105 2	-0.144 6	-0.091 9
	B_2	6.33±0.14efg	6.18±0.13ghi	7.46±0.56cde	-0.170 6	-0.215 3	-0.151 4
	C_1	6.63±0.07cd	6.60±0.11def	7.82±0.39bcde	-0.117 4	-0.161 8	-0.110 8
	C_2	6.18±0.12fg	6.08±0.30hi	7.35±0.26de	-0.177 0	-0.226 9	-0.163 6
	A_1+MRE	6.94±0.07bc	6.88±0.32bcd	7.97±0.33bcd	-0.075 6	-0.126 1	-0.093 4
	A_2+MRE	6.50±0.13def	6.26±0.07fgh	7.46±0.32cde	-0.134 2	-0.205 2	-0.151 4
	B_1+MRE	7.21±0.20ab	7.19±0.27b	8.22±0.24b	-0.040 1	-0.085 9	-0.065 1
	B_2+MRE	6.77±0.18cd	6.60±0.15def	7.74±0.17bcde	-0.098 3	-0.161 3	-0.120 1
	C_1+MRE	7.12±0.18b	7.06±0.25bc	8.08±0.13bc	-0.052 0	-0.102 7	-0.081 1
	C_2+MRE	6.60±0.28cd	6.49±0.18defg	7.62±0.39bcde	-0.121 2	-0.175 6	-0.133 9

注：同列数据后不同字母表示在 0.05 水平上差异显著。

（3）玉米根系分泌物对含有酚酸类物质土壤养分含量的影响。不同处理的碱解氮、有效磷、速效钾 3 种土壤养分含量的变化规律基本一致。酚酸类物质均显著降低了土壤碱解氮、有效磷和速效钾的含量，且浓度越高，化感抑制作用（$RI<0$）越强。同一取样时期初始含量相同的酚酸类物质处理之间，以肉桂酸的化感作用最强。在整个取样时期，土壤养分含量所受到的化感抑制作用先增强后减弱，以处理第 10 d 最强。3 次取样，酚酸类物质使土壤碱解氮、有效磷和速效钾的含量分别降低了 10.70%～27.22%、12.85%～30.82% 和 8.05%～21.03%。

整体来看，玉米根系分泌物均增加了各类酚酸类物质处理的土壤碱解氮、有效磷和速效钾的含量，降低了酚酸类物质对土壤养分含量的化感指数，以低浓度处理所受影响较大。其中在第 5 d 和第 10 d 取样时，含有玉米根系分泌物的酚酸类物质处理的土壤养分含量显著增加。3 次取样，添加玉米根系分泌物后，邻苯二甲酸对应土壤养分含量的化感指数的降幅最大，平均降低 33.67%，而肉桂酸处理的降幅最小，平均降低 25.84%。

在处理第 5 d，玉米根系分泌物对各类酚酸类物质化感作用的影响最强，随后逐渐减弱。整个培养时期，与酚酸类处理相比，含有玉米根系分泌物处理的土壤碱解氮、有效磷和速效钾对应的化感指数分别可降低 10.85%～57.79%、11.98%～59.71% 和 5.88%～54.17%。说明玉米根系分泌物也可减弱酚酸类物质对土壤碱解氮、有效磷和速效钾的化感抑制作用（表 2-87）。

表 2-87　不同处理下的土壤养分含量

指标	处理	测量值			化感指数 *RI*		
		5 d	10 d	15 d	5 d	10 d	15 d
碱解氮(mg/kg 干土)	CK	51.36±1.06a	57.87±2.01a	58.60±1.92a	0	0	0
	A_1	44.54±2.11de	47.06±0.39cd	50.99±2.42bcde	−0.137 5	−0.186 8	−0.129 9
	A_2	40.10±0.92g	42.12±0.99g	45.82±1.67f	−0.223 4	−0.272 2	−0.218 1
	B_1	45.92±0.80cd	49.09±1.57c	52.33±1.85bcd	−0.110 6	−0.151 8	−0.107 0
	B_2	41.83±1.87efg	44.74±0.85ef	47.87±1.83def	−0.189 9	−0.226 9	−0.183 1
	C_1	45.44±2.09cd	48.29±1.04c	51.80±2.89bcd	−0.119 9	−0.165 5	−0.116 0
	C_2	40.82±1.08fg	43.41±0.98fg	46.56±1.91ef	−0.209 4	−0.249 9	−0.205 4
	A_1+MRE	48.15±1.04bc	51.27±1.61b	52.80±1.46bc	−0.067 4	−0.114 1	−0.099 0
	A_2+MRE	43.25±2.64def	45.81±1.55de	47.21±3.82ef	−0.162 4	−0.208 4	−0.194 4
	B_1+MRE	49.22±1.81ab	52.94±0.84b	54.09±3.02b	−0.046 7	−0.085 3	−0.076 9
	B_2+MRE	45.35±0.70cd	48.38±0.58c	49.48±1.43cdef	−0.121 8	−0.164 1	−0.155 6
	C_1+MRE	48.90±2.26ab	51.95±1.28b	53.52±2.33bc	−0.053 0	−0.102 3	−0.086 6
	C_2+MRE	44.19±1.81de	46.90±1.01cd	48.19±2.93def	−0.144 2	−0.189 6	−0.177 7
有效磷(mg/kg 干土)	CK	47.45±2.46a	54.02±1.45a	48.94±1.57a	0	0	0
	A_1	39.20±0.69de	42.31±1.36def	40.66±2.03cde	−0.173 9	−0.216 8	−0.169 1
	A_2	35.11±0.79g	37.37±0.69g	36.32±2.36g	−0.260 1	−0.308 2	−0.257 9
	B_1	41.14±1.31cd	44.51±1.08cd	42.65±2.58bcd	−0.132 9	−0.176 1	−0.128 5
	B_2	36.37±1.10fg	38.26±1.50g	37.78±1.70efg	−0.233 5	−0.291 7	−0.227 9
	C_1	40.53±1.04d	43.80±0.80cde	42.12±2.13bcd	−0.145 8	−0.189 1	−0.139 2
	C_2	35.60±1.42g	37.99±0.70g	36.92±1.39fg	−0.249 8	−0.296 8	−0.245 6
	A_1+MRE	43.08±0.39bc	46.04±1.08bc	42.49±1.92bcd	−0.092 1	−0.147 7	−0.131 7
	A_2+MRE	38.09±0.90ef	40.03±2.13ef	37.83±2.04efg	−0.197 3	−0.259 0	−0.227 0

（续）

指标	处理	测量值			化感指数 *RI*		
		5 d	10 d	15 d	5 d	10 d	15 d
有效磷(mg/kg干土)	B_1+MRE	44.91±0.92b	48.41±2.33b	44.60±1.09b	−0.053 6	−0.103 9	−0.088 6
	B_2+MRE	39.90±1.22de	41.95±1.26def	39.91±2.08def	−0.159 2	−0.223 5	−0.184 5
	C_1+MRE	44.24±1.16b	47.43±2.83b	43.89±1.63bc	−0.067 6	−0.122 0	−0.103 1
	C_2+MRE	39.00±0.78de	41.19±1.03ef	38.66±1.24efg	−0.178 2	−0.237 4	−0.210 0
速效钾(mg/kg干土)	CK	94.00±2.00a	96.67±1.53a	99.33±2.08a	0	0	0
	A_1	83.67±1.53de	81.00±1.00efgh	89.00±2.65bcde	−0.109 9	−0.162 1	−0.104 0
	A_2	77.33±1.15g	76.33±1.53i	82.33±3.06f	−0.177 3	−0.210 3	−0.171 1
	B_1	86.00±2.65cd	84.67±1.53cd	91.33±2.08bcd	−0.085 1	−0.124 1	−0.080 5
	B_2	82.33±0.58ef	79.00±1.00gh	87.33±2.52cdef	−0.124 1	−0.182 8	−0.120 8
	C_1	84.33±2.52de	82.33±2.08def	89.67±3.21bcde	−0.102 8	−0.148 3	−0.097 3
	C_2	80.00±1.00fg	78.00±2.00hi	85.00±3.61ef	−0.148 9	−0.193 1	−0.144 3
	A_1+MRE	88.00±1.73bc	86.33±1.15c	90.67±1.15bcd	−0.063 8	−0.106 9	−0.087 2
	A_2+MRE	81.33±1.53ef	79.33±1.53fgh	83.33±3.06f	−0.134 8	−0.179 3	−0.161 1
	B_1+MRE	90.33±2.52b	89.67±2.52b	93.33±3.06b	−0.039 0	−0.072 4	−0.060 4
	B_2+MRE	86.33±1.15cd	83.00±2.65de	89.00±3.00bcde	−0.081 6	−0.141 4	−0.104 0
	C_1+MRE	88.67±1.53bc	87.67±2.08bc	91.67±2.52bc	−0.056 7	−0.093 1	−0.077 2
	C_2+MRE	84.00±2.00e	81.67±1.53defg	86.33±2.08def	−0.106 4	−0.155 2	−0.130 9

注：同列数据后不同字母表示在 0.05 水平上差异显著。

3. 结论

本研究发现 3 种酚酸类物质均显著降低了土壤微生物量碳和氮的含量，抑制了土壤呼吸强度，且浓度越高，化感抑制作用越强；均显著降低了土壤脲酶、酸性磷酸酶和蔗糖酶活性，土壤养分含量（碱解氮、有效磷、速效钾）也显著降低，且浓度越高，降幅越大。添加玉米根系分泌物均增加了 3 种酚酸类物质处理的土壤微生物量碳、氮含量和土壤呼吸强度，降低了酚酸类物质对土壤微生物量和呼吸强度的化感指数；均增加了各取样时期含有酚酸类物质的土壤脲酶、酸性磷酸酶和蔗糖酶活性，降低了肉桂酸、邻苯二甲酸和对羟基苯甲酸对 3 种土壤酶活性的化感指数。

本研究中，肉桂酸对土壤各指标的化感抑制作用最强，这可能是肉桂酸在土壤中的降解速率较慢所致。另外，酚酸类物质对土壤微生态环境的作用效果与其种类也有关。随着培养时间的延长，3 种酚酸类物质对土壤的化感抑制作用均呈先增强后减弱的趋势，而玉米根系分泌物对酚酸类物质化感作用的影响呈逐渐减弱的趋势，这可能是玉米根系分泌物在土壤中的降解速率较快所致。本研究发现，添加玉米根系分泌物后，邻苯二甲酸和低浓度酚酸类物质处理对土壤微生态环境的化感抑制作用受影响较大，说明玉米根系分泌物对酚酸类物质化感作用的效果与酚酸类物质的种类和含量也存在一定的关系。

四、玉米根系分泌物缓解连作花生土壤酚酸类物质的化感抑制作用（山东日照）

1. 试验设计

玉米根系分泌物的收集及土壤样品的采集方法同第二章第八节三、1. 试验设计。

（1）酚酸类物质和玉米根系分泌物处理液的制备。称取一定量的分析纯肉桂酸、邻苯二甲酸和对羟基苯甲酸，将其按照质量比 4：10：7 均匀混合，先分别溶于少量乙醇（每升溶液 5 mL 乙醇），再用蒸馏水稀释配成 200 mg/L、400 mg/L 和 800 mg/L 的酚酸处理液；将玉米根系分泌物母液稀释成 1 000 mg/L 的处理液，备用。

（2）酚酸类物质和玉米根系分泌物对连作花生土壤的处理。将 10 年连作的风干土壤分装到塑料瓶中，每瓶（口径 5 cm，高 8.5 cm）装土 100 g。用配置好的 200 mg/L 和 400 mg/L 酚酸溶液处理上述分装好的土壤，每瓶加入 20 mL 酚酸处理液，使 3 种酚酸类物质混合物的初始含量分别达到 40 mg/kg 干土和 80 mg/kg 干土，分别记为 D_1、D_2。另用配置好的 400 mg/L 和 800 mg/L 的酚酸处理液 10 mL 处理另一部分分装好的土壤后，每瓶再加入 10mL 玉米根系分泌物处理液，使土壤中 3 种物质混合物的初始含量分别达到 40 mg/kg 干土和 80 mg/kg 干土，同时玉米根系分泌物的含量达到 100 mg/kg 干土，分别记为 D_1+MRE、D_2+MRE。CK 用等量加入同等比例乙醇的蒸馏水处理。处理后，分别用封口膜封口并留有小孔透气，保持含水量为 20%（重量调节法），每个处理 9 瓶，25 ℃黑暗培养。

2. 结果分析

（1）连作花生土壤微生物量及活性的变化。随着培养时间的延长，对照处理土壤 MBC、MBN 含量和呼吸强度均呈逐渐增加的趋势。在整个培养时期，3 种酚酸类物质（肉桂酸、邻苯二甲酸和对羟基苯甲酸）混合物均显著降低了土壤微生物量和微生物活性，且浓度越高，降幅越大；与对照相比，高浓度酚酸类物质处理的土壤 MBC、MBN 含量和呼吸强度分别平均降低了 35.15%、36.38% 和 35.86%。添加玉米根系分泌物在一定程度上缓解了 3 种酚酸类物质对土壤 MBC、MBN 和土壤呼吸强度的抑制作用，但仍低于同期对照；其中在前两次取样，玉米根系分泌物对低浓度酚酸类物质混合物处理的土壤微生物量和微生物活性的促进作用均达到了差异显著性（表 2-88）。

表 2-88　不同处理下土壤微生物量和呼吸强度

土壤微生物指标	处理	时间		
		5 d	10 d	15 d
微生物量碳 (mg/kg 干土)	CK	48.90±1.45a	54.38±1.88a	64.80±2.63a
	D_1	37.05±0.96c	38.75±2.74c	50.24±1.98b
	D_2	31.92±1.09d	33.58±1.27d	43.77±1.06c
	D_1+MRE	40.79±2.24b	42.36±1.28b	53.05±1.71b
	D_2+MRE	34.83±2.31cd	36.18±1.21cd	46.36±1.46c
微生物量氮 (mg/kg 干土)	CK	7.64±0.22a	8.26±0.28a	8.95±0.43a
	D_1	5.71±0.24c	5.54±0.14c	6.63±0.19bc
	D_2	4.96±0.26d	4.99±0.11d	5.86±0.34d
	D_1+MRE	6.23±0.17b	5.97±0.19b	6.92±0.36b
	D_2+MRE	5.32±0.33cd	5.42±0.15c	6.13±0.28d
土壤呼吸强度 [mg/(kg · h 干土)]	CK	6.17±0.24a	8.00±0.30a	8.59±0.46a
	D_1	4.70±0.08c	5.50±0.19c	6.62±0.24b
	D_2	4.07±0.23d	4.77±0.15d	5.74±0.30c
	D_1+MRE	5.10±0.07b	6.05±0.25b	6.90±0.53b
	D_2+MRE	4.36±0.32cd	5.09±0.37cd	5.93±0.13c

注：同列数据后不同字母表示在 0.05 水平上差异显著。

在整个培养时期，酚酸类物质对土壤 MBC、MBN 和呼吸强度的化感抑制作用（RI<0）均呈先增强后减弱的趋势，各处理在第 10 d 达到最强。玉米根系分泌物均降低了酚酸类物质对土壤 MBC、MBN 和土壤呼吸强度的化感指数；其中，低浓度的酚酸类物质处理对土壤 MBC、MBN 和呼吸强度的化感指数分别平均降低了 24.65%、18.49% 和 21.19%，而高浓度处理则分别平均降低了 14.00%、11.64% 和 10.23%。随着培养时间的延长，玉米根系分泌物对酚酸类物质的化感作用的影响逐渐减弱，以处理第 5 d 对酚酸类物质化感作用的影响最大，此时低浓度酚酸类物质处理土壤 MBC、MBN 和呼吸强度的化感指数分别降低了 31.53%、27.27% 和 27.50%（图 2-49）。

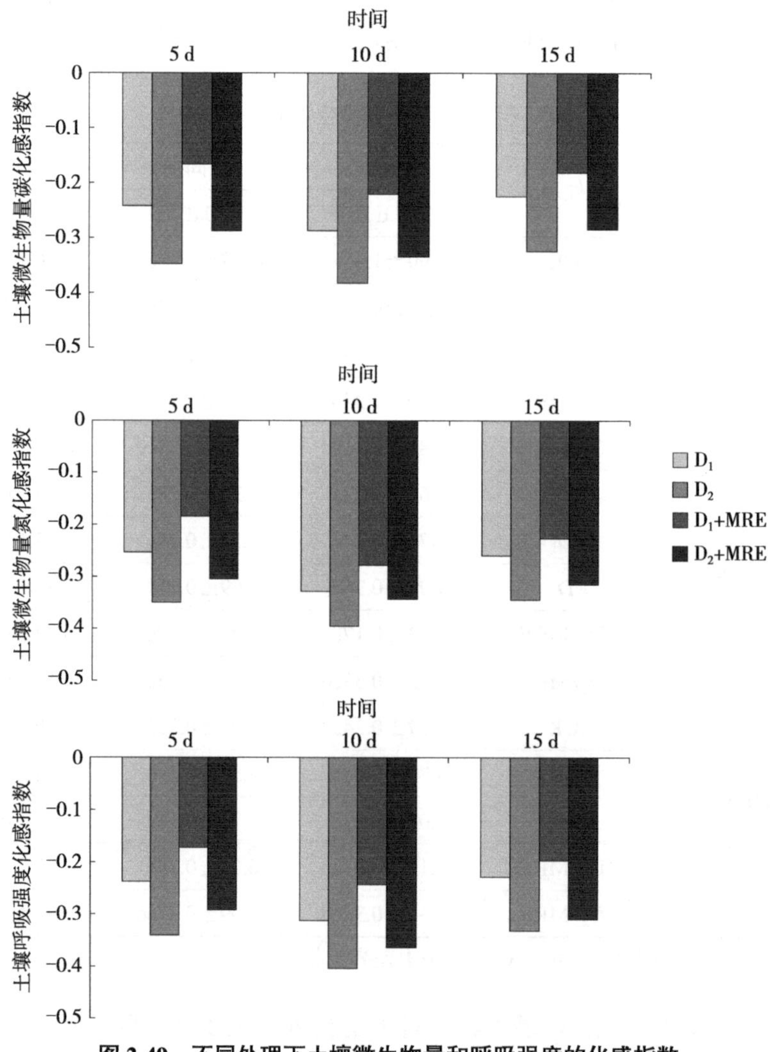

图 2-49　不同处理下土壤微生物量和呼吸强度的化感指数

（2）对连作花生土壤酶活性的影响。土壤酶活性与土壤 MBC、MBN 含量和呼吸强度的变化规律类似，2 种浓度的酚酸类物质均显著降低了 3 种土壤酶活性，且高浓度酚酸类物质处理显著低于低浓度处理；3 次取样，土壤脲酶、酸性磷酸酶和蔗糖酶分别比对照降低了 15.70%～28.24%、18.05%～38.35% 和 15.06%～29.48%；玉米根系分泌物也在一定程度上增加了酚酸类物质处理的土壤脲酶、酸性磷酸酶和蔗糖酶活性。前 2 次取样，添加玉米根系分泌物均显著增加了低浓度酚酸类物质处理的 3 种土壤酶活性。整个培养时期，低浓度的酚酸类物质处理的土壤脲酶、酸性磷酸酶和蔗糖酶活性分别平均增加了 4.57%、9.93% 和 5.71%（表 2-89）。

表 2-89　不同处理下土壤酶活性

土壤酶活性	处理	测量值		
		5 d	10 d	15 d
脲酶活性 (NH_3-N μg/g 干土)	CK	150.82±2.18a	159.32±1.01a	177.19±3.97a
	D_1	126.49±3.83c	124.09±3.41c	149.38±2.47bc
	D_2	117.04±3.34d	114.33±3.89d	140.49±5.57d
	D_1+MRE	133.75±4.88b	131.51±2.75b	152.33±4.13b
	D_2+MRE	122.28±3.79cd	118.97±3.68cd	142.40±3.62cd
酸性磷酸酶活性 (phenol nmol/g 干土)	CK	16.38±1.83a	18.11±0.50a	19.86±0.66a
	D_1	12.44±0.45c	13.84±0.28c	16.27±0.58b
	D_2	10.42±0.35d	11.17±0.48d	13.20±0.91c
	D_1+MRE	14.42±0.86b	15.15±0.90b	17.00±0.19b
	D_2+MRE	11.93±0.14cd	12.43±1.09d	13.72±0.33c
蔗糖酶活性 (glucose mg/g 干土)	CK	7.51±0.28a	7.87±0.17a	8.79±0.22a
	D_1	6.21±0.14c	6.05±0.14c	7.47±0.28bc
	D_2	5.75±0.19d	5.55±0.19d	6.80±0.21d
	D_1+MRE	6.71±0.08b	6.46±0.11b	7.65±0.51b
	D_2+MRE	6.10±0.38cd	5.82±0.31cd	6.92±0.31cd

注：同列数据后不同字母表示 0.05 水平上差异显著。

酚酸类物质对土壤酶活性均存在化感抑制作用（$RI<0$），且浓度越高，抑制作用越强；整体来看，3 种土壤酶活性受到的化感抑制作用呈先增强后

减弱的趋势，各处理在第 10 d 达到最强，此时高浓度酚酸类物质处理对土壤脲酶、酸性磷酸酶和蔗糖酶活性的化感作用强度分别可达 0.282 4、0.383 5 和 0.294 8。玉米根系分泌物均降低了各处理的化感指数，且不同浓度的酚酸类物质处理之间，以低浓度处理降幅较大。3 次取样，玉米根系分泌物可使低浓度酚酸类物质对土壤脲酶、酸性磷酸酶和蔗糖酶活性的化感指数分别平均降低 20.51%、33.71% 和 24.75%。在处理第 5 d，玉米根系分泌物对酚酸类物质化感作用的影响最大，随后呈减弱的趋势（图 2-50）。

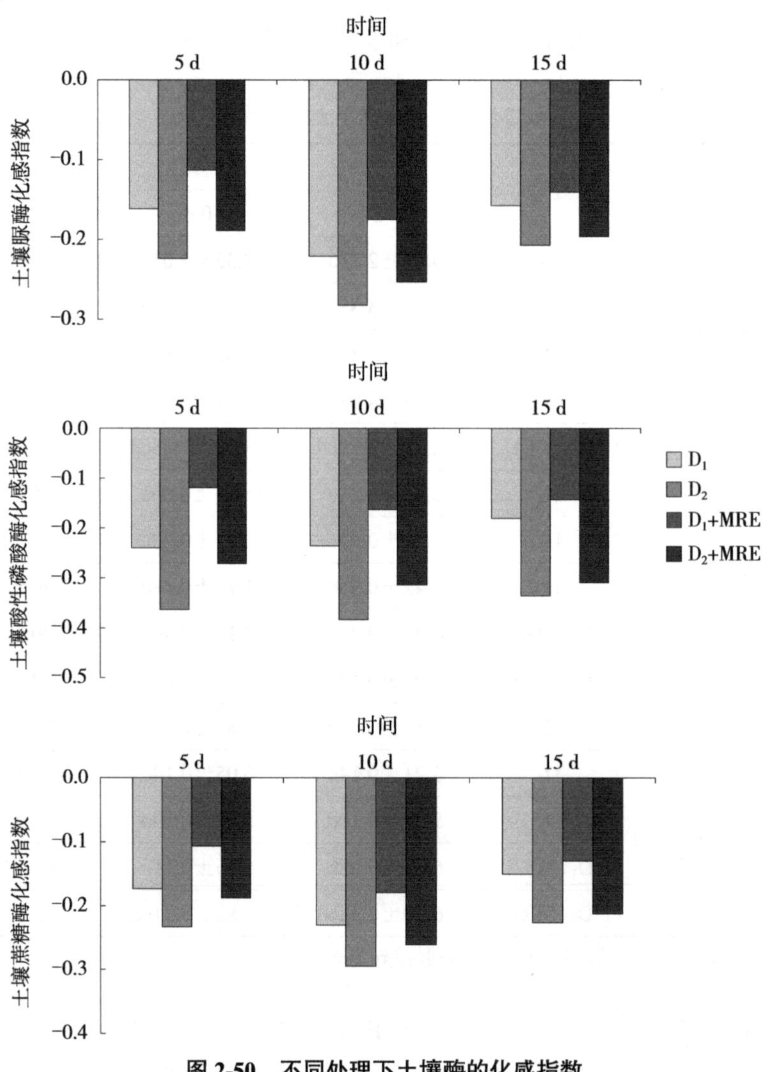

图 2-50　不同处理下土壤酶的化感指数

（3）对连作花生土壤养分含量的影响。土壤碱解氮、有效磷和速效钾含量的变化规律基本一致。从 3 个取样时期来看，酚酸类物质处理均显著降低了这 3 种土壤养分的含量，且浓度越高，降幅越大，土壤碱解氮、有效磷和速效钾的含量可分别降低 16.29%～28.92%、19.83%～34.25% 和 14.09%～24.83%；玉米根系分泌物均在一定程度上增加了酚酸类物质处理的土壤养分含量。在前 2 次取样，添加玉米根系分泌物的低浓度酚酸类物质处理的土壤碱解氮、有效磷和速效钾含量均显著增加（表 2-90）。

表 2-90　不同处理下土壤养分含量

土壤养分	处理	测量值		
		5 d	10 d	15 d
碱解氮 (mg/kg 干土)	CK	51.63±1.06a	57.87±2.01a	58.60±1.92a
	D_1	42.36±1.14c	45.06±0.45c	49.05±1.82b
	D_2	38.22±1.08d	41.13±0.34d	43.77±1.90c
	D_1+MRE	45.72±1.89b	47.95±0.50b	50.36±2.10b
	D_2+MRE	40.51±2.53cd	42.60±1.35d	44.38±1.94c
有效磷 (mg/kg 干土)	CK	47.45±2.46a	54.02±1.45a	48.94±1.57a
	D_1	37.90±3.18c	40.59±0.79c	39.23±2.49bc
	D_2	32.07±1.48d	35.52±0.86d	34.09±1.73d
	D_1+MRE	40.30±1.98b	42.62±0.53b	40.41±2.18b
	D_2+MRE	34.19±2.02cd	37.10±1.48d	34.80±0.94cd
速效钾 (mg/kg 干土)	CK	94.00±2.00a	96.67±1.53a	99.33±2.08a
	D_1	79.67±0.58c	76.83±2.36c	85.33±1.53b
	D_2	74.33±4.04d	72.67±2.52d	79.00±1.00c
	D_1+MRE	84.33±2.08b	80.67±2.52b	87.00±2.65b
	D_2+MRE	77.00±2.00cd	74.67±1.15cd	79.33±4.16c

注：同列数据后不同字母表示在 0.05 水平上差异显著。

2 种浓度的酚酸类物质对这 3 种土壤养分含量均存在化感抑制作用（$RI<0$），且浓度越高，抑制作用越强。在整个取样时期，土壤养分含量所受到的化感抑制作用先增强后减弱，以处理第 10 d 最强。添加玉米根系分泌物均降低了酚酸类物质对土壤养分含量的化感指数，以低浓度处理所受影响较大。玉米根系分泌物对酚酸类物质化感作用的影响以处理第 5 d 最强，此时含有玉

米根系分泌物的低浓度酚酸类物质处理土壤碱解氮、有效磷和速效钾对应的化感指数分别降低 36.20%、25.09% 和 32.56%。随着处理时间的延长，玉米根系分泌物对酚酸类物质化感作用的影响也呈逐渐减弱的趋势。3 次取样，玉米根系分泌物可使低浓度酚酸类物质对土壤碱解氮、有效磷和速效钾的化感指数分别平均降低 24.13%、17.46% 和 21.26%（图 2-51）。

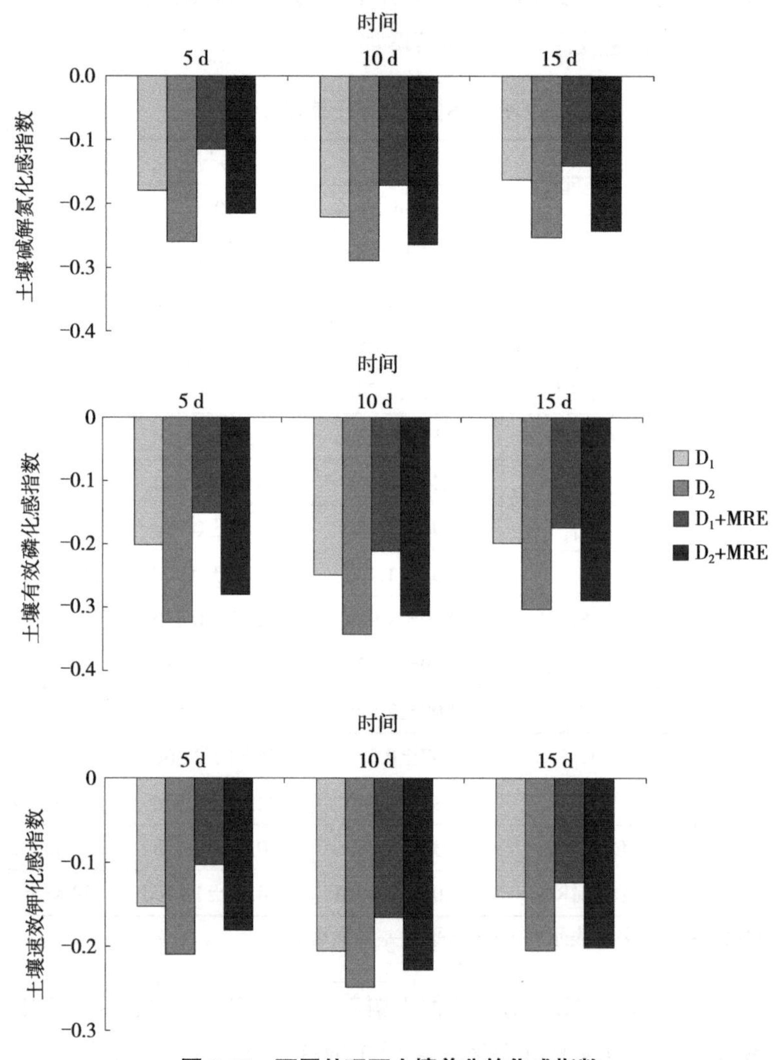

图 2-51　不同处理下土壤养分的化感指数

3. 结论

玉米根系分泌物在一定程度上缓解了酚酸类物质对土壤微生态环境的化

感作用。与酚酸类物质处理相比，添加玉米根系分泌物处理的土壤呼吸强度、酶活性、微生物量及养分含量都有增加。低浓度玉米根系分泌物较明显地降低了酚酸类物质对土壤各指标的化感指数。

酚酸类物质和玉米根系分泌物对土壤微生态环境的作用均存在一定的时间效应：酚酸类物质的化感作用呈先增强后减弱的趋势，而玉米根系分泌物对酚酸类物质的化感作用的影响呈逐渐减弱的趋势。在实际生产中，玉米根际分泌物的产生是连续的，化感效应持续时间可能更长；另外，土壤微生物、玉米根系、连作花生根系及根系分泌物的综合作用更加复杂。

五、间作对土壤微生物的影响

（一）间作对东北区土壤微生物群落的影响（辽宁沈阳）

1. 试验设计

同第二章第二节一、（五）1. 试验设计。

2. 结果分析

（1）间作对土壤微生物群落结构的影响。经测序分析，间作土壤中的细菌群落分为19个细菌门、36纲、80目、116科、242属、267种。变形菌门（Proteobacteria）和酸杆菌门（Acidobacteria）（相对丰度超过10%）是优势细菌门，占55.7%～60.9%（彩图1 A）。其次，浮霉菌门（Planctomycetes）、芽单胞菌门（Gemmatimonadetes）、拟杆菌门（Bacteroidetes）、疣微菌门（Verrucomicrobia）、放线菌门（Actinobacteria）和硝化螺旋菌门（Nitrospirae）相对丰度超过1%。与SM（玉米单作）比，IM（间作玉米边行）增加了浮霉菌门（Planctomycetes）、拟杆菌门（Bacteroidetes）、疣微菌门（Verrucomicrobia）、放线菌门（Actinobacteria）、氯菌门（Chloroflexi）、厚壁菌门（Firmicutes）丰度，增幅17.59%～305.73%。除此之外，与SP（花生单作）相比，IP（间作花生边行）酸杆菌门（Acidobacteria）相对丰度也增加了，增幅约12.51%。与SIP（花生单作交互区）和SIM（玉米单作交互区）相比，II（间作玉米花生交互区）变形菌门（Proteobacteria）、酸杆菌门（Acidobacteria）、放线菌门（Actinobacteria）、厚壁菌门（Firmicutes）丰度增加，增幅0.29%～16.11%。

经测序分析，间作土壤中的真菌群落分为10个真菌门、29纲、74目、147科、268属、371种。子囊菌门（Ascomycota）和担子菌门（Basidiomycota）（相对丰度超过10%）是优势真菌门，占49.1%～66.8%（彩图1 B）。其次，Mucoromycota、壶菌门（Chytridiomycota）、Mortierellomycota和球囊菌门（Glomeromycota）丰度超过1%。与SM比，IM子囊菌门（Ascomycota）、担子菌门（Basidiomycota）、Kickxellomycota、Entomophthoromycota丰度增加，增幅26.35%～54.36%。除此之外，IP Mucoromycota、球囊菌门（Glomeromycota）、Zoopagomycota、隐真菌门（Cryptomycota）丰度也增加了，增幅3.36%～179.96%。与SIP和SIM相比，II子囊菌门（Ascomycota）、Mucoromycota、球囊菌门（Glomeromycota）、Entomophthoromycota和隐真菌门（Cryptomycota）丰度增加，3.53%～126.47%。

细菌和真菌群落相关性分析表明，土壤中细菌与真菌存在复杂相关性。变形菌门（Proteobacteria）与子囊菌门（Ascomycota）呈正相关（r=0.073），而与担子菌门（Basidiomycota）呈负相关（r=−0.617）。酸杆菌门（Acidobacteria）与子囊菌门（Ascomycota）呈负相关（r=−0.617），而与担子菌门（Basidiomycota）呈正相关（r=0.291）。放线菌门（Actinobacteria）与子囊菌门（Ascomycota）呈负相关（r=−0.060），而与担子菌门（Basidiomycota）呈正相关（r=0.574）（彩图1 C）。

（2）间作对土壤微生物多样性的影响。IM细菌和真菌的OTUs分别比SM少9.7%和10.4%。同时，在II中细菌和真菌OTUs比SIP、SIM少。但是，IP中OTUs变化不同，细菌的OTUs比SP少3.9%，而真菌IP的OTUs比SP多7.9%。Alpha多样性指数分析表明，除IP真菌多样性和丰富度高于SP外，间作细菌和真菌群落多样性和丰富度均小于单作。其中，IP细菌丰富度明显小于SP；II真菌多样性和丰富度明显高于SIM；IM真菌多样性和丰富度小于SM（表2-91）。

（3）间作对土壤微生物群落功能的影响。通过KEGG功能代谢途径预测分析发现，一级功能层中代谢（Metabolism）途径是细菌群落主要的生物功能（彩图2 A）。氨基酸代谢（Amino acid transport and metabolism）、碳水化合物代谢（Carbohydrate transport and metabolism）、细胞壁/细胞膜/细胞被膜的生物发生（Cell wall/ membrane/envelope biogenesis）、次生代谢产物生物合成、运输和分解代谢（Secondary metabolites biosynthesis，transport and catabolism）、信号转导机

制（Signal transduction mechanisms）和转录（Transcription）子功能在二级功能层中所占相对丰度较高（彩图 2 B）。通过 FUN Guide 预测真菌群落功能发现，间作丰富了共生营养型真菌种类，减少了寄生型营养真菌种类。其中子囊菌门（Ascomycota）和担子菌门（Basidiomycota）2 种真菌所占的相对丰度较高（彩图 2 C）。可见，玉米花生带状间作丰富土壤细菌群落的功能多样性，减少了寄生型营养真菌种类，改善了土壤微生态环境。

表 2-91　Alpha 多样性指数和 OTUs 个数

样品	OTUs		Shannon		Simpson		Ace		Chao	
	细菌	真菌	细菌	真菌	细菌	真菌	细菌	真菌	细菌	真菌
IM	1 689.67±223.01a	334.33±53.51a	10.19±0.09a	6.36±0.14b	0.998 7±0.000 1a	0.966±0.005a	2 851.02±94.33a	354.94±50.24a	2 643.34±105.25a	354.54±49.77a
SM	2 139.67±149.98a	370.00±41.53a	10.39±0.08a	6.83±0.08a	0.998 6±0.000 1a	0.976±0.002a	3 042.87±65.30a	393.30±37.68a	2 981.87±96.99a	389.68±35.80a
IP	2 100.00±150.30a	364.67±25.95a	10.36±0.03a	6.64±0.16a	0.998 6±0.000 1a	0.974±0.004a	2 984.60±32.82b	388.66±28.91a	2 865.98±35.20a	390.51±28.48a
SP	2 193.00±132.86a	339.00±24.91a	10.42±0.04a	6.62±0.15a	0.998 4±0.000 2a	0.972±0.002a	3 174.60±8.63a	349.10±18.06a	3 024.28±15.51b	352.29±18.20a
II	2 118.33±169.00a	259.00±40.60b	10.38±0.05a	5.88±0.50a	0.998 7±0.000 0a	0.937±0.029a	2 986.89±59.14a	265.84±29.60a	2 866.18±69.48a	267.59±28.04b
SIM	2 216.67±78.27a	369.67±29.77a	10.49±0.02a	6.86±0.06a	0.998 8±0.000 0a	0.977±0.001a	3 159.75±51.38a	385.01±25.54a	3 008.76±58.45a	389.01±25.95a
SIP	2 209.67±136.79a	286.67±34.10ab	10.46±0.08a	6.35±0.08a	0.998 7±0.000 2a	0.962±0.003a	3 020.92±87.10a	297.00±31.57a	2 921.28±73.27a	296.74±29.99ab

注：同列数据后不同字母表示在 0.05 水平上差异显著。

3. 结论

玉米花生间作增加了间作花生和间作交互区根际土壤真菌群落多样性和丰富度，优化了细菌和真菌群落之间的平衡，改善根际土壤微生态环境。变形菌门、子囊菌门等有益菌相对丰度增加，有利于微生物氨基酸代谢和碳水化合物运输、代谢，提高间作区域土壤养分供应能力，进而增加玉米植株氮含量和干物质积累。

（二）黄淮长期小麦—花生//玉米种植土壤微生物多样性及功能研究（山东济南）

1. 试验设计

前茬种植冬小麦，采用夏玉米夏花生行比3∶4模式（M//P），单作夏玉米（SM）、夏花生（SP）3种模式，进行长期定位试验。该试验于2016—2018年在山东省济南市章丘龙山试验基地进行。土壤类型为棕壤，0～20 cm耕层土壤基本理化性状为有机质10.6 g/kg、总氮1.1 g/kg、总磷8.0 g/kg、总钾6.2 g/kg。

在2018年玉米和花生收获前，使用直径为2.5 cm的螺旋钻采集不同深度（0～10 cm、10～20 cm、20～40 cm）土壤样本。每个样地随机选取5个样点采集土壤样品，样品充分混合后保存在便携式存储盒中，并立即运至实验室。一部分土壤样本自然风干，剔除可见的砾石、植物根系，研磨，过2.0 mm筛，用于分析土壤有机碳（SOC）和溶解有机碳（DOC）。另一部分样品置于4 ℃恒温冰箱保存，用于测定土壤微生物、微生物量碳（MBC）及矿化（SOCM）等。

使用E.Z.N.A. DNA试剂盒（Omega Bio-Tek，美国佐治亚州诺克罗斯）从土壤样本中提取微生物DNA。使用引物341F（CCTACGGGNGGCWGCAG）和806R（GGACTACHVGGGTATCTAAT）PCR扩增真核核糖体RNA基因的16S rDNA V3-V4区。扩增子从2%琼脂糖凝胶中提取，使用AxyPrep DNA凝胶提取试剂盒（Axygen Biosciences，Union City，CA，美国），使用QuantiFluor-ST（Promega，美国）。将纯化后的扩增子按等摩尔浓度汇集在Illumina平台上，根据标准方案进行配对测序。

2. 结果分析

（1）微生物群落丰度和多样性。3种种植方式影响土壤微生物群落的大小。这些序列聚类为OTU，相似度为97%，3种模式下OTU的数量在6 243～7 170之间。单作玉米（SM）20～40 cm土层的OTU最少，单作花生（SP）10～20 cm土层OTU最多。通过丰度和多样性指数的比较，揭示了土壤样品微生物群落的差异。Chao1指数在带状轮作种植体系（M//P）的20～40 cm土层最低，在SP的10～20 cm土层最高，分别为8 506和9 849，

ACE 值与 Chao1 变化趋势无差异。平均来看，各种植模式下微生物多样性均随土壤深度的增加而逐渐减少（表 2-92）。

表 2-92　微生物群落丰度和多样性

土层(cm)	种植模式	OTUs	ACE	Chao1	Shannon	Simpson
0～10	SP	6 971±238a	9 225±21b	9 375±190b	10.36±0.06a	0.997 5±0.000 14ab
	SM	6 317±121bc	8 670±106de	8 609±112de	10.30±0.04a	0.997 6±0.000 09a
	M//P	6 544±88b	8 736±30d	8 694±35d	10.21±0.03bc	0.997 5±0.000 03a
10～20	SP	7 170±139a	9 768±70a	9 849±3a	10.31±0.056a	0.997 2±0.000 06bc
	SM	7 047±165a	9 703±40a	9 696±105a	10.16±0.06bcd	0.996 6±0.000 19d
	M//P	6 515±138b	8 802±328cd	8 716±66d	10.11±0.06d	0.996 6±0.000 16d
20～40	SP	6 524±13b	8 980±42c	8 957±24c	10.21±0.02b	0.996 6±0.000 02d
	SM	6 243±71c	8 648±37de	8 601±73de	10.14±0.01cd	0.996 6±0.000 13d
	M//P	6 417±39bc	8 478±29e	8 506±33e	10.11±0.03d	0.997 0±0.000 25c
变异来源						
土层		0.000^{**}	0.000^{**}	0.000^{**}	0.000^{**}	0.092^{ns}
种植模式		0.000^{**}	0.000^{**}	0.000^{**}	0.000^{**}	0.000^{**}
土层种植模式		0.000^{**}	0.000^{**}	0.000^{**}	0.151^{ns}	0.000^{**}

注：1. 对非重复序列（不含单序列）按 97% 相似度进行 OTU 聚类。
2. 同列数据后不同字母表示在 0.05 水平上差异显著。
3. * 和 ** 分别表示数据在 0.05 和 0.01 水平上差异显著，ns 表示不显著。

（2）微生物群落差异分析。不同生境微生物群落的物种分布具有一定的相似性和特异性。为了解不同分组之间的 OTU 差异，基于 OTU 信息进行维恩图分析。选取相对丰度大于 1% 的门进行分析。序列的分布表明，每种种植方式都有不同的微生物种群。在 0～10 cm、10～20 cm 和 20～40 cm 土层中，M//P 异于 SM 和 SP 的 OUT 分别占 OTU 总数的 8.1%、6.2% 和 10.6%（图 2-52），这说明带状轮作改变了土壤微生物群落组成。

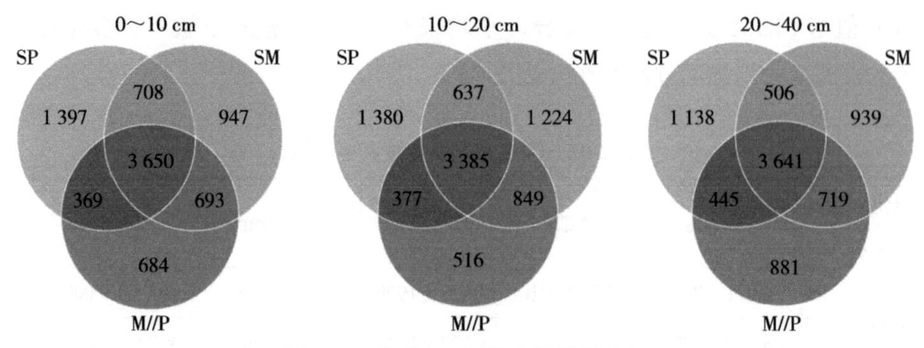

图 2-52　基于 OTU 信息的维恩分析

为了进一步比较不同种植方式下的微生物群落组成，通过 NMDS 分析显示，所有土壤样品分为 3 组，SP 的不同土层归为一类，且与 SM 和 M//P 距离较远，SM 和 M//P 的 20～40 cm 土层聚集在一起，而 SM 和 M//P 的 0～10 cm 土层和 10～20 cm 土层则聚集在另一组（彩图 3）。

（3）环境因子分析。对土壤理化参数与门水平相对丰度大于 2% 的微生物进行了冗余分析（RDA）（$P<0.05$）。RDA1 解释了微生物群落组成变化的 49.29%，RDA2 解释了 38.86%，二者共解释了群落组成变化的 88.16%。RDA 分析表明，土壤有机碳（SOC）、有效磷（AP）和速效钾（AK）浓度是决定微生物群落组成变化的关键因素（彩图 4），其贡献率分别为 20.37、20.56 和 21.49（图 2-53）。土壤有机碳浓度与 Proteobacteria 呈强正相关，与 Acidobacteria 呈负相关；速效钾与 Planctomycetes、Acidobacteria 和 Bacteroidetes 有较强的正相关，与 Proteobacteria、Nitrospirae 和 Actinobacteria 有较强的负相关；有效磷与 Verrucomicrobia 呈显著正相关，与 Nitrospirae、Actinobacteria 和 Chloroflexi 呈负相关。不同形态的氮［包括总氮（TN）、有效氮（AN）和微生物量氮（MBN）］对微生物群落的影响相似，均与 Planctomycetes、Bacteroidetes 和 Verrucomicrobia 呈正相关，与 Actinobacteria、Chloroflexi 和 Nitrospirae 负相关。Proteobacteria、Acidobacteria 和 Planctomycetes 是受土壤特性影响较大的门类，但却与 Acidobacteria 却表现出相反的相关性。我们推测，在 Acidobacteria 和 Proteobacteria 之间存在一定的权衡关系，且 Acidobacteria 更倾向于利用溶解的有机碳，在土壤中具有更强的不稳定性。

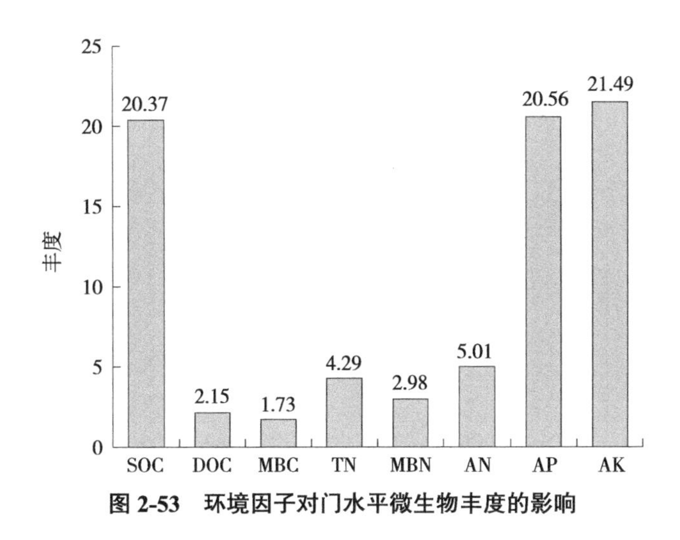

图 2-53 环境因子对门水平微生物丰度的影响

（三）间作对连作花生根际微生物群落的影响（山东日照）

1. 试验设计

同第二章第八节一、（二）1. 试验设计。

2. 结果分析

（1）间作对连作花生根际土壤微生物量碳（MBC）的影响。土壤 MBC 是土壤中易于利用的养分库及有机物分解和氮矿化的动力，与土壤中的 C、N、P、S 等养分循环密切相关。2 年的数据规律基本一致。从开花下针期到收获期，各处理花生根际土壤 MBC 含量呈先升高后降低的趋势，在结荚期达到最大。与花生连作相比，不同模式边行花生根际土壤 MBC 的含量显著增加（$P<0.05$），且间作模式 M3P3、M3P4 和 M4P4 高于 M2P4，尤其在开花下针期和结荚期，均达到了差异显著性（$P<0.05$），但三者之间差异不显著（$P>0.05$）。各时期间作花生边行根际土壤 MBC 含量比连作花生平均增加 37.62%、29.26%、25.16% 和 22.55%。不同模式中间行花生根际土壤 MBC 含量也显著高于连作花生（$P<0.05$），但低于边行。从开花下针期到结荚期，不同模式中间行花生根际土壤 MBC 含量比连作花生分别平均增加了 30.18%、26.79%、23.24% 和 20.55%。总体来看，不同模式间作对距离玉米较近的边行花生根际土壤 MBC 含量的影响较大；不同取样时期以开花下针期花生根际土壤 MBC 含量所受影响较大（图 2-54）。

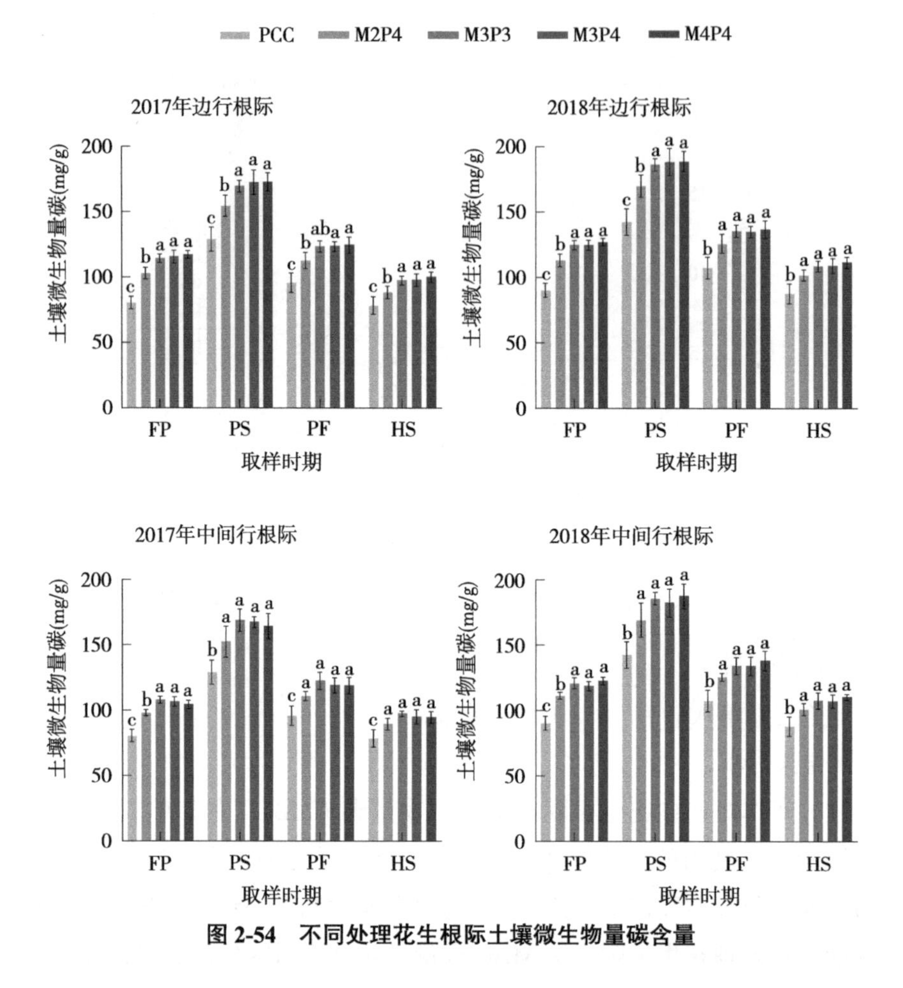

图 2-54 不同处理花生根际土壤微生物量碳含量

（2）间作对连作花生根际土壤微生物量氮（MBN）的影响。土壤 MBN 是土壤有机态氮中最活跃的组分，在土壤有机—无机态氮转化过程中发挥着重要作用。与花生根际土壤 MBC 规律一致，4 次取样时期，各处理花生根际土壤 MBN 含量呈先升高后降低的趋势，在结荚期达到最大。不同模式间作均显著增加了花生根际土壤 MBN 含量（$P<0.05$），且间作模式 M3P3、M3P4 和 M4P4 花生根际土壤 MBN 含量均高于 M2P4，但三者之间差异不显著（$P>0.05$）。从开花下针期到收获期，间作花生边行根际土壤 MBN 含量比连作花生平均增加 36.89%、33.49%、29.39% 和 37.35%；中间行比连作花生分别平均增加 27.03%、24.74%、21.47% 和 19.29%（2017 年）。交换种植带后，与连作花生相比，间作花生边行根际土壤 MBN 含量分别平均增加

34.25%、32.16%、26.61% 和 25.47%；中间行分别平均增加 28.66%、27.25%、24.39% 和 21.36%（2018 年）。不同模式玉米//花生对距离玉米较近的边行花生根际土壤 MBN 含量的影响较大；玉米带与花生带互换后，有利于增加中间行根际土壤 MBN 含量；不同取样时期以开花下针期所受影响较大（图 2-55）。

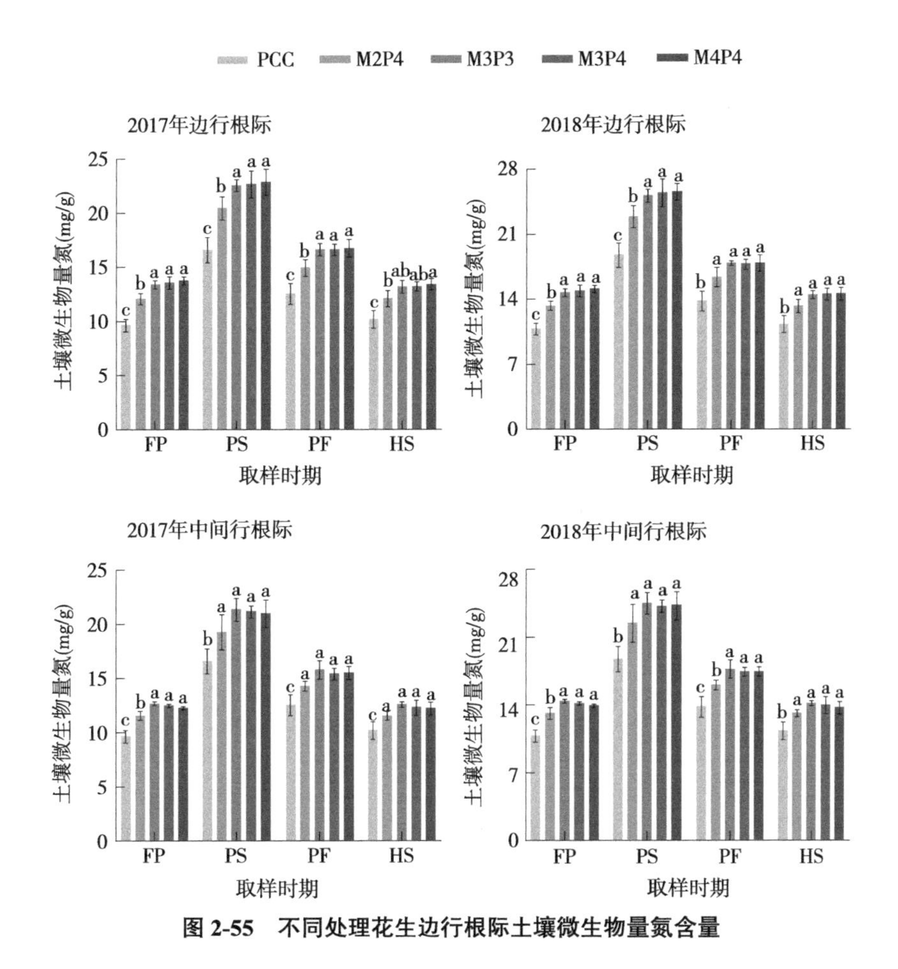

图 2-55　不同处理花生边行根际土壤微生物量氮含量

（3）间作对连作花生根际土壤微生物活性的影响。土壤呼吸强度的高低与土壤微生物促进物质转化以及土壤动物和植物根系呼吸强度相关，可反应土壤微生物活性的强弱。从开花下针期到收获期，各处理花生根际土壤呼吸强度呈先升高后降低的趋势，结荚期最强。不同模式间作均显著增加了花生根际土壤呼吸强度（$P<0.05$）。间作模式 M3P3、M3P4 和 M4P4 边行花生根际土壤呼吸强度均显著高于 M2P4，但三者之间差异不显著（$P>0.05$）。

4 次取样时期，间作花生边行根际土壤呼吸强度比连作花生平均增加 40.55%、32.01%、28.91% 和 26.11%。与连作花生相比，间作花生中间行根际土壤呼吸强度分别平均增加 31.72%、29.16%、23.30% 和 20.61%；交换种植带后，间作花生中间行比连作花生分别平均增加 35.72%、30.26%、26.69% 和 23.13%。不同模式间作均增加了花生根际土壤呼吸强度，且间作玉米行数越多，增幅越大，以边行花生增幅较大；玉米带与花生带互换后，有利于增加中间行根际土壤呼吸强度（图 2-56）。

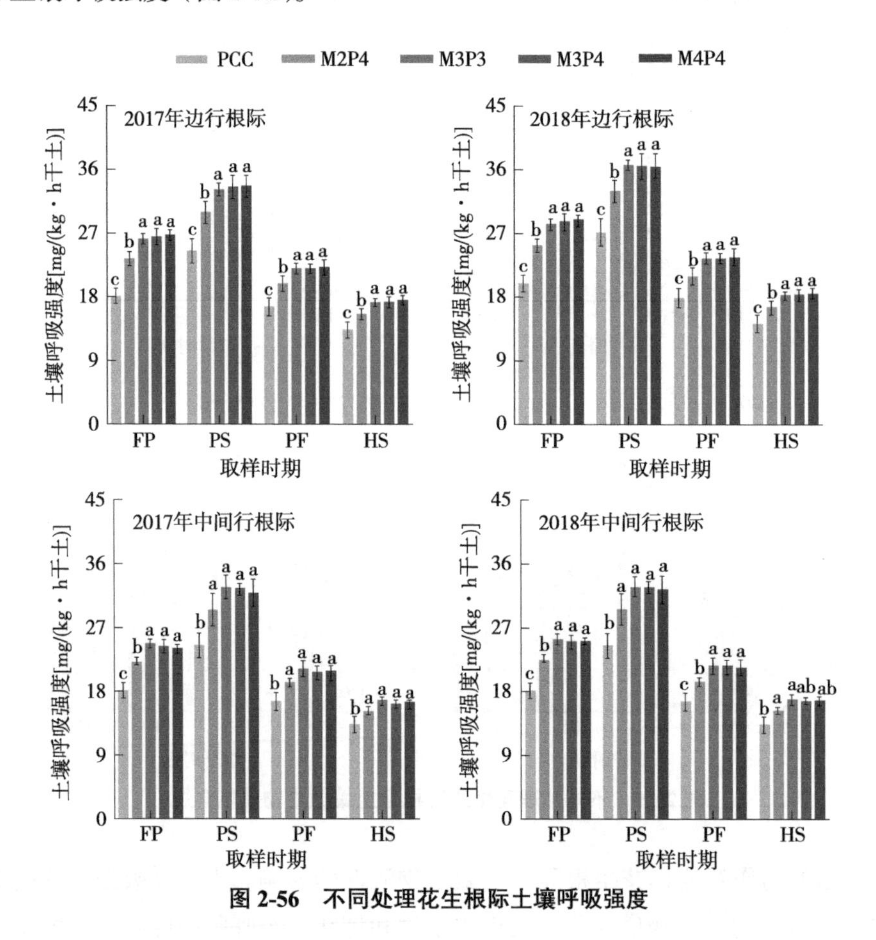

图 2-56　不同处理花生根际土壤呼吸强度

（4）间作对连作花生根际微生物的影响。

①不同模式间作对连作花生根际真菌的影响。开花下针期各处理花生根际土壤真菌抽平之后的序列数为 30 102，对其进行 OTU 分析，共获得 2 083 个 OTU。其中，连作花生开花下针期的 OTU 数目分别为 509，间作模式

M2P4、M3P3、M3P4 和 M4P4 花生根际土壤中真菌的 OTU 数目分别为 800、734、890 和 1 145，其中 190 个 OTU 为连作花生和间作花生开花下针期共同所有，间作模式 M2P4、M3P3、M3P4 和 M4P4 花生根际土壤中真菌特有的 OUT 数目分别为 162、126、241 和 583。以上说明间作增加了连作花生开花下针期根际土壤真菌多度。进一步对各处理真菌目水平分析发现，连作花生和间作花生根际土壤真菌丰度前四的目分别为肉座菌目（Hypocreales）、散囊菌目（Eurotiales）、粪壳菌目（Sordariales）和 Verrucariales。与花生连作相比，不同间作模式花生根际土壤中肉座菌目（Hypocreales）、被孢霉目（Mortierellales）和酵母目（Saccharomytales）多度呈增加的趋势，而散囊菌目（Eurotiales）和未分类真菌属（*unclassfied_k_Fungi*）呈降低的趋势。通过对不同处理真菌属水平进一步分析发现，间作增加了连作花生开花下针期根际土壤被孢霉属（*Mortierella*）、瓶口衣科未分类属（*unclassified_f_Verrucariaceae*）和念珠菌属（*Candida*）的多度，其中念珠菌属（*Candida*）显著高于连作花生（$P<0.01$）。与连作花生相比，间作花生根际土壤中抗坏血科未分类属（*unclassified_p_Ascomycota*）、青霉属（*Penicillium*）、隐球菌属（*Crytococcus*）、*unclassified_f_norank_o_Pleosporale* 和篮状菌属（*Talaromyces*）呈降低的趋势，其中子囊科未分类属（*unclassfied_p_Ascomycota*）和隐球菌属（*Crytococcus*）显著降低（$P<0.05$）（彩图 5、彩图 6、彩图 7）。

结荚期各处理花生根际土壤真菌抽平之后的序列数为 30 356，对其进行 OTU 分析，共获得 1 308 个 OTU。其中，连作花生结荚期的 OTU 数目分别为 337，间作模式 M2P4、M3P3、M3P4 和 M4P4 花生根际土壤中真菌的 OTU 数目分别为 396、354、461 和 858，其中 97 个 OTU 为连作花生和间作花生开花下针期共同所有，连作花生根际土壤中真菌特有的 OUT 数目为 82，间作模式 M2P4、M3P3、M3P4 和 M4P4 花生根际土壤中真菌特有的 OUT 数目分别为 92、60、123 和 528。以上说明间作增加了连作花生结荚期根际土壤真菌多度。进一步对各处理真菌目水平分析发现，连作花生和间作花生根际土壤真菌丰度前四的目分别为肉座菌目（Hypocreales）、散囊菌目（Eurotiales）、粪壳菌目（Sordariales）和格孢腔菌目（Plesporales）。与开花下针期不同，各处理在结荚期根际土壤微生物细菌群落结构在目水平上规律性不强。其中不同间作模式花生根际土壤中肉座菌目（Hypocreales）、散囊菌目（Eurotiales）和格孢腔菌目（Plesporales）多度均呈降低的趋势。通过对不同处理真菌属水平进一步分析发现，间作增加了连作花生结荚期根际土壤中未分类真菌属（*unclassified_k_Fungi*）、孢霉属真菌属（Mortierella）、干孢科未分类属（*unclassified_o_Trechisporales*）、疣科未分属（*unclassified_f_Verrucariaceae*）、隐球菌属（*Cryptococcus*）多度呈增加的趋势，其中孢霉属真菌属（*Mortierell*）显著高于连作花生（$P<0.01$）。与连作花生相比，间作花生根际土壤中木贼科未分类属（*unclassified_f_Chaetomiaceae*）、篮状菌属（*Talaromyces*）、大卫矛科未分类属（*unclassified_f_Davidiellaceae*）、链格孢菌属（*Alternaria*）、曲霉菌属（*Aspergillus*）和抗坏血科未分类属（*unclassified_p_Ascomycota*）呈降低的趋势，其中链格孢菌属（*Alternaria*）和抗坏血科未分类属（*unclassified_p_Ascomycota*）显著降低（$P<0.05$）（彩图 8、彩图 9、彩图 10）。

②不同模式间作对连作花生根际细菌的影响。分析开花下针期根际土壤细菌抽平之后，通过有效聚类共获得 3 327 个细菌 OTU。其中，连作花生的 OTU 数为 1 533，间作模式 M2P4、M3P3、M3P4 和 M3P4 的 OUT 数分别为 1 730、2 083、1 812 和 1 963。与连作花生相比，不同间作模式的 OTU 数均有所增加，说明间作丰富了开花下针期花生根际土壤细菌群落结构。对各处理花生开花下针期细菌门水平分析表明，连作和间作花生根际土壤中优势细菌依次为变形菌门（Proteobacteria）、放线菌门（Actinobacteria）、厚壁菌门（Firmicutes）、酸杆菌门（Acidobacteria）、蓝藻门（Cyanobateria）、绿弯菌门（Chloroflexi）、糖细菌门（Saccharibacreria）、拟杆菌门（Bacreroidetes）、unclassiffied_k_norank、扁平菌门（Planctomycetes）和疣微菌门（Verrucomicrobia）。与连作花生相比，间作花生变形菌门、酸杆菌门和蓝藻门多度呈增加趋势，而放线菌门呈降低趋势。进一步分析连作花生与间作花生根际土壤细菌属的变化情况，结果发现，不同模式间作提高了开花下针期花生根际土壤中 *norank_c_Cyanobacteria*、*norank_o_Gaiellales*、*unclassified_Acidobacteriaceae_Subgroup_1*、*Sphingomonas*、*norank_f_DA111*，其中对鞘氨醇单胞菌属（*Sphingomonas*）达到了差异显著性；间作降低了花生根际土壤中 *norank_p_Saccharibacteria*、放线菌属（*Actinospica*）、水恒杆菌属（*Mucilaginibacter*）、肠球菌属（*Enterococcus*）和双歧杆菌属（*Bifidobacterium*）的多度，但均未达到差异显著性（彩图 11、彩图 12、彩图 13）。

结荚期花生根际土壤细菌抽平之后，通过有效聚类共获得 3 535 个细菌 OTU。其中，花生连作、间作 M2P4、间作 M3P3、间作 M3P4 和间作 M3P4 花生根际土壤的 OUT 数分别为 1 570、1 892、1 804、2 604 和 1 928。与开花下针期结果类似，不同模式间作均增加了连作花生根际土壤的 OTU 数均有所增加，说明间作丰富了结荚期花生根际土壤细菌群落结构。各处理花生结荚期细菌门种类与结荚期基本一致，优势细菌的丰富度发生了变化，连作和间作花生根际土壤中优势细菌依次为变形菌门（Proteobacteria）、放线菌门（Actinobacteria）、酸杆菌门（Acidobacteria）、厚壁菌门（Firmicutes）、绿弯菌门（Chloroflexi）、拟杆菌门（Bacreroidetes）、糖细菌门（Saccharibacreria）、unclassified_k_norank、蓝藻门（Cyanobateria）、扁平菌门（Planctomycetes）和疣微菌门（Verrucomicrobia）。与连作花生相比，间作花生放线菌门、厚壁菌门、酸杆菌门、绿弯菌门、糖细菌门、疣微菌门多度均呈增加趋势，而变形菌门和 *unclassified_k_norank* 呈降低趋势。进一步分析连作花生与间作花生根际土壤细菌属的变化情况，结果发现，不同模式间作提高了结荚期花生根际土壤中 *Norank_f_ODP1230B8.23*、*unclassified_f_Acidobacteriaceae_Subgroup_1_*、*norank_p_Saccharibacteria*、*Mizugakiibacter*、*norank_f_DA111*、*Sphingomonas*、*norank_f_Acidobacteriaceae_Subgroup_1_* 和 *Acidibacter* 的多度，但均未达到差异显著性（$P<0.05$）；各处理花生根际土壤中肠杆菌属（*Enterobacter*）、泛菌属（*Pantoea*）和鞘脂菌属（*Sphingobium*）均呈降低的趋势，其中间作 M3P3 花生根际土壤鞘脂菌属（*Sphingobium*）多度显著高于连作花生和其他处理，但间作 M2P4、M3P4 和 M3P4 显著低于花生连作（彩图 14、彩图 15、彩图 16）。

（5）花生根际微生物与环境因子的相关性分析。

①微生物多样性与酚酸类物质含量的相关性。花生根际土壤细菌 Shannon、ace 和 chao 与酚酸类物质含量均不存在显著相关性；真菌 Shannon 与阿魏酸含量显著负相关；此外，真菌 ace 与咖啡酸和阿魏酸含量呈极显著负相关，与对香豆酸呈显著负相关；真菌 chao 与香草酸均对羟基苯甲酸呈显著负相关，与咖啡酸、对香豆酸和阿魏酸呈极显著负相关；细菌 ace 与邻苯二甲酸、香草酸、对羟基苯甲酸和肉桂酸均呈显著正相关，与对香豆酸和苯甲酸均呈极显著正相关；细菌 chao 与邻苯二甲酸、香草酸、对羟基苯甲酸和肉桂酸呈显著负相关，与对香豆酸呈极限值负相关。说明根际土壤细菌与真菌的多样

性会影响酚酸类物质含量；另外不同酚酸类物质对土壤微生物多样性的响应程度存在一定的差异：邻苯二甲酸、苯甲酸和肉桂酸与细菌多样性相关性较强；阿魏酸和咖啡酸与真菌多样性相关性较强；对羟基苯甲酸、对香豆酸和香草酸和真菌和细菌多样性均存在较强的相关性（表 2-93）。

表 2-93 土壤真菌和细菌多样性与酚酸类物质的相关性

Type		LBEJS	XCS	DQJBJS	KFS	DXDS	AWS	BJS	RGS
真菌	Shannon	0.012	−0.087	−0.106	−0.284	−0.360	−0.394*	−0.032	−0.056
	ace	−0.124	−0.290	−0.304	−0.573**	−0.462*	−0.597**	−0.173	−0.236
	chao	−0.200	−0.390*	−0.433*	−0.714**	−0.590**	−0.653**	−0.233	−0.279
细菌	Shannon	−0.069	−0.021	0.007	−0.089	−0.261	−0.102	−0.018	0.066
	ace	−0.407*	−0.426*	−0.429*	−0.275	−0.467**	−0.241	−0.523**	−0.406*
	chao	−0.406*	−0.422*	−0.431*	−0.295	−0.482**	−0.253	−0.517**	−0.396*

注：* 和 ** 分别表示数据在 0.05 和 0.01 水平上差异显著。

②微生物群落与环境因子的关联性分析。彩图 17 为不同处理开花下针期花生根际土壤真菌属与环境因子的 Spearman 关联性 Heatmap，可反应某些微生物个体与酚酸类物质、土壤微生物量、微生物活性和养分含量的相关性情况。可以看出，未分类的抗坏血菌属（*Unclassified_p_Ascomycota*）与咖啡酸（KFS）含量呈极显著正相关。篮状菌属（*Talaromyces*）与咖啡酸呈显著正相关，与有效磷（AP）含量呈显著负相关。念珠菌属（*Candida*）与咖啡酸和对香豆酸（DXDS）呈显著负相关，与土壤速效钾（AK）含量呈显著正相关。说明连作花生土壤中未分类的抗坏血菌属和篮状菌属丰富度的提高可能是花生开花下针期酚酸类物质增加的原因之一，念珠菌属可能有利于降低土壤中咖啡酸和对香豆酸的含量。

通过分析结荚期花生根际土壤真菌属与环境因子的关联性，发现未分类的瓶口衣科（*unclassified_f_Verrucariaceae*）与酸性磷酸酶（SCP）和过氧化氢酶（CAT）均呈显著正相关；被孢霉属（*Mortierella*）与酸性磷酸酶、蔗糖酶活性（SC）、脲酶活性（UE）、*β*-葡萄糖苷酶活性（GC）、碱解氮含量（AN）、有效磷含量和有效铁含量呈显著正相关（$P<0.05$），与过氧化氢酶活性达到极显著正相关（$P<0.01$），而其与对羟基苯甲酸含量（DQJBJS）、咖啡酸含量和阿魏酸（AWS）含量呈显著负相关，与肉桂酸（RGS）含量达到了极显

著负相关。未分类的黑胆科（*unclassified_o_Daridiellaceae*）与土壤微生物量氮含量、碱解氮含量和脲酶活性呈显著负相关；链格孢菌属（*Alternaria*）与土壤碱解氮含量呈显著负相关，与有效铁含量呈极显著负相关，而与对羟基苯甲酸含量呈显著正相关；未分类的木贼科（*unclassified_f_Chaetomiaceae*）与土壤微生物量碳、氮含量和土壤脲酶活性均呈显著负相关（彩图 18）。我们推测，被孢霉属和未分类的瓶口衣科丰富度的提高可能有利于改善花生根际土壤酶活性和有效养分含量，特别是被孢霉属可能还有利于降低根际土壤中酚酸类物质的含量；未分类的黑胆科和未分类的木贼科丰度的增加可能是导致连作花生结荚期土壤理化性质劣化的原因之一。

分析不同处理开花下针期花生根际土壤细菌属与环境因子的 Spearman 关联性 Heatmap，结果显示：未分类酸杆菌科亚群（*unclassified_f_Acidobacteriaceae_Subgroup_1_*）与土壤速效钾含量和呼吸强度呈显著正相关，与咖啡酸呈显著负相关；鞘氨醇单细胞菌属（*Sphingobium*）与花生根际土壤中 8 种酚酸类物质含量均呈显著负相关，与土壤微生物量（MBC、MBN）、呼吸强度（SR）和有效养分含量（AN、AP、AK、AI）均呈显著正相关，其中与土壤碱解氮含量、土壤过氧化氢酶活性、蔗糖酶活性和 β-葡萄糖苷酶活性达到极显著正相关；与土壤对香豆酸含量、对羟基苯甲酸含量、邻苯二甲酸含量、香草酸含量、阿魏酸含量均呈极显著负相关；*norank_o_Gaiellales* 与速效钾含量、土壤呼吸强度、脲酶活性过氧化氢酶活性和土壤微生物量（MBC、MBN）均呈显著正相关，与咖啡酸、邻苯二甲酸、香草酸、苯甲酸和肉桂酸含量呈显著负相关；*Norank_f_DA111* 与土壤速效钾含量、呼吸强度、脲酶活性和微生物量（MBC、MBN）均呈显著正相关，而与邻苯二甲酸、香草酸、苯甲酸和肉桂酸含量呈显著负相关。肠球菌属（*Enterococcus*）与土壤有效铁含量和 β-葡萄糖苷酶呈显著负相关，与邻苯二甲酸和香草酸呈显著正相关；双歧杆菌属（*Bifidobacterium*）与土壤呼吸强度、脲酶活性和微生物量（MBC、MBN）均呈显著负相关；与对羟基苯甲酸含量、邻苯二甲酸含量、苯甲酸含量和肉桂酸含量均呈显著正相关（彩图 19）。我们推测，在花生开花下针期，根际土壤非分类酸杆菌科亚群、鞘氨醇单细胞菌属、*norank_o_Gaiellales*、*Norank_f_DA111* 丰富度的增加均有利于土壤微生态环境或理化性质的改善。

结荚期花生根际土壤细菌属与环境因子的关联性结果显示，肠球菌属（*Enterococcus*）与土壤酸性磷酸酶活性、脲酶活性、有效铁含量和有效磷含量呈显著正相关，与种酚酸类物质呈显著负相关；*Norank_f_ODP1230B8.23* 与根际土壤对香豆酸含量呈显著负相关；水恒杆菌属（*Mizugakiibacter*）与土壤速效钾、肠杆菌属（*Enterobacter*）与邻苯二甲酸含量均呈显著正相关（彩图20）。

3. 小结

间作增加了开花下针期、结荚期、饱果期和成熟期连作花生根际土壤微生物量（MBC、MBN）和微生物活性，以开花下针期增幅较大。对连作花生田土壤微生物量和微生物活性影响表现为边行＞中间行。玉米带花生带互换种植，有利于增加中间行花生土壤微生物量和微生物活性。

间作增加了花生根际土壤真菌和细菌丰度。酚酸类物质与细菌和真菌的Shannon、ace和chao存在一定相关性，但不同种类酚酸类物质对微生物多样性的响应程度存在一定的差异：邻苯二甲酸、苯甲酸和肉桂酸与细菌多样性存在显著负相关；阿魏酸和咖啡酸与真菌多样性存在显著负相关；对羟基苯甲酸、对香豆酸和香草酸和真菌和细菌多样性均存在显著负相关。

间作花生结荚期根际土壤链格孢属（*Alternaria*）的丰富度显著低于连作，该菌属为花生果腐病主要致病菌；间作花生开花下针期被孢霉目（Mortierellales）和结荚期孢霉属（*Motierella*）均呈增加趋势，其均可与植物根系形成菌根共生体；在开花下针期，间作花生根际土壤鞘氨醇单胞菌属（*Sphingomonas*）显著高于连作花生；鞘氨醇单胞菌属可用于芳香化合物（酚酸）的生物降解。不同细菌属和真菌属与土壤微生物量、微生物活性、土壤酶活性和养分含量等指标存在一定的相关性，且其相关性往往与酚酸类物质含量呈相反趋势。

六、花生玉米带状轮作种植体系碳足迹研究（山东聊城）

1. 研究方法

研究区为山东省聊城市高唐县梁村镇玉米花生宽幅间作技术示范田。选取当地典型玉米花生3∶4和3∶6宽幅间作模式（图2-57）为研究对象，调查收集农业生产信息资料，包括农用物资（种子、肥料、农药、地膜）投入、农机使用及能耗情况、秸秆处理方式等。

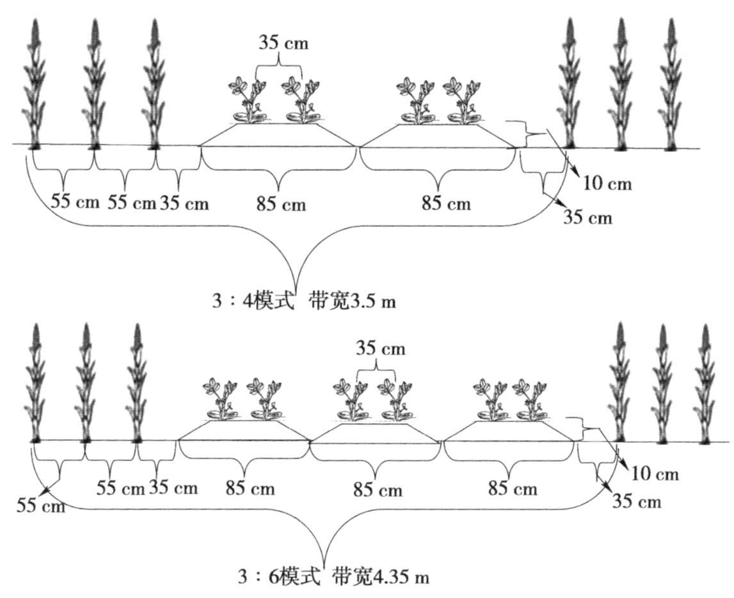

图 2-57　玉米花生 3 ：4 和 3 ：6 宽幅间作模式

碳足迹的核算的基线情景包括花生单作模式和玉米单作模式。项目情景包括玉米花生 3：4 宽幅间作和玉米花生 3：6 宽幅间作。边界内碳排放核算包括下述 4 个板块：①农用物资（包括种子、肥料、农药、地膜）投入碳排放；②农机耗能（包括耕地、播种、灌溉、收获）导致的碳排放；③秸秆还田造成的碳排放；④氮肥施用导致的田间 N_2O 直接和间接排放（图 2-58）。所有模块的核算均采调研数据的平均值，以单位面积（km^2）为核算基础。

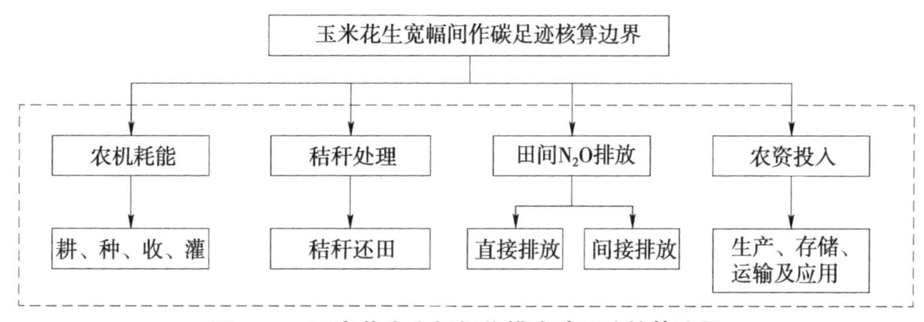

图 2-58　玉米花生宽幅间作模式碳足迹核算边界

2. 结果分析

（1）单位面积碳排放。玉米花生 3：4 和 3：6 宽幅间作模式单位面积碳排放分别为 3 782.44 kg CO_2 e/hm^2 和 3 829.94 kg CO_2 e/hm^2，均低于花生单作的 3 930.64 kg CO_2 e/hm^2，高于玉米单作的 1 361.38 kg CO_2 e/hm^2，2 种间作模式的碳排放主要来自花生生产的相关环节（表 2-94）。

表 2-94　四种种植模式下各生产环节单位面积碳排放　　单位：kg CO_2 e/hm^2

模块	环节	种植模式			
		玉米单作	花生单作	3∶4 模式	3∶6 模式
农资投入	种子	84.6	396.8	312.7	335.5
	地膜	0.0	1 139.4	655.2	769.1
	农药	7.9	56.9	64.8	64.8
	肥料	477.7	935.6	1 138.6	1 090.9
氮肥输入的田间排放	直接	203.8	392.4	479.0	458.6
	间接	89.4	172.1	210.1	201.2
农机能耗	耕地	0.0	358.4	358.4	358.4
	播种	29.9	59.7	47.0	50.0
	灌溉	224.3	362.6	362.6	362.6
	收获	95.6	119.5	109.3	111.7
秸秆处理	还田	148.2	56.7	164.2	146.6
总排放		1 361.38	3 930.64	3 782.44	3 829.94

（2）单位产值碳排放。3∶4 模式单位产值碳排放最高，达 0.197 kg CO_2 e/元，3∶6 模式单位产值的碳排放为 0.177 kg CO_2 e/元，低于花生单作的 0.179 kg CO_2 e/元，高于玉米单作的 0.154 kg CO_2 e/元。但若改进玉米花生间作模式的技术操作，优化耕作和施肥，3∶4 和 3∶6 模式单位产值的碳排放可分别降为 0.146 kg CO_2 e/元和 0.143 kg CO_2 e/元（表 2-95），较单作玉米分别低 5.48% 和 7.14%，较单作花生分别低 18.44% 和 20.11%。可实现玉米花生宽幅间作高收益和低碳排放的协同效益。

表 2-95　4 种种植模式单位产值碳排放　　单位：kg CO_2 e/元

	玉米单作	花生单作	3∶4 模式	3∶6 模式
净产值碳排放	0.154	0.179	0.197	0.177
施肥与耕作改进			0.146	0.143

（3）碳足迹构成分析。分析 4 种种植模式各生产环节的碳排放贡献率发现，

2 种间作模式的碳排放主要来自肥料（包括肥料投入、施肥导致的田间 N_2O 直接和间接排放）和地膜投入，3∶4 和 3∶6 模式下分别占总排放量的 60.09% 和 60.54%；玉米单作的碳排放主要来自肥料（包括肥料投入、施肥导致的田间 N_2O 直接和间接排放）和灌溉耗能，二者占总排放量的 66.53%；花生单作的碳排放主要来源同 2 种间作模式的，占总排放量的 62.77%（彩图 21）。

3. 结论

在本研究所涉及的 4 种种植模式中，施肥同样是碳排放的最主要来源。虽然化肥对我国粮食增产的贡献率可达 40% 左右，但主要农作物单位面积化肥施用量普遍偏高，氮肥和磷肥当季利用率仅 35% 和 10%～25%。化肥的过量及不合理施用不仅造成严重的资源浪费，且土壤盈余的养分在降雨或灌溉条件下易随水流失，造成大气污染和地下水体富营养化等环境问题。因此，通过有效方式，如精准施肥、施用新型缓（控）释肥和硝化抑制剂等，提高肥料利用率，降低肥料投入，可降低作物生产过程中的碳排放，改善生态环境质量。

玉米花生 3∶4 和 3∶6 宽幅间作模式 60% 以上的碳排放来自肥料和地膜投入，存在施肥不当造成过度排放问题。调查发现，本块试验地 2 种间作模式施肥包括 2 个方面：一是整地过程全田范围撒施有机肥 + 花生专用肥（同花生单作模式）；二是玉米播种时随播种施入玉米专用肥（同玉米单作模式），间作模式在玉米条带较玉米单作多施入了花生肥，在一定程度上既造成肥料浪费，又增加了田间温室气体排放。经核算，多施入的肥料，在 3∶4 和 3∶6 模式下可分别造成碳排放 637.5 kg CO_2 e/hm^2 和 487.5 kg CO_2 e/hm^2，占其当前肥料总排放的 34.88% 和 27.85%。因此，根据玉米花生的需肥规律及间作系统肥料吸收特点，可进行分带施肥。2 种间作模式下，地膜的碳排放仅次于肥料，3∶4 和 3∶6 模式下分别占总排放的 17.32% 和 20.08%，而且地膜残留对土壤质量、作物生长及环境均造成严重的负面影响。因此，若能采取有效措施进行残膜回收并再利用，或研发新型可降解地膜、液态地膜及其他地膜替代品，将有助于降低残膜污染，提高花生秸秆的饲料化利用率，对同步实现稳粮、优经、扩饲，低碳绿色农业有积极作用。

由于当前农机条件的限制，2 种间作模式在农机使用方面较单作也存在较严重的无效损耗，即整地过程玉米条带的冗余翻耕，造成 3∶4 和 3∶6 模式碳增排 101.55 kg CO_2 e/hm^2 和 77.66 kg CO_2 e/hm^2。若能通过田间管理方式改进或开发配套的玉米花生间作一体化机械，实现玉米和花生条带的分块整地、施肥、播种和收获，降低间作模式下的成本投入和碳排放，2 种间作模式单位产值的碳排放均将低于花生和玉米单作。可见 2 种间作模式在当前技术条件下，虽然土地产出率和经济效益较高，但随着间作技术体系的不断完善，在不减少土地产出的前提下，减少投入和碳排放的潜力很大。随着间作模式技术体系的进一步完善，间作模式将更符合农业绿色发展和农业供给侧结构性改革的要求，具有广阔的应用前景。

七、花生玉米带状轮作种植体系土壤碳库特征研究（山东济南）

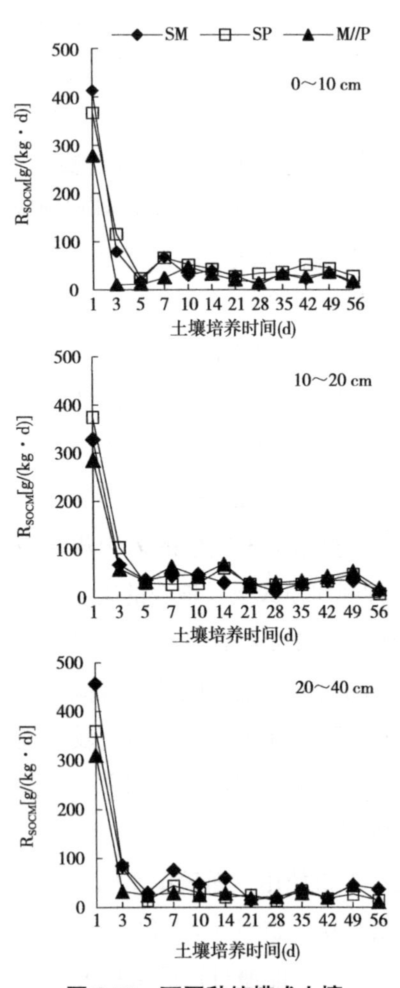

图 2-59　不同种植模式土壤有机碳矿化速率

1. 试验设计

同第二章第八节五、（二）1. 试验设计。

2. 结果分析

（1）不同种植模式土壤有机碳矿化特征分析。研究发现，3 种种植模式均表现出相似的矿化趋势，前 14 d 的矿化速率较高，此后一直保持相对较低的矿化速率直至培养结束。在土壤培养初期（1～3 d），在 0～10 cm 和 20～40 cm 土层中，单作玉米（SM）的矿化速率最高，且显著高于单作花生（SP）和玉米花生间作（M//P）；在 10～20 cm 土层中，SP 的矿化速率最高，显著高于 SM 和 M//P；但在各土层下，M//P 的矿化速率显著低于 SP 和 SM。矿化中后期，SP 在 0～10 cm 土层中的矿化速率较高，而在 10～40 cm 土层中，3 种模式的矿化速率均处于动态平衡状态，差异不显著（图 2-59）。

（2）不同种植模式对土壤活性炭组分的影响。

①溶解有机碳（DOC）含量。在SP和M//P中，DOC含量随土层深度的增加而逐渐增加，但SM在10～20 cm土层中DOC含量最高。在0～10 cm和10～20 cm土层中，SM和SP的DOC含量显著高于M//P；在10～20 cm土层中，SM的DOC含量显著高于SP，但在0～10 cm土层中，SM和SP的DOC含量无显著差异。在20～40 cm土层中，SP的DOC含量最高，其次是M//P和SM，3种模式间差异显著。

②微生物量碳（MBC）含量。3种种植模式的MBC含量随土壤深度的增加而逐渐降低。在0～10 cm土层中，SM的MBC含量最高，其次是M//P和SP，3种模式间差异显著。在10～20 cm和20～40 cm土层中，M//P的MBC含量最高，显著高于SM和SP；在10～20 cm土层中，SM的MBC含量显著高于SP，但在20～40 cm土层中，SM和SP的MBC含量没有显著差异。

③矿化碳（Cmin）含量。3种种植模式下，不同土层的Cmin含量差异显著。SP中0～10 cm土层Cmin显著高于SM和M//P，M//P中10～20 cm土层Cmin显著高于SM和SP，SM中20～40 cm土层Cmin显著高于SP和M//P（图2-60）。

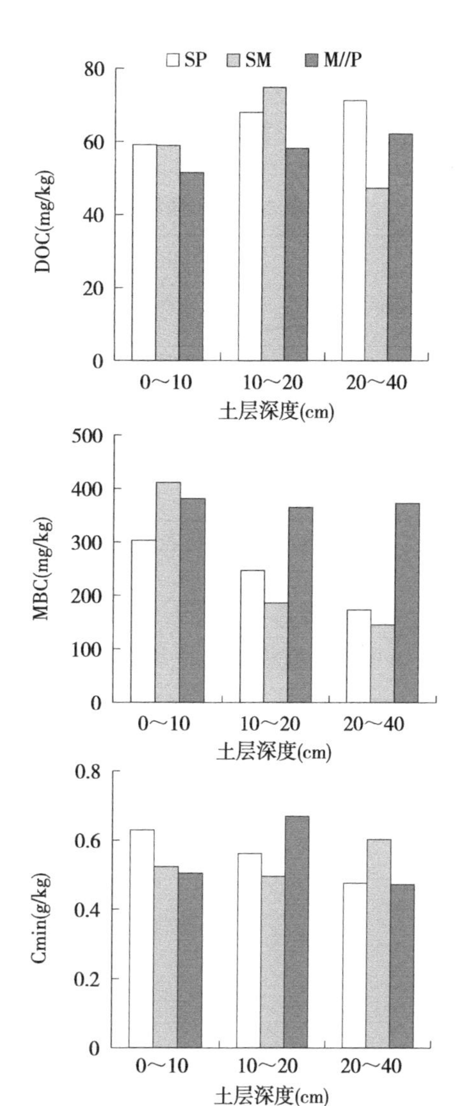

图2-60　不同种植模式土壤活性有机碳组分含量

（3）不同种植模式对土壤有机碳固持（SOCS）的影响。3种种植模式的SOCS随土层深度的增加而增加。在0～10 cm和10～20 cm土层中，SM和M//P的SOCS显著高于SP，其中20～40 cm土层的SOCS最高。0～40 cm土层的SOCS总量以SM（40.69 Mg C/hm^2）最高，其次是M//P（39.35 Mg

C/hm^2）和 SP（34.76 Mg C/hm^2）。分析玉米秸秆还田是导致 SM 和 M//P 中 SOCS 增加的主要原因。

以土壤有机碳（SOC）分层比表示的 SOC 在土层中的分布情况被视为评价土壤质量的指标之一。研究发现，0～10/10～20 cm 土层，SP 的 SOC 分层比显著高于 SM 和 M//P，表明 SP 的有机碳在 0～10 cm 土层中分布较多，但 SP 在该土层中的碳矿化（SOCM）也最高，相比于 SM 和 M//P，SP 表层 SOC 损失较重，长期种植可能导致 SOC 减少，不利于农业的可持续发展。SM 和 M//P 的 0～20/20～40 cm 的 SOC 分层比显著高于 SP，说明 SM 和 M//P 模式下，秸秆还田提升了 0～20 cm 土层的 SOCS（表 2-96）。

表 2-96 不同种植模式下 0～40 cm 土层土壤有机碳固持及分布

模式	SOCS(Mg C/hm^2)			SOC 分层比	
	0～10 cm	10～20 cm	20～40 cm	0～10 cm/ 10～20 cm	0～20 cm/ 20～40 cm
SM	8.47±0.05ab	10.26±0.42ab	21.96±0.59a	0.83b	0.84a
SP	7.36±0.44b	7.87±0.32b	19.53±0.33b	0.94a	0.78b
M//P	8.21±0.51a	10.98±0.54a	20.15±0.49b	0.75c	0.89a

注：同列数据后不同字母表示在 0.05 水平上差异显著。

3. 结论

3 种种植模式对土壤有机碳组分、矿化特征及固持影响不同，但 M//P 模式在碳固持和养分循环潜力方面具有较好的优势，且能维持花生的较高产量、提高后茬小麦产量，经济效益最高，更适合黄淮海平原农业的可持续发展需求。

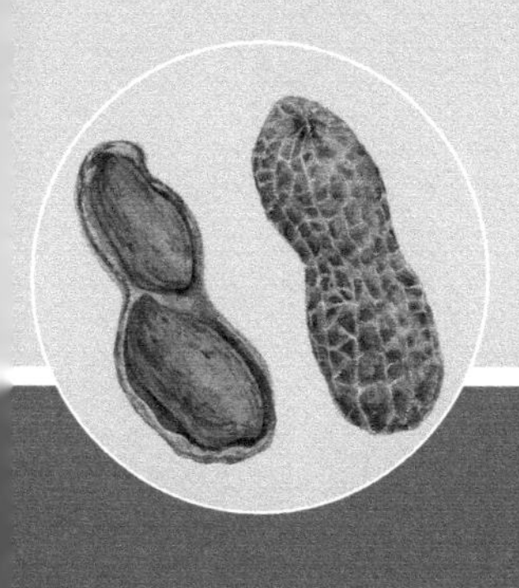

第三章

玉米花生宽幅间作技术特点

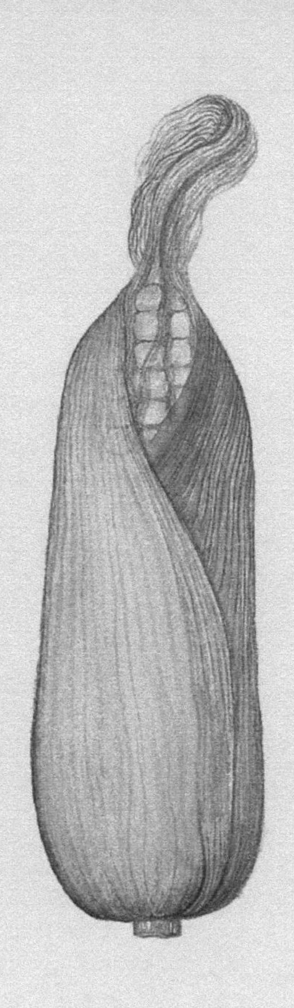

第一节　玉米花生宽幅间作技术优势

玉米花生宽幅间作是禾本科作物与豆科作物间作模式之一，充分利用玉米需氮多、花生根瘤固氮的特点，以及玉米高秆与花生矮秆的空间搭配优势，通过压缩玉米株行距，增加玉米种植带上的株数，发挥玉米边行优势，挤出宽带种植花生。东北区可实施大宽带种植，利于次年间轮作换茬，实现带状轮作。玉米花生宽幅间作具有以下优点。

一是稳粮增油，能有效缓解粮油争地矛盾。该技术坚持“稳定粮食产量、增收花生”的思路，充分挖掘作物单株生产潜力，在保障玉米基本稳产的前提下，增收花生，实现粮油均衡增产增效。

二是增加副产品，有效缓解人畜争粮矛盾。花生茎蔓粗蛋白含量10%左右，该技术可增收花生秸秆120 kg/亩以上，通过创新副产品综合利用技术，实现玉米秸秆和花生茎蔓的饲用化，缓解人畜争粮的矛盾。

三是固氮固碳，减少碳氮排放，实现资源高效利用。两种作物高矮搭配，能够充分利用光热资源，增加复合群体的碳吸收及固定，提高生物产量，减少碳排放。利用玉米须根系与花生直根系特点、玉米与花生需肥差异性，可形成互补效应，缓解“氮阻遏”，促进花生固氮，减少氮素施用。

四是减轻病虫害，减少农药施用。间作能增加农田生物多样性，玉米和花生病害的发生率均有所降低，玉米病害发病率降低程度尤为显著，其中对玉米茎腐病影响最大，发病降低率可达40%以上。可显著减少农药施用，改善粮田生态环境。

五是缓解种地与养地不协调矛盾及连作障碍。利用秸秆还田、作物年际间交替间轮作换茬，既能避免同种作物连作障碍问题，又能充分发挥生物固氮优势和作物间生态互补效应，增加农田生物多样性和培肥地力，缓解地力下降的压力，在黄淮区可促进下茬冬小麦增产。此外，在东北地区具有明显的防风固沙作用。

玉米花生间作对玉米具有较强的优势，增加了玉米条带通风透光，玉米边行优势明显。但对间作花生产生一定的影响，间作花生净面积产量主要受花生实际种植面积的影响，适当增加花生带宽有利于花生产量提高。

以玉米为主，间作花生面积较小的模式（如玉米花生行比为2∶4、3∶4等模式），整个间作田玉米产量与玉米单作田相当，为500～600 kg/亩，夏花生产量120 kg/亩以上。随着花生种植行数增加（如玉米花生行比为3∶6、3∶8等模式），整个间作田玉米产量有所降低，为400～500 kg/亩，但花生产量达150 kg/亩以上，高产地块产量可达到200 kg/亩。一般增加效益20%以上。

第二节　玉米花生宽幅间作技术要点

一、技术模式

玉米花生间作模式较多，如玉米花生行比为2∶4、3∶4、3∶6、8∶8等模式，为了减小间作对花生的影响，兼顾玉米和花生、实现双高产，黄淮不足一年两熟的地区，春播花生建议选择2∶4、3∶4模式、延迟玉米播种，夏播区高肥力地块宜选2∶4模式，中肥力地块宜选3∶4、3∶6等模式；东北一熟区可选择8∶8等大宽幅模式，利于次年2种作物条带轮作换茬。

主要模式如下：

2∶4模式：压缩玉米行距可至40 cm，带宽2.8 m。玉米株距14 cm；花生垄距85 cm，垄高10 cm，一垄2行，行距35 cm，双粒播穴距14～16 cm，单粒精播穴距约10 cm，覆膜栽培（图3-1）。

图3-1　玉米花生2∶4间作模式及田间种植图

3∶4模式：带宽350 cm。玉米行距55 cm，株距14 cm；花生垄距85 cm，垄高10 cm，一垄2行，行距35 cm，双粒播穴距14～16 cm，单粒精播穴距约 10 cm，覆膜栽培（图 2-58、图 3-2）。

3∶6 模式：带宽宜控制在 4.35 m 以内。玉米行距 55 cm，株距 14 cm；花生垄距 85 cm，垄高 10 cm，一垄 2 行，行距 35 cm，双粒播穴距 14～16 cm，单粒精播穴距约 10 cm，覆膜栽培（图 2-58、图 3-3）。

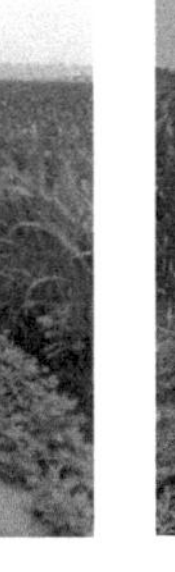

图 3-2　3∶4 模式田间种植　　**图 3-3　3∶6 模式田间种植**

8∶8 模式：带宽 8.4 m，玉米行距 60 cm，株距 22～25 cm；花生垄距 90 cm，垄高 10 cm，一垄 2 行，行距 35 cm，穴距 6～7 cm，单粒精播，覆膜栽培（图 3-4）。

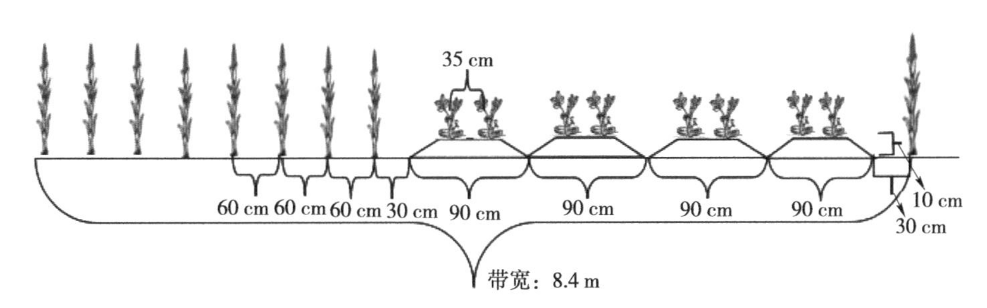

图 3-4　玉米花生 8∶8 间作模式及田间种植图

二、品种选择与种子处理

（一）品种选择

要选择适应当地生产条件和气候条件的主推品种，且品种通过国家或省有关部门审定或登记。

玉米选用紧凑或半紧凑型的耐密、抗逆高产良种。如黄淮区选择玉米品种登海 605、鲁单 818、郑单 958 等（图 3-5）；东北吉林地区可选择吉单 558。

图 3-5　登海 605（左）和鲁单 818（右）

花生选用耐阴、耐密、抗倒高产良种。积温较低的东北区宜选择生育期相对较短的中小果品种；积温较高的黄淮区可选择中大果品种。如黄淮区选择花生品种花育 25、花育 36、潍花 8 等（图 3-6）；东北吉林地区可选择豫花 109、远杂 12。

图 3-6　花育 25（左）和花育 36（右）

（二）种子处理

玉米种子通常都是商品种，大多已经药剂拌种；而花生种子以农户自留种居多，部分种植大户购买拌好种衣剂的商品种。选择饱满、无损、无发芽、无病虫害的籽粒作种子，要求花生种子活力高、发芽率≥90%以上，对种子进行分级，避免大小种子混种。

根据作物产区往年发病、虫害情况等选择合适的种衣剂。花生常见的种衣剂有杀菌、杀虫，或者复合型既杀菌又杀虫等。通常选择兼顾杀菌杀虫的种衣剂，如25%噻虫·咯·霜灵悬浮种衣剂（迈舒平）、25 g/L咯菌腈悬浮种衣剂（适乐时）、600 g/L吡虫啉悬浮种衣剂（高巧）+60 g/L戊唑醇悬浮种衣剂（立克秀）、400 g/L萎锈·福美双悬浮剂（卫福）+吡虫啉等；也可用花生专用拌种剂拌种。拌种后及时风干种子，禁止暴晒，避免脱皮，一般现拌现种（图3-7）。

图3-7　玉米拌种（左）与花生拌种（右）

三、地块选择

玉米和花生在我国种植广泛，对土壤条件要求并不太严格，但要获得高产土壤条件必须良好。为兼顾玉米和花生产量，玉米花生间作种植选择土层深厚、质地疏松的壤土，其次是砂壤土。

四、施肥与整地

（一）均衡施肥

重视有机肥的施用，以高效生物有机复合肥为主，2种作物肥料统筹施用。

根据地力条件和产量水平，结合玉米、花生需肥特点确定施肥量，每亩基施氮（N）8～12 kg，磷（P_2O_5）6～9 kg，钾（K_2O）10～12 kg，钙（CaO）8～10 kg。适当施用硫、硼、锌、铁、钼等微量元素肥料。有条件的可每亩施用腐熟优质有机肥 2 000～3 000 kg 或 200～300 kg 优质商品有机肥。若用缓控释肥和专用复混肥可根据作物产量水平和平衡施肥技术选用合适肥料品种及用量（图 3-8）。

对于大蒜、马铃薯等地力较好、较早的茬口，应根据情况酌情减少肥料施用。小麦茬口的夏播，应兼顾小麦、玉米及花生肥料利用特点及产量，统筹考虑周年作物施肥。

图 3-8　人工撒肥（左）与机械撒肥（右）

（二）耕整地

春播地块，宜冬前施入全部有机肥和 2/3 的化肥深翻冻垡，开春后施入剩余的肥料，也可留 10%～20% 肥料用作种肥。旋耕整地，随耕随耙耢（图 3-9）。

图 3-9　耕整地

小麦地块，应留有较矮的麦茬，最好低于 10 cm，于麦收后阳光充足的中午前后进行灭茬、秸秆还田，操作 2 遍（图 3-10）；结合施肥深翻或旋耕，保证整地质量。清除残膜、石块、较大块残株等杂物，做到地平、土细、肥匀（图 3-11）。

图 3-10　灭茬及秸秆还田（左图 1 遍作业；右图 2 遍作业）

图 3-11　整地效果

五、播种

（一）选择适宜播种机械

播种机从目前生产上大面积推广应用的玉米播种机械和花生播种机械中选择，实行玉米带和花生带分机播种。根据种植规格和肥料用量调好玉米株行距及花生行穴距、施肥器流量及除草剂用量，玉米开沟、施肥、播种、镇压、喷施除草剂，花生起垄、施肥、播种、覆土、镇压、喷施除草剂、覆膜、膜上覆土一次完成。也可采用玉米花生一体化播种机（图 3-12）。

图 3-12　机械播种（左：分机播种；右：一体化播种）

（二）适时抢墒播种

玉米、花生可同期或分期播种。一年两熟热量不足区域应分期播种，要先播花生后播玉米，玉米播种不晚于 6 月中上旬。大花生宜在 5 cm 地温稳定在 15 ℃以上，小花生稳定在 12 ℃以上为适播期，高油酸花生宜在 18 ℃以上播种。玉米一般以 5～10 cm 地温稳定在 12 ℃以上为适播期。黄淮夏播时间应在 6 月 15 日前抢时早播。南方地区因地制宜择时播种。

播种时，土壤含水量确保 65%～70%，墒情不足时，应造墒播种（图 3-13）；或播后采用微喷、滴灌等“干播湿出”节水措施（图 3-14），可缩短夏播造墒耽误的农时，有效延长花生生育期。施用种肥的，应种、肥分离，防止烧苗（图 3-15）。提倡花生覆膜栽培，特别是北方积温相对不足、降水相对偏少的地区，可实现增温保墒效果。要控制播深，玉米播种深度在 4～5 cm；花生播深一般在 3～5 cm，覆膜压土则适当浅播，但不得小于 3 cm（图 3-16、图 3-17）。

图 3-13　造墒

图 3-14　喷灌（左）与膜下滴灌（右）

图 3-15　种肥分离播种机（左：玉米播种机；右：花生播种机）

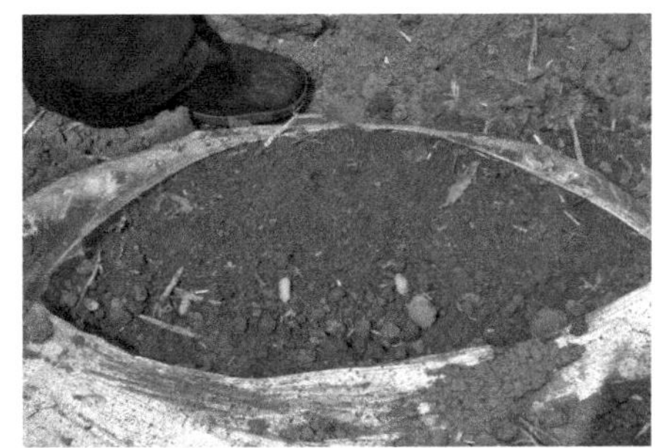

图 3-16　播种深度及密度（左：玉米；右：花生）

图 3-17　麦茬田播种效果

六、田间管理

（一）前期管理

前期为玉米播种后至大喇叭口期、花生播种后至开花下针前（图 3-18），应该重点采取以下措施。

一是化学除草：重点采用播后苗前封闭除草，两种作物均可每亩用75～100 mL 960 g/L 精异丙甲草胺乳油（金都尔）或100～125 mL 33% 二甲戊灵乳油（施田补）兑水30～35 L 均匀地面喷雾。

苗后除草时，采用适合间作的隔离分带喷施技术及配套机械，避免2种作物互相喷到（图3-19）。应于玉米3～5叶期，苗高达30 cm 时，每亩用40 g/L 烟嘧磺隆悬浮剂（玉农乐）75 mL 对玉米带定向喷雾；花生带喷施5% 精喹禾灵乳油等除草剂。

图 3-18　生育前期

图 3-19　分带隔离喷药

二是花生破膜放苗：对于覆膜但膜上未覆土或覆土较少的地块，在花生幼苗顶土鼓膜刚见绿叶时（图3-20），要及时（宜在9：00前或16：00后）在苗穴上方将地膜撕开一个小孔，把花生幼苗从地膜中释放出来，避免地膜内湿热空气将花生幼苗烧伤。开膜孔时一定要小心，而且要在膜孔上方压土，能够起到保护地膜和引升花生子叶节出膜的作用。

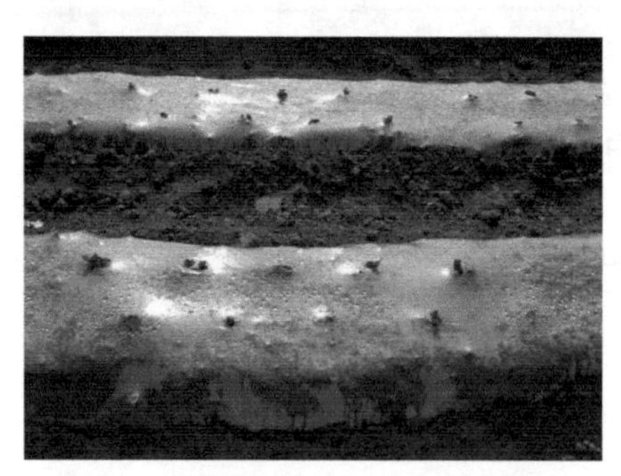

图 3-20　覆膜花生（左：膜上未覆土，需要抠膜放苗；右：膜上覆土，花生自行出土）

三是病虫害防治：玉米 1～2 叶期，喷施吡虫啉或其他药剂防治蓟马、灰飞虱、棉铃虫、花生蚜虫等，兼防治玉米粗缩病；玉米 10 叶期，喷施毒死蜱、辛硫磷或其他药剂防治玉米钻心虫，同时喷施多菌灵或代森锰锌或其他药剂，要每隔 7～10 d 喷 1 次，连喷 3 次，预防花生和玉米叶斑病发生、蔓延和危害。

（二）中期管理

中期为玉米大喇叭口期至乳熟期，花生花针期、结荚期，是玉米抽穗、受精、灌浆和花生开花、结荚、荚果充实的关键时期（图 3-21），应重点采取以下 4 项措施。

图 3-21　生育中期

一是追肥：根据需要可在玉米大喇叭口期追施纯氮 8～12 kg/ 亩，施肥位点可选择靠近玉米行 10～15 cm 处。花生一般不追肥。

二是水分管理：遇到干旱及时灌溉，要求地面见湿不见干。有条件的采用滴灌或微喷等节水措施。遇强降雨，应及时排涝。

三是病虫害防治：及时喷施毒死蜱或其他药剂防治棉铃虫。如果发现金龟甲产卵和孵化成小蛴螬危害，应及时把喷雾器卸去喷头，用毒死蜱等药液喷灌花生墩；可于发病初期用 25% 三唑酮可湿性粉剂 800～1 000 倍液、50% 多菌灵可湿性粉剂 500 倍液或 70% 甲基硫菌灵可湿性粉剂 800 倍液等药剂进行喷雾防治锈病和叶斑病，7 d 后进行第 2 次喷药（图 3-22）。

图 3-22　病虫害防控（左：人工喷药；右：飞防）

四是化学调控：玉米一般不进行激素调控，但对生长较旺的半紧凑型玉米，在 10～12 叶展开时，每亩用 40% 玉米健壮素水剂 25～30 g，兑水 15～20 kg 均匀喷施于玉米上部叶片。花生株高 28～30 cm 时，每亩用 5% 的烯效唑可湿性粉剂 24～48 g，兑水 40～50 kg 均匀喷施茎叶，避免喷到玉米，施药后 10～15 d，如果主茎高度超过 40 cm 可再喷施 1 次，确保植株不旺长，收获时应控制在 45 cm 内，保证不倒伏。

（三）后期管理

图 3-23　生育后期

间作田的后期管理，主要是以增加玉米千粒重和花生饱果率为主（图 3-23），应采取以下措施。

一是防植株早衰：应在花生中后期及时喷施 0.3% 的磷酸二氢钾水溶液 50 kg/亩。

二是防旱涝：若遇秋涝或秋旱，应及时排水防涝或浇水防旱。

七、收获

根据天气情况及玉米、花生成熟度适时收获，提倡适当晚收（图 3-24）。一般在玉米籽粒乳线基本消失、基部黑层出现时；花生在 70% 以上荚果果壳硬化、网纹清晰、果壳内壁呈青褐色斑块时，及时收获。

图 3-24　成熟期

若遇到阴雨渍涝天气，可提前以鲜食收获上市；干旱时，小水润浇或喷灌、滴灌，利于花生收获，防止黄曲霉毒素污染。

玉米收获选用现有成熟的联合收获机械，花生收获选用联合收获机械或分段式收获机械。根据情况，可先收玉米，后收花生（图 3-25、图 3-26）。对于鲜食玉米与花生，根据生育期适时收获。

图 3-25　玉米收获

图 3-26　花生收获

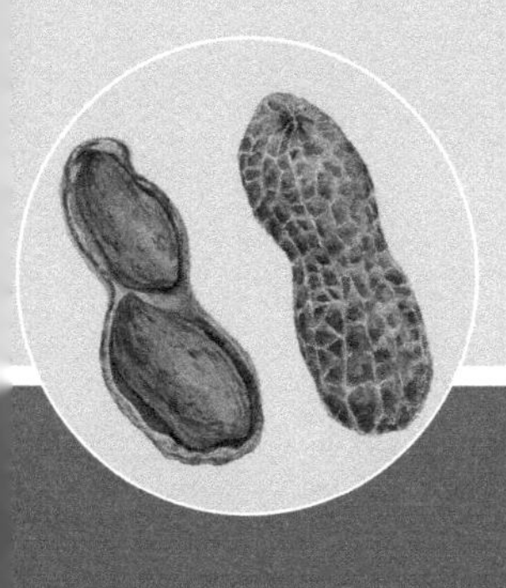

第四章

玉米花生宽幅间作技术应用

第一节 玉米花生宽幅间作技术培训

2013年以来，团队组织召开40余场次有关玉米花生宽幅间作技术培训会、机播现场观摩会、机收现场观摩会、研讨会、测产验收观摩会等，来自农业农村部、有关省市农业主管部门及农技推广部门、农业院校、科研单位、种植大户、合作社、新型经营主体负责人、技术人员等5 000余人次参会，取得了显著效果，推动了玉米花生宽幅间作技术的普及应用。主要会议如下。

2013年9月28日，在山东省德州市临邑县德平镇举办了“山东家庭农场科技联谊暨粮油均衡增产模式现场观摩会”，团队成员进行了玉米花生宽幅间作高效栽培模式的研究进展报告，观摩了玉米花生间作技术示范现场（图4-1）。

图4-1 山东家庭农场科技联谊暨粮油均衡增产模式现场观摩会

2014年9月20日，在山东省德州市临邑县德平镇举办了“粮油均衡增产2014年机收现场观摩会”，进行了现场培训与观摩（图4-2）。

图4-2 粮油均衡增产2014年机收现场观摩会

2015 年 3 月 28 日，在山东省济南市举办“玉米花生间套作高产攻关及试验示范培训会”，对玉米花生宽幅间作技术高产攻关及试验示范方案进行了培训与交流（图 4-3）。

图 4-3　玉米花生间套作高产攻关及试验示范培训会

2015 年 5 月 15 日，在山东省德州市临邑县德平镇举办“玉米花生间作一体化播种试机现场会”，一体化播种机由山东省农业科学院主持设计、联合山东理工大学研制，试播效果较好，玉米与花生出苗整齐（图 4-4）。

图 4-4　玉米花生间作一体化播种试机现场会及出苗情况

2015 年 9 月 13 日，在山东省德州市临邑县德平镇举办全国“花生玉米宽幅间作高效种植模式及机收现场观摩、技术交流活动”，进行了室内培训与田间观摩（图 4-5）。

图 4-5　花生玉米宽幅间作高效种植模式及机收现场观摩及技术交流活动

2015 年 9 月 15 日，在山东省菏泽市曹县举办“玉米花生间作粮油均衡增产模式机收现场观摩会”，进行了室内技术培训、开展了田间观摩（图 4-6）。

图 4-6　玉米花生间作粮油均衡增产模式机收现场观摩会

2016 年 3 月 19 日，在山东省济南市举办“玉米花生间套作高产攻关及试验示范培训会”，对玉米花生宽幅间作技术高产攻关及试验示范方案进行了培训与交流（图 4-7）。

图 4-7　玉米花生间套作高产攻关及试验示范培训会

2016 年 4 月 9 日，在山东省泰安市肥城参加由山东省农业技术推广总站主办的“花生高产稳产综合配套技术培训班”，团队首席万书波研究员讲解“粮油均衡增产理论与技术”（图 4-8）。

图 4-8　花生高产稳产综合配套技术培训班

2016 年 4 月 23 日，山东省农业科学院联合山东省农业技术推广总站在山东省菏泽市曹县召开“花生玉米宽幅间作高效种植技术培训及机播现场观摩会”，进行了室内培训与田间演示观摩（图 4-9）。

图 4-9　花生玉米宽幅间作高效种植技术培训及机播现场观摩会

2016 年 8 月 16 日，全国农业技术推广服务中心、山东省农业技术推广总站及山东省农业科学院在山东省聊城市高唐县共同举办“全国花生玉米宽幅间作技术观摩与研讨会”，进行了室内培训与研讨、并开展田间观摩（图 4-10）。

图 4-10　全国花生玉米宽幅间作技术观摩与研讨会

2017 年 4 月 7 日，在山东省济南市召开“花生高产攻关与试验示范交流会”，对玉米花生宽幅间作技术高产攻关及试验示范方案进行了培训与研讨交流（图 4-11）。

图 4-11　花生高产攻关与试验示范交流会

2017 年 9 月 9 日，在山东省聊城市高唐县举办“科技开放周启动仪式暨西部隆起带种植业结构调整绿色高效生产模式现场观摩会”，团队成员进行了室内培训，参会人员观摩了玉米花生宽幅间作技术示范田（图 4-12）。

图 4-12　科技开放周启动仪式暨西部隆起带种植业结构调整绿色高效生产模式现场观摩会

2017 年 9 月 15 日，山东省农业技术推广总站与山东省农业科学院联合在山东省临沂市莒南县召开“全省花生绿色高产高效技术现场会”，参会人员观摩了玉米花生宽幅间作技术示范田（图 4-13）。

图 4-13　全省花生绿色高产高效技术现场会

2018 年 7 月 11 日，在山东省泰安市肥城召开“玉米花生宽幅间作技术培训班”，团队成员进行技术培训，参会人员观摩技术示范田（图 4-14）。

图 4-14　玉米花生宽幅间作技术培训班

2018 年 9 月 9 日，山东省农业科学院在山东省德州市临邑县召开“科技开放周启动暨新旧动能转换新技术成果推介观摩”，团队成员介绍了玉米花生宽幅间作技术，参会人员观摩了玉米花生宽幅间作技术示范田（图 4-15）。

图 4-15　科技开放周启动暨新旧动能转换新技术成果推介观摩

2018 年 9 月 14 日，在山东省聊城市高唐县召开“多元化粮油棉作物种植技术交流观摩会”，观摩玉米花生宽幅间作及水肥一体化技术示范田（图 4-16）。

图 4-16　多元化粮油棉作物种植技术交流观摩会

2018 年 10 月 22 日，由科技部国际合作司主办、山东省农业机械科学研究院承办的“2018 农业机械综合实用技术国际培训班”在山东省农科院学术报告厅成功举行。团队首席万书波研究员讲授了“花生带状轮作技术及其机械化”的学术报告，重点介绍了玉米花生宽幅间作技术及其配套的机械化研制与应用。来自泰国、埃及、印度、苏丹、菲律宾、塔吉克斯坦、巴基斯坦、尼日利亚、阿尔及利亚 9 个国家人员接受培训（图 4-17）。

图 4-17　2018 农业机械综合实用技术国际培训班

2019 年 7 月，在山东省菏泽市曹县举办“高效生态种养技术观摩培训会”，团队成员讲解鲜食玉米花生宽幅间作技术，参会人员观摩技术示范田、品尝鲜食玉米及花生（图 4-18）。

图 4-18　高效生态种养技术观摩培训会

2019 年 8 月 24 日，在山东省泰安市肥城召开“粮油高效生态种植模式现场观摩培训会”，团队成员讲解了花生带状轮作技术，参会人员观摩了技术示范田（图 4-19）。

图 4-19　粮油高效生态种植模式现场观摩培训会

2020 年 7 月 26 日，在山东省菏泽市曹县召开“鲜食玉米鲜食花生宽幅间作技术观摩”，现场观摩技术示范田、品尝不同品种鲜食玉米与花生（图 4-20）。

图 4-20　鲜食玉米鲜食花生宽幅间作技术观摩

2020 年 8 月 6 日，在山东省临沂市莒南县举办“花生带状轮作技术观摩与培训”，观摩以玉米花生间作为主的带状轮作技术示范田（图 4-21）。

图 4-21　花生带状轮作技术观摩与培训

2021 年 8 月 25 日，在山东省临沂市费县召开“玉米花生宽幅间作技术培训观摩会”，团队成员现场讲解相关技术（图 4-22）。

图 4-22　玉米花生宽幅间作技术培训观摩会

2021 年 9 月 1 日，在山东省烟台市招远市召开“玉米花生宽幅间作技术培训观摩会”，团队成员结合示范田、现场讲解相关技术（图 4-23）。

图 4-23　玉米花生宽幅间作技术培训观摩会

2021 年 9 月 24 日，在山东省聊城市高唐县举办“玉米花生间作和水肥一体化技术观摩现场会”，团队成员现场讲解相关技术，参会人员观摩技术示范田（图 4-24）。

图 4-24　玉米花生间作和水肥一体化技术观摩现场会

第二节　玉米花生宽幅间作技术示范推广

2013 年以来，团队在山东省章丘、临邑、高唐、平度、莒南、曹县、冠县、莱州、招远、阳信、郓城、费县、肥城、宁阳、阳谷、郓城、济阳等县市进行了高产攻关、试验示范、推广应用等活动。除与山东省内高校、各地区农业科学院及农技推广部门协作外，还与全国农业技术推广服务中心协作，联合全国各有关省区农业科学院或农业高校、农技推广部门合作，协同创新与开展示范推广工作。在试验示范过程中，运用现有的玉米和花生播种机及收获机均可完成田间作业，规模化生产。团队于 2015 年开始研制玉米花生一体化播种机，并获得国家专利，经过几年的试验改进，基本能满足播种要求。

在试验、示范推广中，根据各地区的气候、土壤等自然条件，选择不同的种植方式。在一年一熟、一年两熟区域玉米与花生同期播种，在不足一年两熟的区域，应先提早播种生育期相对较长的花生，再推迟播种玉米，玉米播期不晚于当地夏玉米播种时间，黄淮区域一般于 6 月中上旬前播种。

团队在山东省青岛市平度市和烟台市莱州市采用春花生套作夏玉米的方式进行了高产攻关，玉米与花生行比一般选择 2∶4 模式，即 2 行玉米、4 行花生（2垄），于4月下旬先种4行花生、6月上旬再种2行玉米。经专家对平度高产田测产，亩产夏玉米593.5 kg+春花生328.2 kg，证明在山东东部区域采用春花生套作夏玉米种植方式是可行的。在山东平度、章丘、冠县、莒南、费县等地采用此种方式高产攻关，平均亩产夏玉米537.8 kg+春花生314.9 kg。在山东莒南、肥城等地采用夏玉米与春花生行比3∶6模式攻关及示范，平均亩产夏玉米516.5 kg+春花生291.7 kg，保证了玉米稳产、增收花生。

在山东西部、南部等地进行了多年夏玉米间作夏花生高产攻关及试验示范，因地制宜选择不同的模式，如玉米与花生行比2∶4、3∶4、3∶6模式，平均每亩产夏玉米520.5 kg+夏花生174.0 kg，实现了稳粮增油（表4-1）。

表4-1　高产攻关及试验示范汇总表（2014—2021年）

年度	地点	类别	产量(kg/亩)	种植方式
2014年	山东平度	高产方4亩	玉米593.5+花生328.2	夏玉米‖春花生2∶4
2014年	山东莒南	高产方4亩	玉米585.7+花生210.5	夏玉米‖夏花生2∶4
2014年	山东曹县	示范方200亩	玉米565.9+花生122.7	夏玉米‖夏花生3∶4
2014年	山东临邑	示范方150亩	玉米514.3+花生147.5	夏玉米‖夏花生3∶4
2015年	山东冠县	高产方3亩	玉米604.5+花生151.6	夏玉米‖夏花生2∶4
2015年	山东莒南	高产方3亩	玉米505.0+花生143.8	夏玉米‖夏花生2∶4
2015年	山东曹县	示范方400亩	玉米575.7+花生150.4	夏玉米‖夏花生3∶4
2015年	山东临邑	示范方200亩	玉米511.6+花生180.8	夏玉米‖夏花生3∶4
2015年	山东高唐	示范方50亩	玉米474.0+花生201.7	夏玉米‖夏花生3∶6
2016年	山东章丘	高产方3亩	玉米553.0+花生164.1	夏玉米‖春花生2∶4
2016年	山东冠县	高产方3亩	玉米613.7+花生241.3	夏玉米‖春花生2∶4
2016年	山东高唐	示范方100亩	玉米517.7+花生191.7	夏玉米‖夏花生3∶6
2017年	山东鄄城	高产方5.5亩	玉米596.4+花生272.6	夏玉米‖夏花生3∶6
2017年	山东冠县	示范方15亩	玉米534.5+花生218.7	夏玉米‖夏花生3∶6
2017年	山东莒南	示范方20亩	玉米518.2+花生321.5	夏玉米‖春花生3∶6
2017年	山东高唐	示范方130亩	玉米517.8+花生174.1	夏玉米‖夏花生3∶6
2017年	山东曹县	示范方100亩	玉米511.3+花生152.5	夏玉米‖夏花生3∶4
2018年	山东高唐	示范方120亩	玉米468.4+花生145.7	夏玉米‖夏花生3∶6

（续）

年度	地点	类别	产量 (kg/ 亩)	种植方式
2018 年	山东肥城	示范方 60 亩	玉米 452.4+花生 225.5	夏玉米‖春花生 3：6
2019 年	山东阳谷	示范方 120 亩	玉米 415.3+花生 221.0	夏玉米‖夏花生 3：6
2019 年	山东莒南	高产方 5 亩	玉米 574.3+花生 355.6	夏玉米‖春花生 3：6
2019 年	山东高唐	示范方 72 亩	玉米 515.2+花生 139.6	夏玉米‖夏花生 3：6
2019 年	山东肥城	示范方 42 亩	玉米 489.5+花生 299.1	春玉米‖春花生 3：6
2020 年	山东高唐	示范方 50 亩	玉米 546.0+花生 142.0	夏玉米‖夏花生 3：6
2020 年	山东临邑	示范方 60 亩	玉米 422.3+花生 157.6	夏玉米‖夏花生 3：6
2020 年	山东莒南	示范方 100 亩	玉米 548.7+花生 256.6	夏玉米‖春花生 3：6
2021 年	山东莒南	高产方 3 亩	玉米 498.2+花生 465.3	夏玉米‖春花生 2：4
2021 年	山东费县	高产方 3 亩	玉米 430.6+花生 375.8	夏玉米‖春花生 2：4
2021 年	山东高唐	示范方 1 065 亩	玉米 507.0+花生 181.0	夏玉米‖夏花生 3：6

2016 年中国工程院农业学部组织院士专家团队对设在高唐的玉米花生间作百亩示范方进行了实地考察，经专家测产，平均每亩产玉米 517.7 kg+花生 191.7 kg。专家组一致认为该技术符合新时期粮经饲发展的国家需求，是黄淮海、东北等地区调整种植业结构、转变农业发展方式的重要途径，为解决我国粮油协调发展问题探索出了一条新路子，对促进农业供给侧结构性改革具有重要意义。

"专家建议推广玉米花生宽幅间作技术"列入人民日报内参。中国工程院院士建议"关于组织全国力量开展玉米花生宽幅间作技术攻关研究与大面积试验示范的建议"受到中共中央、国务院等有关部门高度重视，得到时任国务院副总理汪洋同志的重要批示。

第三节　玉米花生宽幅间作技术应用与政策支持

玉米花生间作技术列入 2017 年山东省委 1 号文件、《山东省油料（花生）产业提质增效转型升级实施方案（2016—2020）》，2017—2019 年、2021 年被列为农业农村部主推技术，2017 年、2019 年和 2020 年列为山东省主推技术，并被列入山东省花生生产技术指导意见。以玉米花生间作技术作为主要内容的花生带状轮作技术被遴选为2020年中国农业农村重大新技术、2022年农业农村部主推技术和2021年、2022年山东省主推技术。《国务院办公厅关于加快转变农业发展方式的意见》（国办发〔2015〕59号）将玉米花生间作技术被列为农业转方式、调结构技术措施之一。

2017年全国农业技术推广服务中心关于印发《玉米大豆轮作技术研究与示范方案》和《玉米花生宽幅间作技术示范方案》的通知（农技栽培函〔2017〕111号）推动间作技术应用。

2018年山东省农业农村厅、财政厅专项资金2 000万元用于在山东昌乐、泗水、莒县、临邑4个县市开展了玉米花生间作技术的绿色高质高效创建活动，每个县示范面积2.5万亩以上。山东省农业农村厅与山东省农业科学院建立了粮油高质高效创建产研推一体化工作机制，成立了专家指导组进行技术服务指导，及时解决创建工作中遇到的技术困难和问题，切实整建制推动了花生绿色高质高效创建。

近年来，国家高度重视油料发展。2021年《中共中央　国务院关于全面推进乡村振兴加快农业农村现代化的意见》指出：多措并举发展油菜、花生等油料作物。《中共中央　国务院关于做好2022年全面推进乡村振兴重点工作的意见》指出：大力实施大豆和油料产能提升工程。《中共中央　国务院关于做好2023年全面推进乡村振兴重点工作的意见》指出：加力扩种大豆油料，深入推进大豆和油料产能提升工程。花生作为我国重要的油料作物之一，对保障我国油料安全十分重要。因此，要大力发展花生生产，除大力推广花生新品种、新技术提高花生单产外，应积极充分应用传统花生种植区的旱薄地、不宜种粮的区域、盐碱地等中低产田稳定扩大花生面积，在中高产田采用花生与玉米等作物的带状复合种植技术，逐步扩大花生面积，促进粮油均衡增产，提高油料自给率。

主要参考文献

陈小姝, 刘海龙, 吕永超, 等, 2019. 适宜花生玉米6：6 间作模式的品种筛选研究[J]. 山东农业科学, 51(9): 156-161.

陈小姝, 王绍伦, 刘海龙, 等, 2019. 吉林省花生玉米间作高效种植模式研究[J]. 山东农业科学, 51(9): 162-166.

董奇琦, 袁洋, 杜琪, 等, 2022. 玉米花生带状间作对植株氮吸收和土壤微生物群落的影响[J]. 中国油料作物学报, 44(6): 1296-1306.

高华援, 陈小姝, 王绍伦, 等, 2020-04-03. 一种花生玉米带状轮作的栽培方法: 201810200108.3[P].

郭峰, 李庆凯, 张慧, 等, 2019. 玉米不同品种与不同密度对间作花生生长发育的影响[J]. 山东农业科学, 51(9): 151-155.

郭峰, 万书波, 李新国, 等, 2015-12-09. 一种春花生—夏玉米套作种植方法: 201410193520.9[P].

郭峰, 万书波, 杨莎, 等, 2015-03-25. 一种玉米间作播种机: 201420686843.7[P].

郭峰, 万书波, 张正, 等, 2016-8-17. 麦田套种播种机: 201410126533.4[P].

郭峰, 万书波, 张正, 等, 2018-09-18. 一种玉米花生间作的花生专用肥及其制备方法: 201510663815.2[P].

贾曦, 王璐, 刘振林, 等, 2016. 玉米//花生间作模式对作物病害发生的影响及分析[J]. 花生学报, 45(4): 55-60.

李庆凯, 2020. 玉米//花生缓解花生连作障碍机理研究[D]. 长沙: 湖南农业大学.

李庆凯, 刘苹, 赵海军, 等, 2019. 玉米根系分泌物缓解连作花生土壤酚酸类物质的化感抑制作用[J]. 中国油料作物学报, 41(6): 921-931.

李庆凯, 刘苹, 赵海军, 等, 2020. 玉米根系分泌物对连作花生土壤酚酸类物质化感作用的影响[J]. 中国农业科技导报, 22(3): 119-130.

李宗新, 王庆成, 刘开昌, 等, 2015-06-24. 玉米花生间作条件下一种玉米专用肥及其制备方法: 201310430617.2[P].

林松明, 2020. 玉米花生间作对花生产量形成的影响及其钙调控生理机理研究[D]. 长沙: 湖南农业大学.

林松明, 孟维伟, 南镇武, 等, 2020. 玉米间作花生冠层微环境变化及其与荚果产量的相关性研究[J]. 中国生态农业学报, 28(1): 31-41.

林松明, 张正, 南镇武, 等, 2019. 施钙对不同种植模式下花生产量及生理特性的影响[J]. 华北农学报, 34(3): 111-118.

刘颖, 王建国, 郭峰, 等, 2020. 玉米花生间作对作物干物质积累和氮素吸收利用的影响[J]. 中国油料作物学报, 42(6): 994-1001.

鲁俊田, 赵新华, 宁家林, 等, 2018. 玉米||花生间作系统与玉米根功能及其保护酶活性关系研究[J]. 玉米科学, 26(6): 99-103.

孟维伟, 高华鑫, 张正, 等, 2016. 不同玉米花生间作模式对系统产量及土地当量比的影响[J]. 山东农业科学, 48(12)：32-36.

孟维伟, 南镇武, 高华鑫, 等, 2018. 玉米氮素吸收分配规律对不同种植模式的响应[J]. 山东农业科学, 50(4): 59-63.

孟维伟, 万书波, 张正, 等, 2015-08-05. 一种适合间套种的手扶式单行免耕施肥播种一体机: 201420777871.X[P].

孟维伟, 张正, 徐杰, 等, 2018. 不同施氮量对玉米花生间作下茬小麦干物质积累及产量构成的影响[J]. 华北农学报, 33(4): 175-180.

南镇武, 孟维伟, 徐杰, 等, 2018. 盐碱地玉米||花生间作对群体覆盖和产量的影响[J]. 山东农业科学, 50(12): 26-29, 34.

唐朝辉, 张佳蕾, 郭峰, 等, 2018. 小麦—玉米花生带状轮作理论与技术[J]. 山东农业科学, 50(6): 111-115.

唐秀梅, 黄志鹏, 吴海宁, 等, 2020. 玉米/花生间作条件下土壤环境因子的相关性和主成分分析[J]. 生态环境学报, 29(2): 223-230.

万书波, 耿端阳, 张正, 等, 2015-12-30. 玉米花生间作灭茬种肥同播播种机: 201520557477.X[P].

万书波, 郭峰, 2020. 中国花生种植制度[M]. 北京: 中国农业科学技术出版社: 87-90.

万书波, 郭峰, 华伟, 等, 2015-03-25. 一种花生玉米联合播种机: 201420691449.2[P].

万书波, 郭峰, 李宗新, 等, 2015-07-08. 一种夏玉米夏花生间作种植方法: 201310715241.X[P].

万书波, 张正, 李宗新, 等, 2016-03-09. 用于玉米和花生的植物生长调节剂及其制备方法和用途: 201410018399.6[P].

王建国, 张佳蕾, 郭峰, 等, 2019. 强化豆科作物在北方现代农业结构中的作用[J]. 中国油料作物学报, 41(5): 663-669.

吴正锋, 万书波, 王才斌, 等, 2020. 粮油多数制花生高效栽培原理与技术[M]. 北京：科学出版社：157-161.

徐杰, 万书波, 张正, 等, 2018-12-04. 一种玉米间作花生的开沟起垄一体装置: 201820745747.3[P].

徐杰, 张正, 孟维伟, 等, 2017. 施氮量对玉米花生宽幅间作体系农艺性状及产量的影响[J]. 花生学报, 46(1): 14-20.

徐书举, 张楠, 张慧, 等, 2016. 适宜玉米/花生2 ：4 间作模式的花生品种筛选[J]. 天津农业科学, 22(7): 102-105.

杨坚群, 2019. 玉米花生间作对缓解花生连作障碍的作用机理研究[D]. 泰安: 山东农业大学.

杨坚群, 甄晓宇, 栗鑫鑫, 等, 2019. 不同耕作方式对花生生理特性、产量及品质的影响[J]. 花生学报, 48(1): 9-14.

姚远, 2017. 花生、玉米不同间作方式对连作花生生理特性及产量品质的影响[D]. 泰安: 山东农业大学.

姚远, 刘兆新, 刘妍, 等, 2017. 花生、玉米不同间作方式对花生生理性状以及产量的影响[J]. 花生学报, 46(1): 1-7.

伊森, 2020. 小麦—玉米//花生周年农田碳平衡特征研究[D]. 青岛: 青岛农业大学.

张佳蕾, 万书波, 郭峰, 等, 2018-07-20. 一种用于研究间作对植物根系吸收影响的装置: 201721644794.0[P].

张毅, 2019. 玉米//花生减缓花生氮阻遏效应的研究[D]. 青岛: 青岛农业大学.

张毅, 张佳蕾, 郭峰, 等, 2019. 玉米//花生体系氮素营养研究进展[J]. 聊城大学学报(自然科学版), 32(4): 53-60.

张正, 2020. 玉米花生间作高产高效技术有问必答[M]. 北京: 中国农业出版社: 4-6.

张正, 万书波, 孟维伟, 等, 2016-05-04. 适合玉米花生间套作苗后除草、化控的隔离分带喷药机: 201521056049.5[P].

GAO H X, ZHANG C C, VAN DER WERF W, et al., 2022. Intercropping modulates the accumulation and translocation of dry matter and nitrogen in maize and peanut[J]. Field crops research, 284: 108561.

GUO F, WANG M L, SI T, et al., 2021. Maize-peanut intercropping led to an optimization of soil from the perspective of soil microorganism[J]. Archives of agronomy and soil science, 67(14): 1986-1999.

HAN Y, ZHANG K Z, et al., 2022. Maize-peanut rotational strip intercropping improves peanut growth and soil properties by optimizing microbial community diversity[J]. PeerJ, 10: e13777.

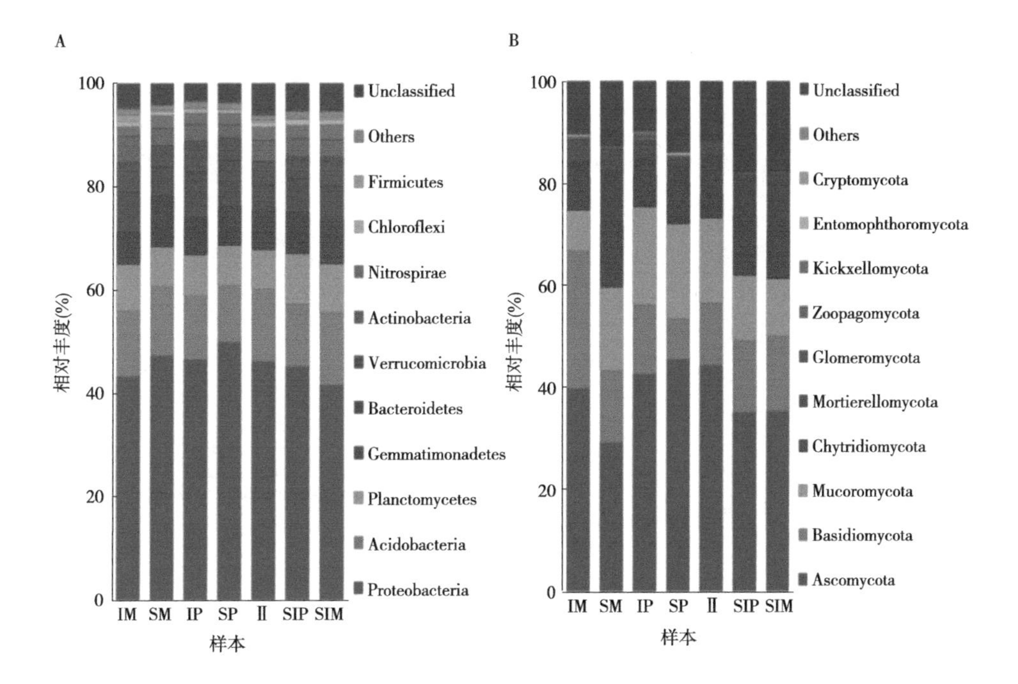

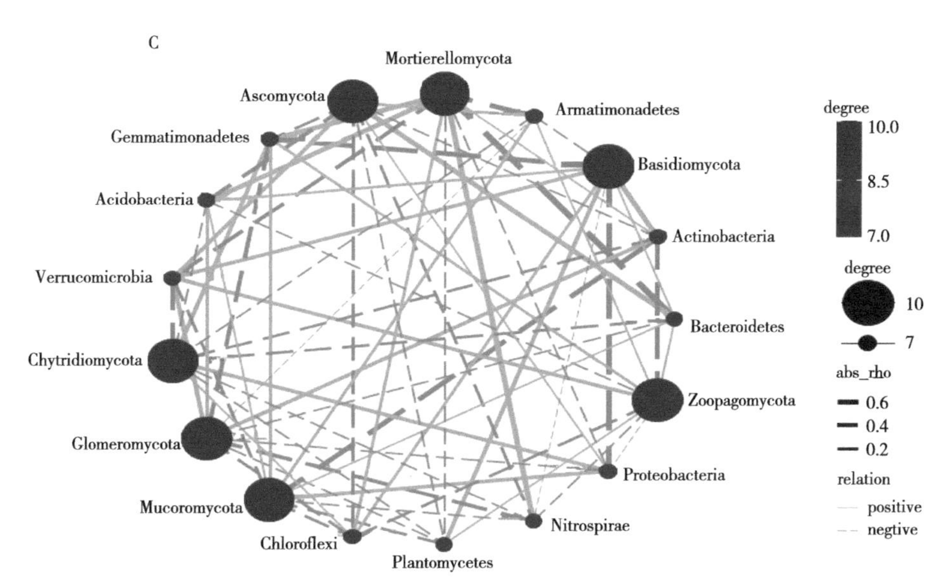

彩图 1　不同种植模式下根际土壤门类水平相对丰度排名前 10 的细菌和真菌

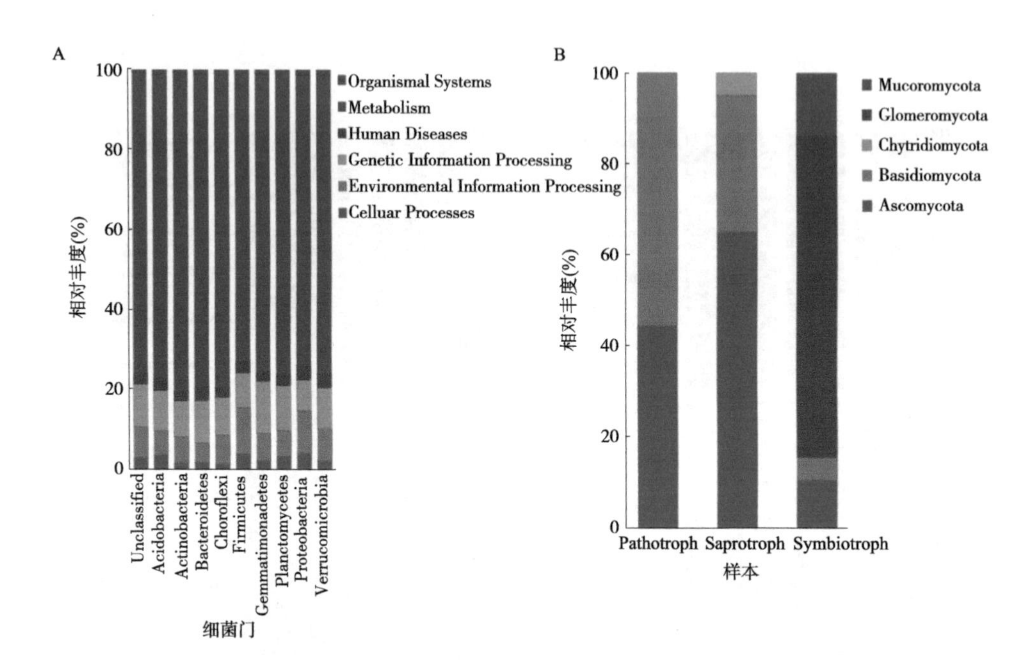

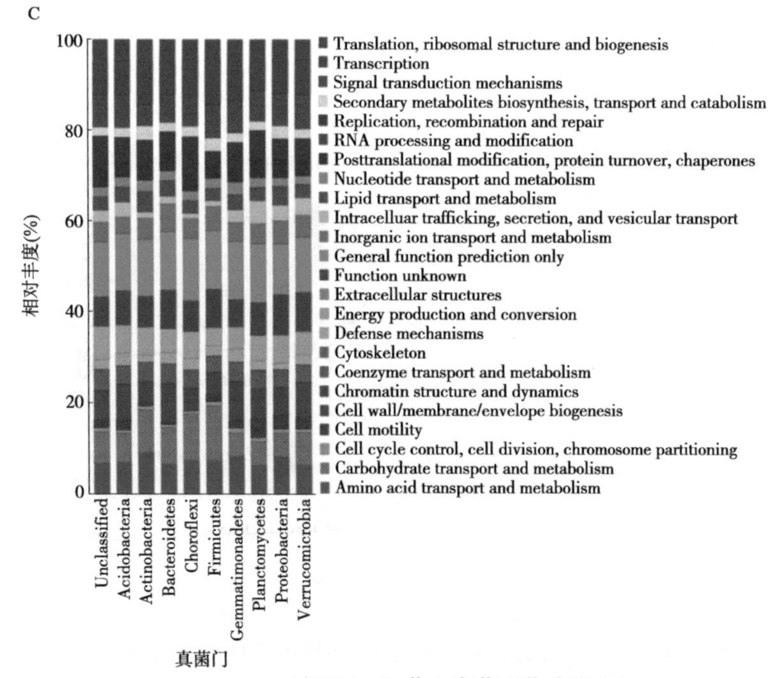

彩图 2　细菌和真菌群落功能注释

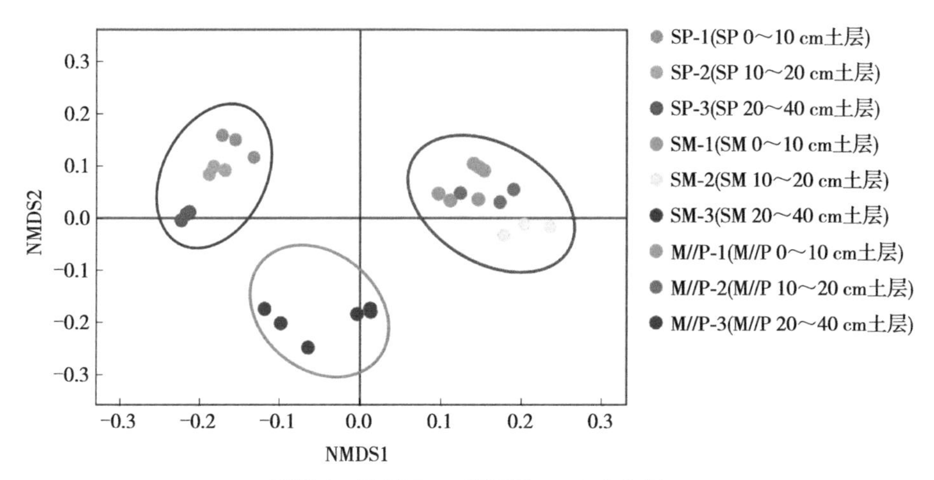

彩图 3　基于 Bray 距离的 NMDS 分析

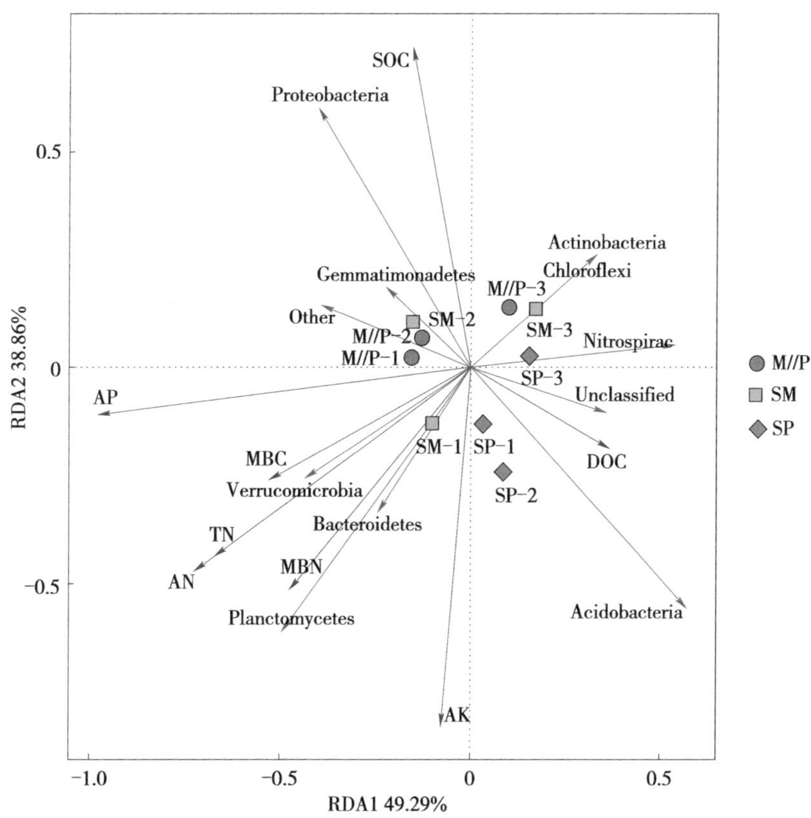

几何图形代表不同的种植模式；箭头—变量的方向和大小；蓝色—环境因子；红色—门水平微生物。

彩图 4　土壤理化参数和微生物群落的冗余分析（RDA）

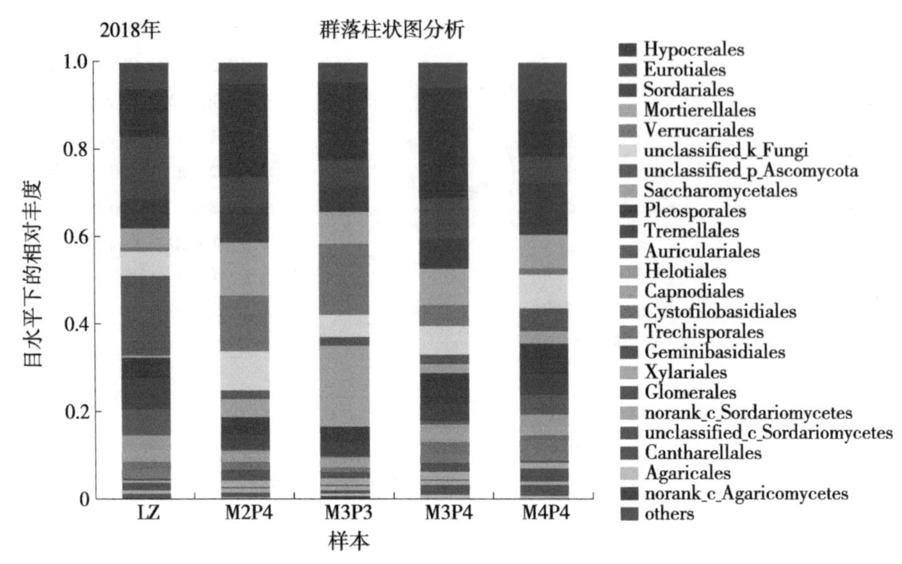

彩图 5　不同处理花生开花下针期根际土壤真菌目的丰度

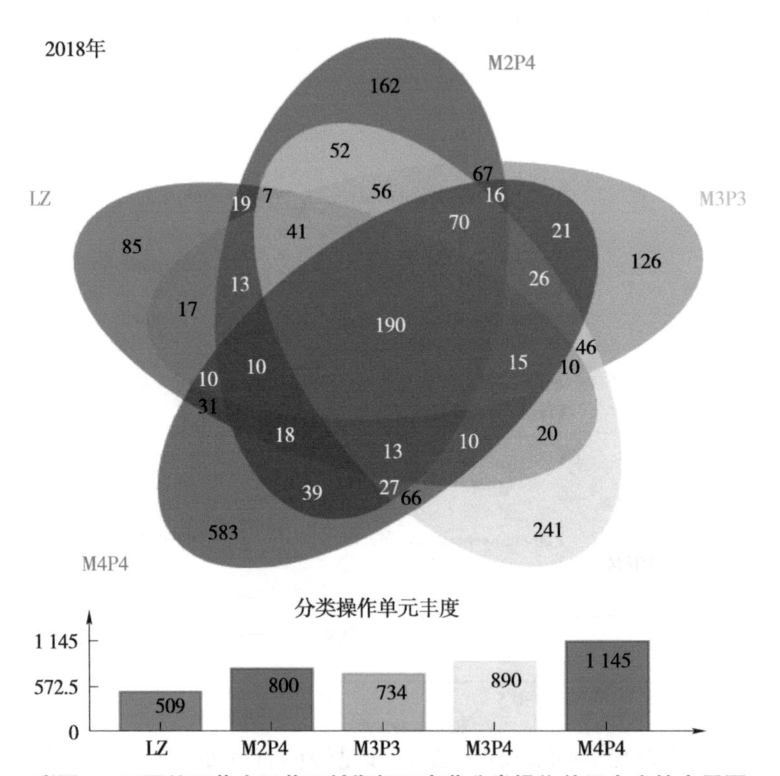

彩图 6　不同处理花生开花下针期根际真菌分类操作单元丰度的韦恩图

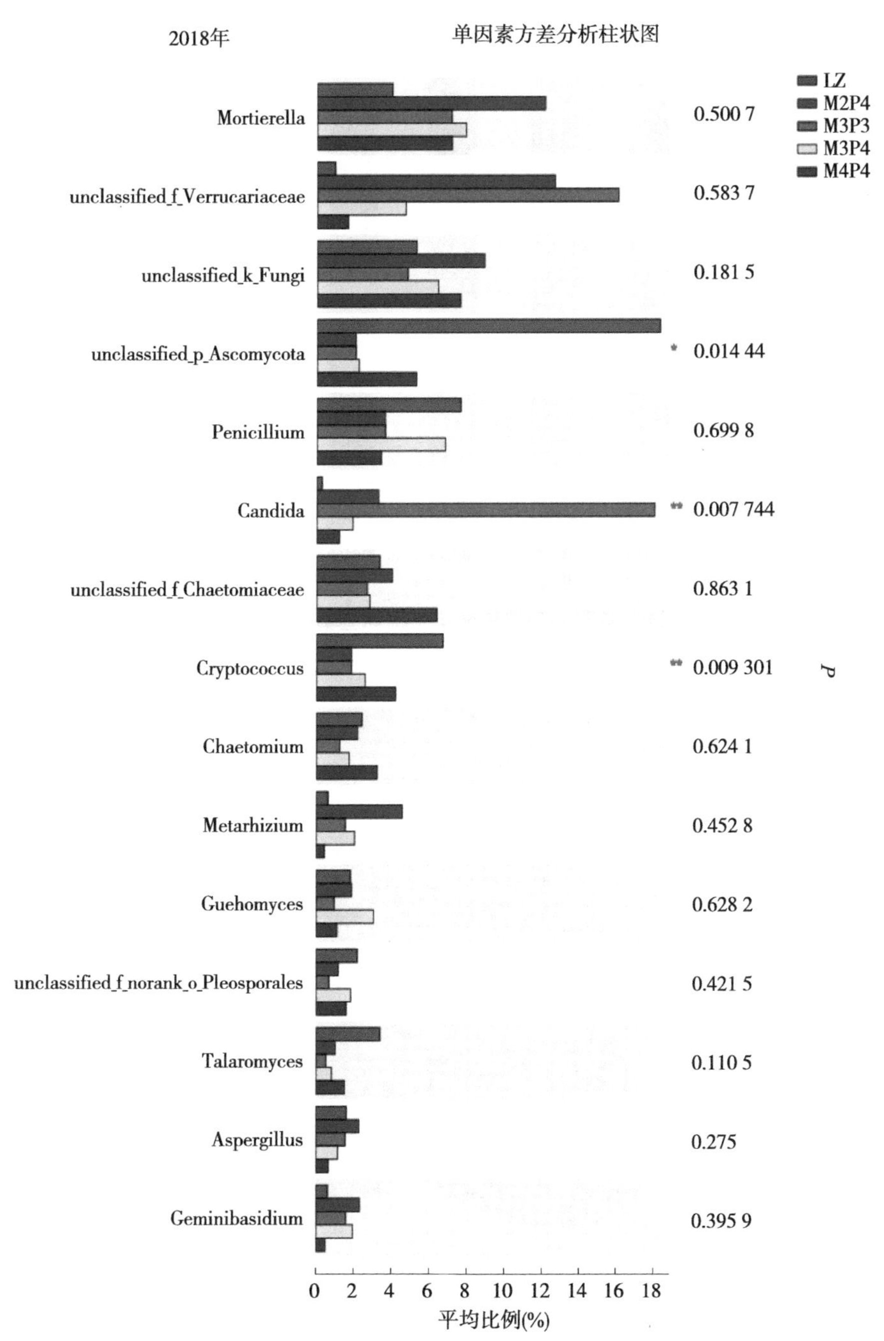

彩图 7 玉米//花生对开花下针期花生根际土壤真菌属的影响

（* 和 ** 分别表示数据在 0.05 和 0.01 水平上差异显著）

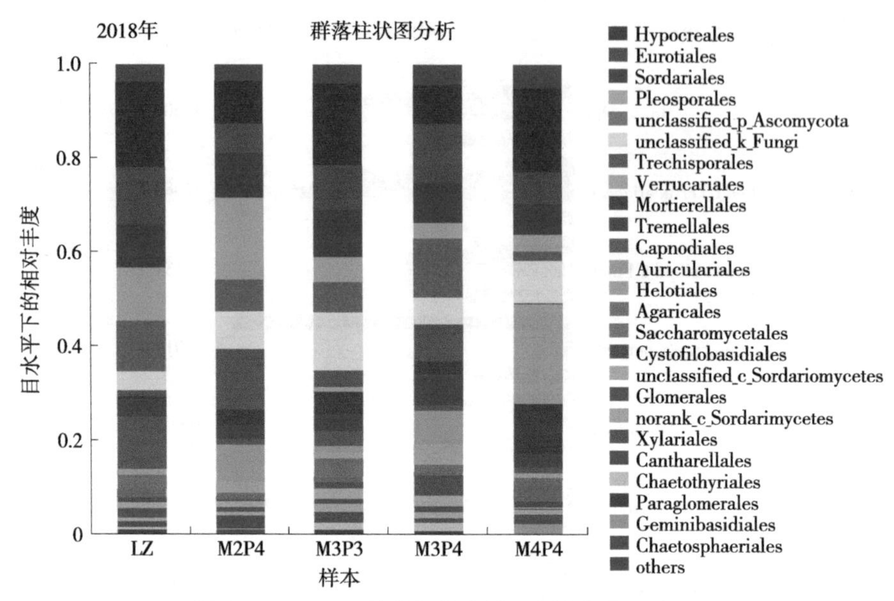

彩图 8　不同处理结荚期花生根际土壤真菌目的丰度

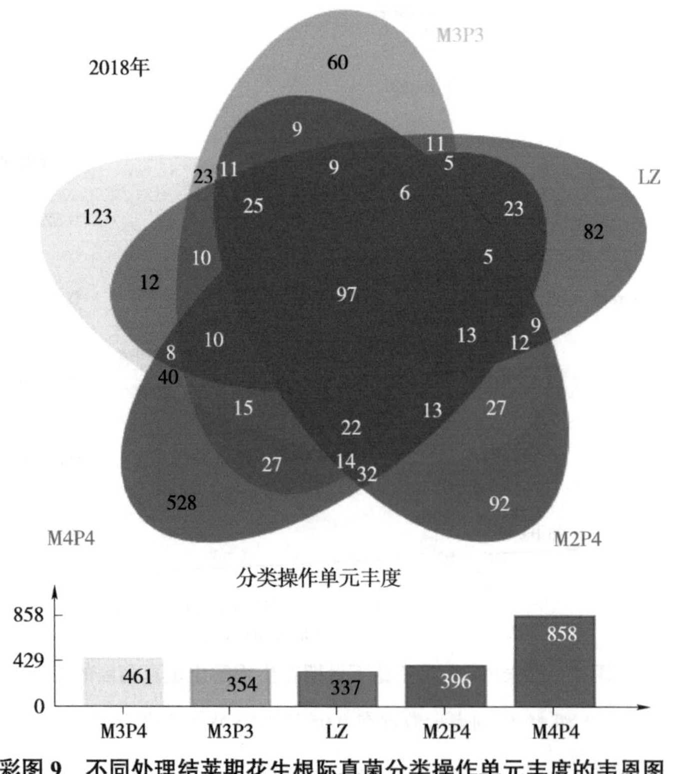

彩图 9　不同处理结荚期花生根际真菌分类操作单元丰度的韦恩图

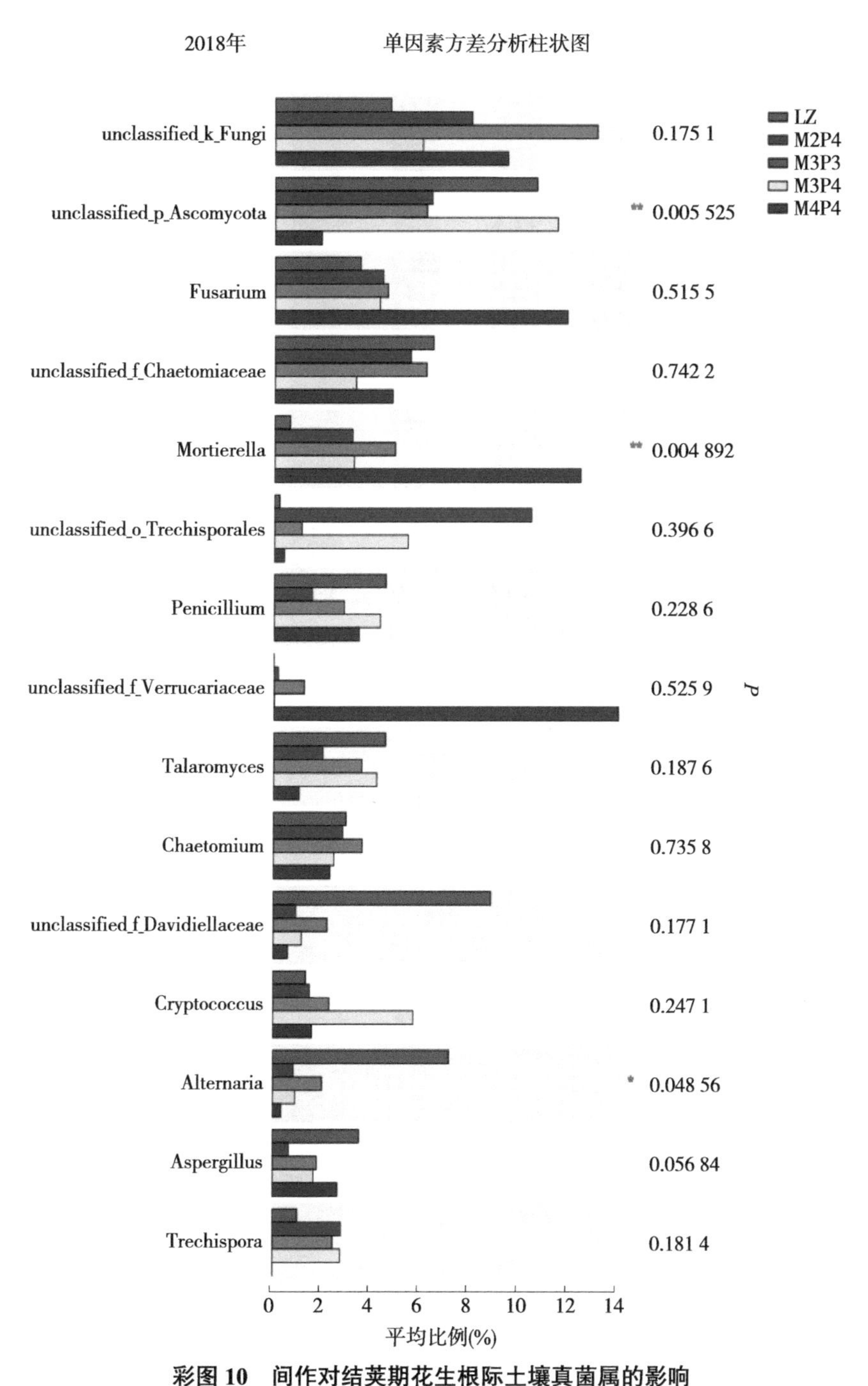

彩图 10　间作对结荚期花生根际土壤真菌属的影响

（* 和 ** 分别表示数据在 0.05 和 0.01 水平上差异显著）

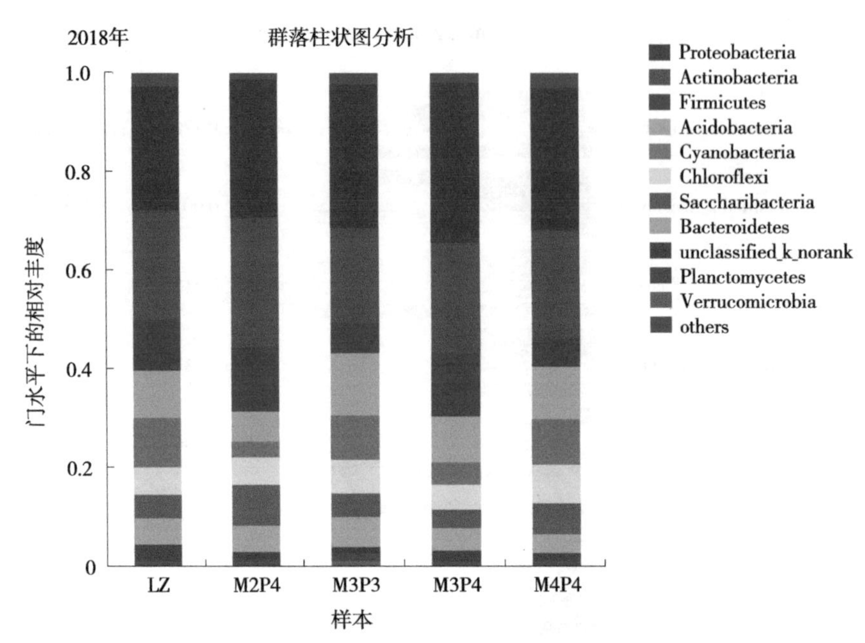

彩图 11　不同处理花生开花下针期根际土壤细菌门的丰度

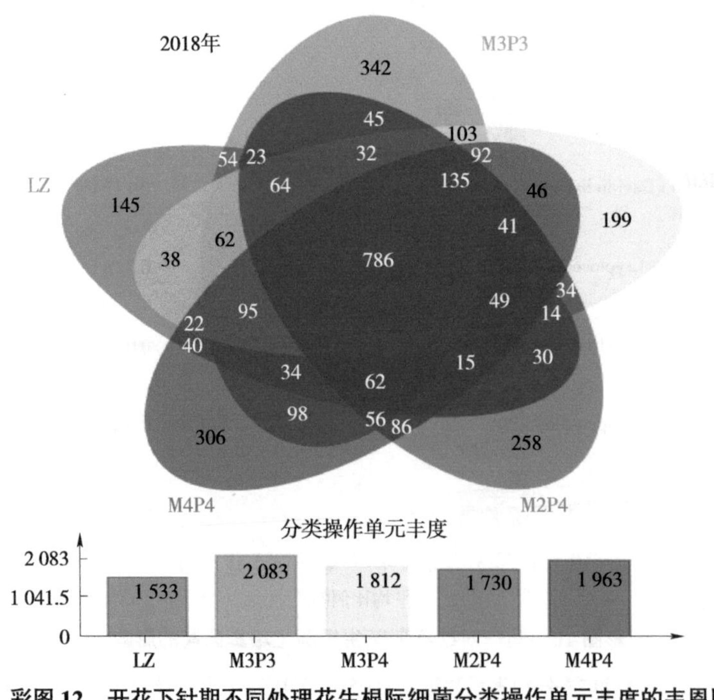

彩图 12　开花下针期不同处理花生根际细菌分类操作单元丰度的韦恩图

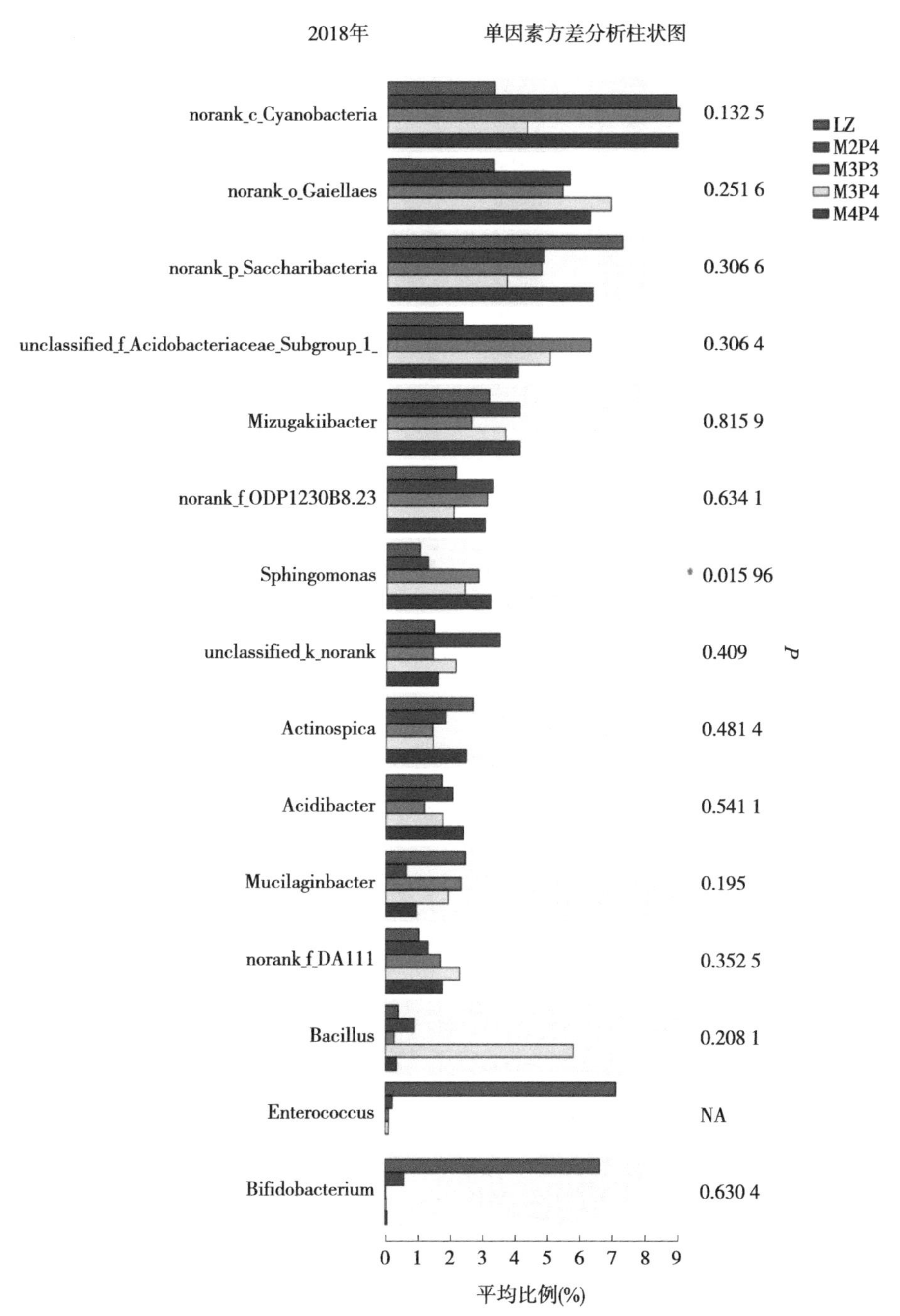

彩图 13 间作对开花下针期花生根际土壤细菌属的影响

（* 和 ** 分别表示数据在 0.05 和 0.01 水平上差异显著）

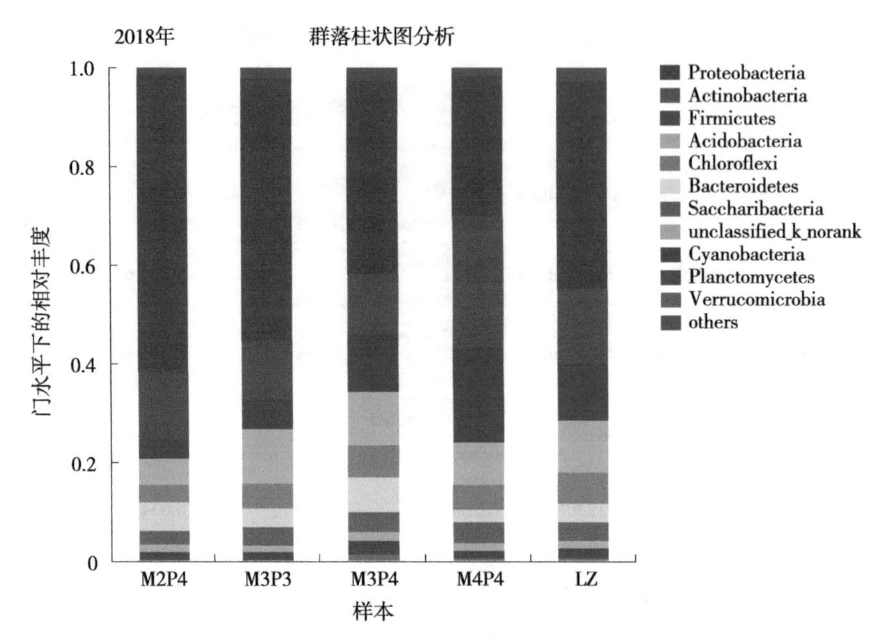

彩图 14　不同处理花生结荚期根际土壤细菌门的丰度

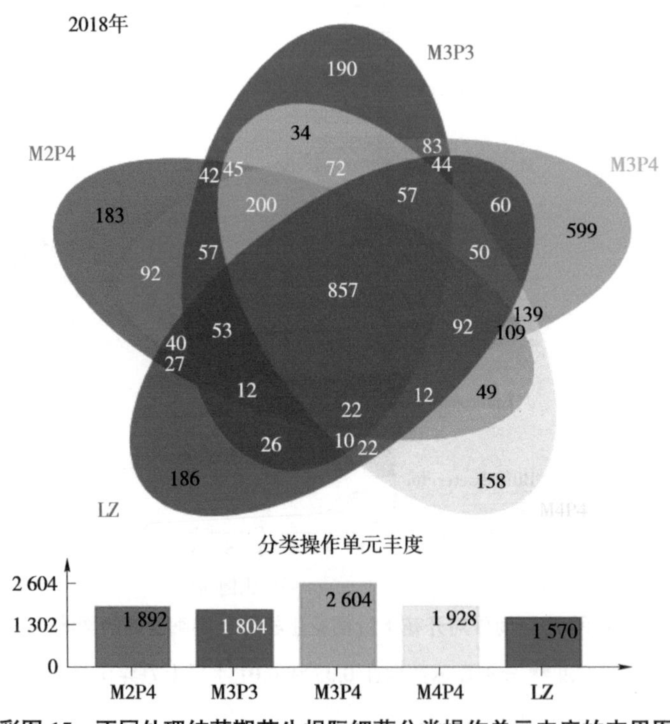

彩图 15　不同处理结荚期花生根际细菌分类操作单元丰度的韦恩图

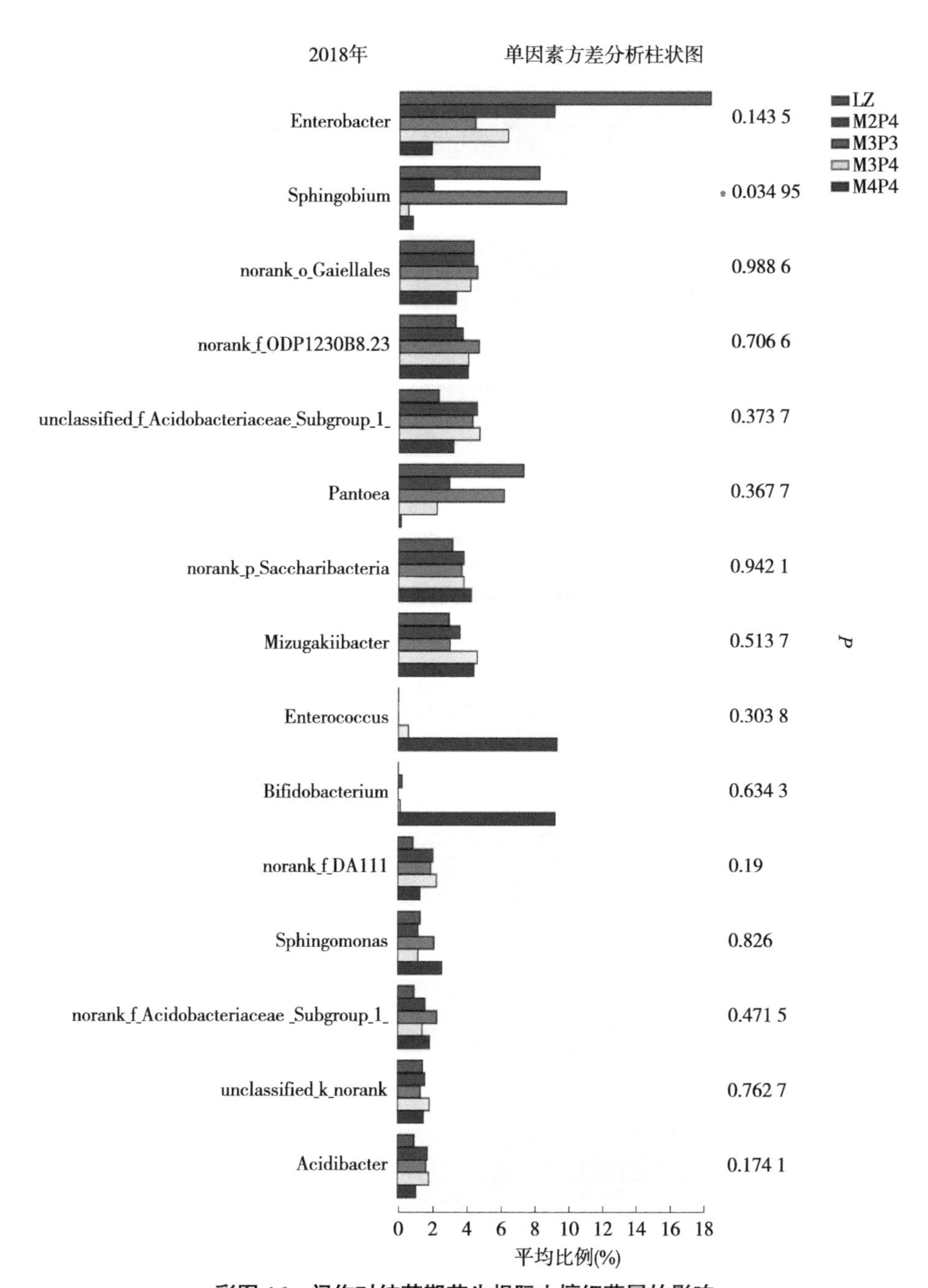

彩图 16 间作对结荚期花生根际土壤细菌属的影响

（* 和 ** 分别表示数据在 0.05 和 0.01 水平上差异显著）

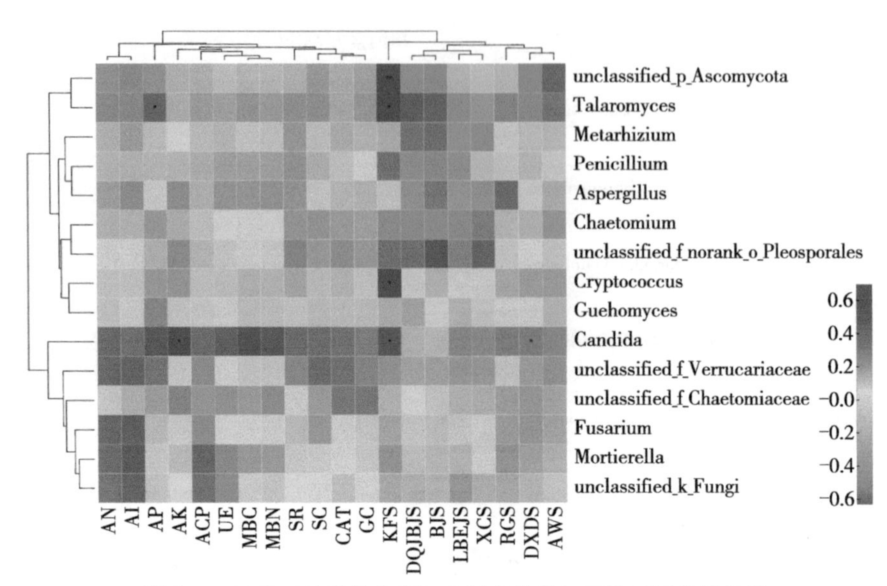

彩图 17　开花下针期花生根际土壤真菌属与环境因子的相关性

（X 轴和 Y 轴分别为环境因子和物种，*R* 值在图中以不同颜色展示，右侧图例是不同 *R* 值的颜色区间；*、** 和 *** 分别表示数据在 0.05、0.01 和 0.001 水平上差异显著）

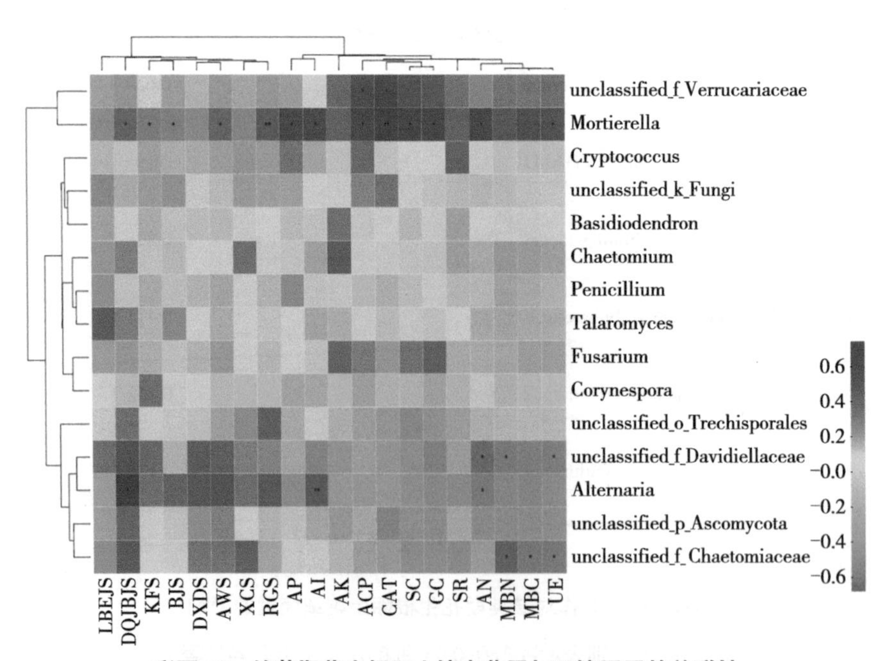

彩图 18　结荚期花生根际土壤真菌属与环境因子的关联性

（X 轴和 Y 轴分别为环境因子和物种，*R* 值在图中以不同颜色展示，右侧图例是不同 *R* 值的颜色区间；*、** 和 *** 分别表示数据在 0.05、0.01 和 0.001 水平上差异显著）

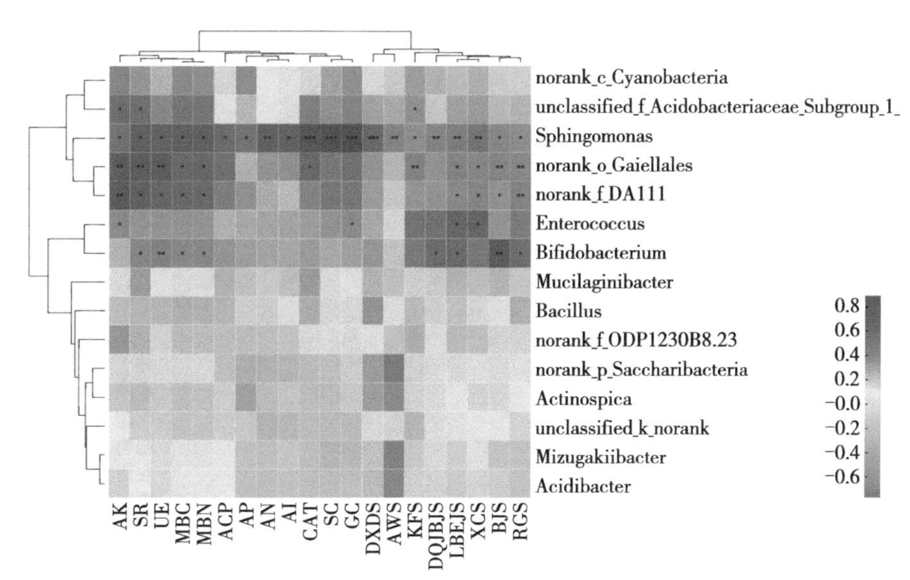

彩图 19 开花下针期花生根际土壤细菌属与环境因子的关联性

（X 轴和 Y 轴分别为环境因子和物种，*R* 值在图中以不同颜色展示，右侧图例是不同 *R* 值的颜色区间；*、** 和 *** 分别表示数据在 0.05、0.01 和 0.001 水平上差异显著）

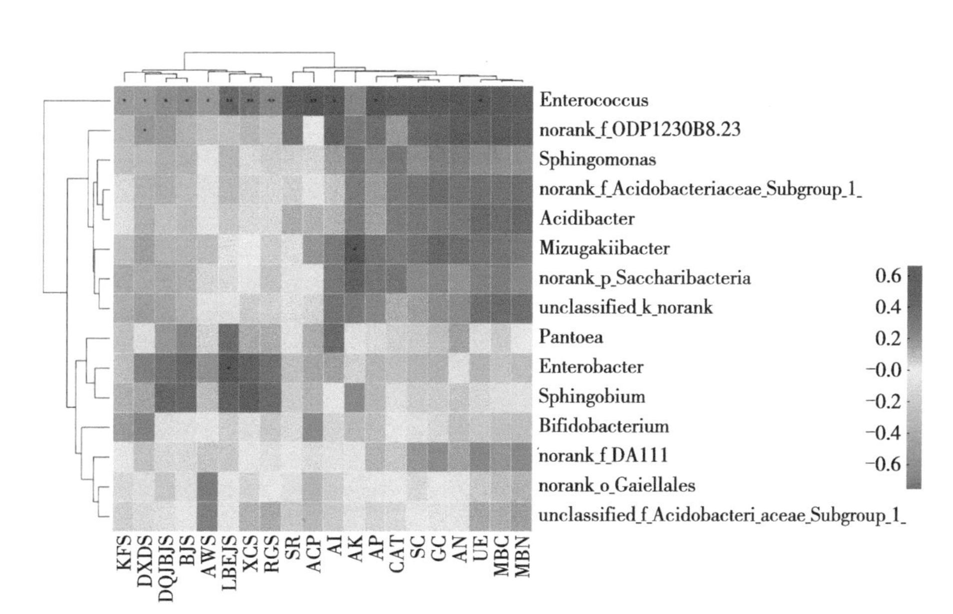

彩图 20 结荚期花生根际土壤细菌属与环境因子的关联性

（X 轴和 Y 轴分别为环境因子和物种，*R* 值在图中以不同颜色展示，右侧图例是不同 *R* 值的颜色区间；*、** 和 *** 分别表示数据在 0.05、0.01 和 0.001 水平上差异显著）

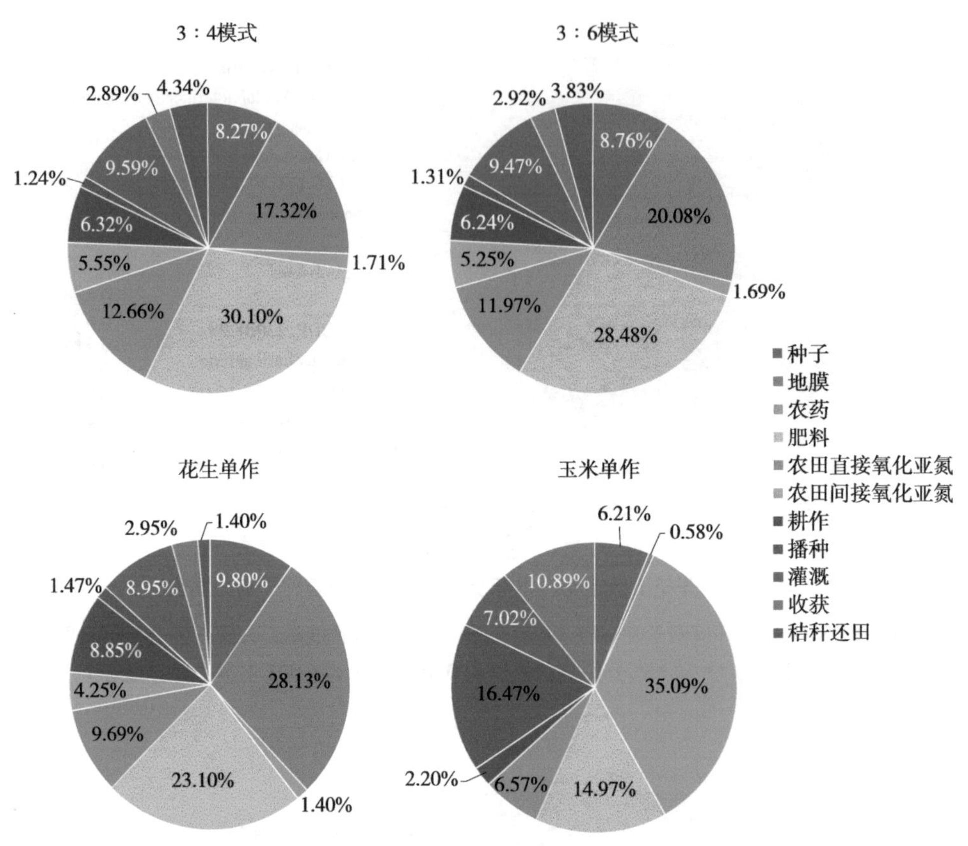

彩图 21　4 种模式下各生产环节碳排放贡献率